高职高专通信类专业系列教材

移动通信技术及应用

（第二版）

主　编　许书君　杜玉红　郭建勤
副主编　李　莹　莫晓霏　程　战

西安电子科技大学出版社

内容简介

本书系统地讲述了移动通信技术及应用的相关内容。全书共5章：第1章为移动通信概述，包括移动通信的主要特点和分类，移动通信的工作方式，移动通信的关键技术；第2章为第二代移动通信技术(2G)——GSM和CDMA，包括GSM系统，GSM系统的无线信道及信号传输，GSM系统的控制与管理，CDMA系统，CDMA系统无线信道，CDMA系统关键技术；第3章为第三代移动通信技术(3G)，包括3G系统概述，UMTS网络结构，TD-SCDMA物理层，TD-SCDMA系统中的信道，UMTS系统关键技术及TD-SCDMA系统设备简介；第4章为第四代移动通信系统(LTE)技术与设备，包括LTE系统概述及网络结构，LTE系统物理层，LTE的空中接口协议，4G关键技术及4G(LTE)设备简介；第5章为第五代移动通信技术(5G)简介，包括5G概述，5G关键技术，5G应用案例等。

本书可作为高职高专院校通信类专业的教材，也可作为成人职业教育、职业技能培训和相关工程技术人员的参考书。

图书在版编目(CIP)数据

移动通信技术及应用(第二版)/许书君，秦志峰主编. —2版. —西安：西安电子科技大学出版社，2021.1(2021.10重印)
ISBN 978-7-5606-5940-4

Ⅰ.①移… Ⅱ.①许… ②杜… ③郭… Ⅲ.①移动通信—通信技术
Ⅳ.①TN929.5

中国版本图书馆CIP数据核字(2020)第252072号

策划编辑 秦志峰
责任编辑 黄 菡 秦志峰
出版发行 西安电子科技大学出版社(西安市太白南路2号)
电　　话 (029)88202421 88201467　　邮　　编 710071
网　　址 www.xduph.com　　电子邮箱 xdupfxb001@163.com
经　　销 新华书店
印刷单位 陕西天意印务责任有限公司
版　　次 2021年1月第2版 2021年10月第4次印刷
开　　本 787毫米×1092毫米 1/16 印张 15.5
字　　数 360千字
印　　数 6001～8000册
定　　价 38.00元
ISBN 978-7-5606-5940-4/TN
XDUP 6242002-4

第一版前言

当前，移动通信技术的发展日新月异，我国目前的移动通信网络正处在4G阶段，5G即将商用。4G、3G均采用了后向兼容技术，而且在很长时间内，2G、3G、4G技术将共存。2G、3G、4G移动通信技术的区别主要在于其采用的无线接口不同，因此所采用的相关技术在各系统中也会有所区别。基于这一考虑，本书介绍了从2G到4G(LTE)的典型系统，充分展现了系统的发展、演进过程以及各类技术在系统应用中的区别。书中主要讲解了2G、3G、4G各移动通信系统中无线接口技术的发展和演进，以及为保证高质量的各类通信业务而采取的一系列关键技术的基本知识；并对第三代移动通信和第四代移动通信(LTE)的典型设备进行了讲解，以帮助读者建立全程全网的概念；通过对基站主设备的介绍帮助读者认识BBU＋RRU设备。各院校可根据实训设备的配置情况开设相关实训项目，使学生对所学理论知识有一定的感性认识，从而增强其学习兴趣，提高其动手能力。最后，对第五代移动通信(5G)的关键技术和应用场景进行了简单介绍。

山东电子职业技术学院的许书君老师和大唐邦彦(上海)信息技术有限公司技术总监程战担任本书主编，杜玉红、李莹、郭建勤担任副主编。主要编写人员分工如下：程战编写了第1章，郭建勤、祝瑞玲共同编写了第2章，许书君、杜玉红共同编写了第3章和第4章，李莹、韩梅共同编写了第5章。全书由许书君统稿。本书在编写过程中得到了山东电子职业技术学院有关院系领导、大唐邦彦(上海)信息技术有限公司相关领导的大力支持，在此表示衷心的感谢！

由于作者水平有限，书中难免存在疏漏与不妥之处，敬请广大读者不吝指正。

编　者

2018年4月

前 言

《移动通信技术及应用》自2018年8月出版以来，受到了广大高职院校师生的欢迎，同时，部分老师指出了书中的个别错误并提供了一些修订意见，在此表示衷心感谢！更为重要的一点是，2019年6月6日工信部正式向中国电信、中国移动、中国联通、中国广电发放5G商用牌照，至此移动通信网正式迈入第五代。

基于上述原因，我们对第一版进行了修订。本版(第二版)依然保留了2G、3G、4G各移动通信系统发展过程中无线接口技术的发展和演进的相关章节以及对每一代移动通信系统采取的一系列关键技术的讲解。5G商业牌照发放后，移动通信网正式迈入第五代。5G的性能目标是提高数据速率、减少延迟、节省能源、降低成本、提高系统容量和连接大规模设备。5G网络正朝着网络多元化、宽带化、综合化、智能化的方向发展。随着各种智能终端的普及，2020年开始，移动数据流量呈现爆炸式增长。这将从根本上改变我们的生活方式，也将颠覆现阶段的生产方式，深刻变革社会生活。因此，结合5G发展及应用的现状，本版对5G技术、标准、系统架构及应用进行了更全面的介绍，并对前四章中的个别错误之处进行了修改。

山东电子职业技术学院的许书君、杜玉红、郭建勤老师担任本书主编，李莹、莫晓霏、程战担任副主编。许书君、郭建勤、程战负责第1～3章的修订，杜玉红负责第4章的修订，李莹、莫晓霏负责第5章的修订。本书在编写过程中还得到了山东电子职业技术学院有关院系领导、大唐邦彦(上海)信息技术有限公司相关领导的大力支持。第二版中存在的错漏与不足之处，依然恳请读者指正。正是您的一贯支持，给予我们不断前行的动力，在此表示衷心感谢！

编 者

2020年9月

目　录

第 1 章　移动通信概述

【本章导读】

近年来，我国移动通信产业取得了令人瞩目的成绩，并已成为我国国民经济的重要组成部分。随着我国市场经济的发展，人们对移动通信业务的需求日益强烈、要求日益提高，这为我国移动通信产业的发展带来了庞大的潜在客户群。我国移动通信的发展取向与其技术特点紧密关联，例如个性化及移动化，并且随着移动网络覆盖面的不断拓宽，个人平摊成本得以降低。总而言之，我国市场经济的健康发展和信息技术的进步，为移动通信持久发展提供了良好的机遇。

本章首先介绍了世界移动通信的发展历程，然后介绍了我国移动通信的发展状况和无线电频谱管理与使用；对移动通信系统的组成部分如移动台(MS)、基站(BS)、移动交换中心(MSC)等进行了详细说明；对移动通信系统的特点及分类进行了简单介绍；最后介绍了移动通信的三种工作方式和关键技术。

【本章要点】

- 移动通信的发展历程；
- 移动通信系统的组成；
- 移动通信的主要特点和分类；
- 移动通信的工作方式；
- 移动通信的关键技术。

1.1　认识移动通信

移动通信诞生于 19 世纪末，至今已有 100 多年的历史。早在 1897 年，意大利科学家马可尼所完成的无线通信实验，虽然在今天看来仅仅是一个简单的固定点与一艘拖船之间的通信，却宣告了移动通信的诞生，人类通信技术从此步入了一个崭新的阶段。在接下来的 100 多年里，移动通信飞速发展，各种技术不断地被应用于移动通信中，并且日臻完善。大规模集成电路技术、光纤通信技术、软件技术、交换技术等层出不穷。移动通信的功能不断得到改善，容量提升，频率利用率提高，系统性能越来越好，通信产品越来越精巧，品种越来越丰富，并将以更快的速度推出新产品、新服务。

1.1.1　移动通信的发展历程

世界范围的移动通信，从其诞生之日至今大致经历了如下几个发展阶段。

第一阶段：20 世纪初至 20 世纪 40 年代。

此阶段为移动通信的早期发展阶段，主要使用短波频段进行通信。1934 年，美国已有

100多个城市警察局采用调幅(AM)制式的移动通信系统，其代表是美国底特律市警察使用的车载无线电系统，该系统的工作频率是2 MHz，到20世纪40年代其工作频率已提高到30～40 MHz。此阶段的特点是采用专用系统开发，工作频率较低。

第二阶段：20世纪40年代中期至60年代初期。

随着公用移动通信业务的问世，移动通信所使用的频率开始向更高的频段发展。1946年，根据美国联邦通信委员会(FCC)的计划，贝尔系统在圣路易斯城建立了世界上第一个公用汽车电话网，称为“城市系统”，并提出了最早的“蜂窝”概念。该系统采用调频(FM)制式，单工工作方式，使用频段为150 MHz和450 MHz，信道间隔为50～120 kHz，采用大区制，可用的信道数很少。这一阶段的特点是从专用移动网向公用移动网过渡，接续方式为人工接续，网络的容量较小。

第三阶段：20世纪60年代中期至70年代中期。

在此期间，美国推出了改进型移动电话系统(IMTS)，使用450 MHz频段，采用大区制，中小容量，自动拨号移动电话，全双工工作方式，实现了无线频道自动选择及自动接续到公用电话网的功能。这一时期德国也推出了具有相同技术水平的B网。可以说，这一阶段是移动通信改进与完善的阶段，其特点是采用大区制，中小容量，使用450 MHz频段，实现了自动选频与自动接续功能。

第四阶段：20世纪70年代中期至80年代中期。

这是移动通信蓬勃发展的时期。其典型代表有：

1969年美国贝尔实验室开始研究的AMPS(Advanced Mobile Phone Service)系统，1979年在芝加哥城组网试用，1983年投入使用，其工作频段为800 MHz，频率间隔为30 kHz。

1982年英国开始研究的TACS(Total Access Communications System)系统，属于AMPS系统的改进，其使用频段为900 MHz，信道间隔为25 kHz。

1970年由丹麦、芬兰、挪威、瑞典开始研究的NMT(Nordic Mobile Telephone)系统，1981年研制成功并投入使用，其工作频段为450 MHz，信道间隔为25 kHz。

这一阶段的特点是蜂窝状移动通信网成为实用系统，并在世界各地迅速发展。但这只是第一代蜂窝网(1G)，只提供模拟电话移动通信业务，而且系统容量小，保密性差，不能全球漫游。

移动通信飞速发展的原因，除了用户需求迅猛增长这一主要推动力外，还有其他技术发展带来的有利条件。首先，微电子技术在这一时期得到长足发展，这使得通信设备的小型化、微型化有了可能性，各种轻便电台被不断地推出。其次，提出并形成了移动通信新体制。随着用户数量的增加，大区制所能提供的容量很快饱和，这就必须探索新体制。在这方面最重要的突破是贝尔实验室在20世纪70年代提出的蜂窝网的概念。蜂窝网，即所谓小区制，由于实现了频率再用，因此大大提高了系统容量。可以说，“蜂窝”概念真正解决了公用移动通信系统要求容量大与频率资源有限的矛盾。再就是随着大规模集成电路的发展而出现的微处理技术日趋成熟以及计算机技术的迅猛发展，为大型通信网的管理与控制提供了技术手段。

第五阶段：20世纪80年代中期至90年代中期。

这是数字移动通信发展和成熟的时期，泛欧数字蜂窝网正式向公众开放使用。GSM(全球移动通信系统)采用时分多址(TDMA)技术，信道带宽为200 kHz，使用新的900 MHz频谱，属于第二代蜂窝网(2G)，这是具有现代网络特征的第一个全球数字移动通信系统。在这期间，欧洲各国及美、日等国都着手开发数字蜂窝系统，其中以有希望成为世界性数字蜂窝移动电话系统技术标准的 GSM 为代表。GSM 不但能克服第一代蜂窝网的弱点，还能提供语音、数字等多种业务服务，并与综合业务数字网(ISDN)兼容。

与 GSM 相比，另一项移动通信新成果——美国的码分多址(CDMA)通信系统具有许多优点，如每个信道所容纳的用户数比 GSM 多，大大提高了频谱利用率，抗干扰能力增强，采用软切换的方式大大提高了语音传输质量等。

第六阶段：20 世纪 90 年代末至 21 世纪初。

一个世界性的标准——未来公用陆地移动电话系统 FPLMTS(Future Public Land Mobile Telephone System)诞生，1995 年，更名为国际移动通信 2000(IMT-2000)。IMT-2000支持的网络被称为第三代移动通信系统，简称为 3G。3G 能够处理图像、音乐、视频流等多种媒体形式，提供包括网页浏览、电话会议、电子商务等多种信息服务。

2013 年 12 月 4 日，工信部向中国移动、中国电信、中国联通正式发放了第四代移动通信业务 TD-LTE 牌照(即 4G 牌照)，4G 正式开始商用。4G 包括 TD-LTE 和 FDD-LTE 两种制式，集 3G 与 WLAN 于一体，能够快速、高质量传输音频、视频和图像等数据。

2019 年 6 月 6 日，工信部正式向中国电信、中国移动、中国联通、中国广电发放 5G 商用牌照，中国正式进入 5G 商用元年。5G 就是第五代通信技术，主要特点是超宽带，超高速度，超低延时。

1.1.2　移动通信系统的发展

目前，移动通信系统已经经历了从第一代到第四代的发展，各系统的主要技术及特点如下。

1. 第一代移动通信(1G)系统

1G 系统出现于 19 世纪 70 年代末 80 年代初，源于系统容量问题。

1) 主要技术

1G 系统主要采用模拟技术和频分多址(FDMA)技术。

2) 系统特点

1G 系统的传输速率为 2.4 kb/s，只提供区域性语音业务，容量有限，保密性差，通话质量不高，不能提供数据业务；设备成本高，重量大，体积大。

3) 代表制式

AMPS 由贝尔实验室发明，1978 年开发，1982 年全美部署，而后全世界各地迅速发展。1987 年 11 月 18 日，国内第一个模拟蜂窝移动电话系统在广东省建成并投入商用，该系统即为 AMPS(中国移动雏形)。

1G 典型移动通信系统终端如图 1-1 所示。

图 1-1　1G 典型移动通信系统终端

2. 第二代移动通信(2G)系统

2G系统出现于20世纪80年代末90年代初的欧洲，源于漫游问题。

1982年，欧洲电信管理部门开始制定适用于泛欧各国的一种数字移动通信系统的技术规范；

1988年，确定了全球第一个数字蜂窝移动通信系统规范——GSM标准；

1991年，GSM投入使用；

1995年，美国推出了窄带CDMA系统。

1) 2G相对于1G的改进(模拟—数字)

(1) 语音信号数字化压缩处理带来了容量上的扩大；

(2) 对语音和控制信号进行加密，增强了安全性；

(3) 催生了诸如短信等新业务的展开。

2) 主要技术

2G系统主要采用时分多址(TDMA)、码分多址(CDMA)技术。

3) 系统特点

2G系统特点如下：

(1) 保密性强，提供丰富的业务(低速率的数据业务)；

(2) 频谱利用率高，初步解决了系统容量问题；

(3) 标准化程度高，可进行省内外漫游。

4) 代表制式及其特点

(1) GSM，其特点如下：

① 1991年在欧洲投入使用，现全球广泛应用；

② 使用FDMA、TDMA技术；

③ 工作频段为900～1800 MHz，提供9.6 kb/s的传输速率；

④ 电话业务、紧急呼叫业务、短信业务、可视图文接入等全面展开。

(2) CDMA，其特点如下：

① 20世纪90年代中后期投入使用，主要发展商用；

② 以扩频通信为基础的调制和多址连接技术投入使用；

③ 传输速率为8 kb/s(IS-95A)、64 kb/s(IS-95B)；

④ 通信具有隐蔽性、保密性，抗干扰性强，通话质量好，掉线少，辐射低，健康环保。

2G典型移动通信系统终端如图1-2所示。

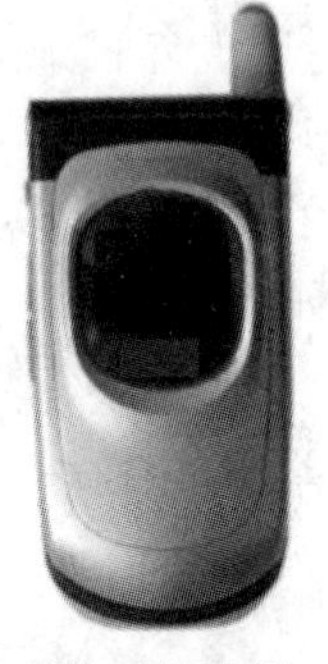

图1-2　2G典型移动通信系统终端

3. 2G—3G 过渡(2.5G、2.75G)系统

(1) 2.5G，GPRS(General Packet Radio Service)，其特点如下：

① 基于 GSM 的无线分组交换技术投入使用；

② 提供端到端、广域的无线 IP 连接；

③ 网络容量只有在需要时进行分配，不需要时就释放；

④ 传输速率为 150 kb/s（比 GSM 快 15 倍）。

(2) 2.75G，EDGE(Enhanced Data rates for GSM Evolution)，其特点如下：

① 基于 GSM/GPRS 网络的数据增强型移动通信技术得以发展；

② 传输速率为 384 kb/s。

4. 第三代移动通信(3G)系统

3G 系统出现于 19 世纪 90 年代中后期，源于多媒体业务传输问题。

1985 年，国际电信联盟(ITU)提出了未来公共陆地移动通信系统(FPLMTS)的概念；

1996 年，FPLMTS 更名为 IMT－2000；

1999 年，ITU 确定 3G 标准：WCDMA、CDMA 2000 和 TD－SCDMA；

2001 年，3G 商用网开通；

2009 年，中国发放了 W－CDMA、CDMA 2000 和 TD－SCDMA 牌照。

1) 系统特点

3G 系统的特点如下：

(1) 能够同时传输声音及数据信息，传输速率一般在几百 kb/s 以上；

(2) 实现实时视频、高速多媒体和移动 Internet 访问业务；

(3) 扩大高质量语音业务容量。

2) 代表制式

ITU 开始的目标之一是开发一种可以全球通用的无线通信系统，但是实际最终的结果是出现了多种不同的制式（2001 年开始陆续部署）。

(1) W－CDMA(Wideband－Code Division Multiple Access，宽带码分多址)，其特点如下：

① 以 GSM 为主，加入 GPRS 的分组交换实体技术，能够兼容 GSM 系统的所有业务。

② 流行于欧美地区(具有人口密度低、追求网络速度的特点)。

(2) TD－SCDMA(Time Division－Synchronous Code Division Multiple Access，时分同步码分多址)，其特点如下：

① 集 CDMA、TDMA、FDMA、SDMA 等多种多址方式于一体，采用了一系列高新技术(智能天线、联合检测、接力切换等技术)。

② 频谱利用率高、系统容量大、系统成本低且适合开展数据业务，是我国自主研发的一套通信制式，较为适合国内人口密度大的特点。

(3) CDMA 2000，采用 MC－CDMA(多载波 CDMA)多址访问技术，不仅可以使用原有 CDMA 系统的各种接口，还可以使用新的接口标准，但占用频率较多。

3G 典型移动通信系统终端如图 1－3 所示。

图 1-3　3G 典型移动通信系统终端

5. 3G—4G 过渡(3.5G、3.75G)系统

(1) 3.5G，HSDPA (High Speed Downlink Packet Access)系统，其特点如下：

HSDPA 属于 W-CDMA 技术的延伸，在 W-CDMA 下行链路中提供分组数据业务，在一个5 MHz 载波上的传输速率可达 8～10 Mb/s。

(2) 3.75G，HSUPA (High Speed Uplink Packet Access)系统，其特点如下：

因 HSDPA 上传速率不足(只有 384 kb/s)而开发了 HSUPA，其在一个 5 MHz 载波上的传输速率可达 10～15 Mb/s，上传速率达 5.76 Mb/s。

6. 第四代移动通信(4G)系统

4G 系统出现于 21 世纪初期，源于高质量多媒体业务传输问题。

2005 年，国际电联(ITU)将 B3G/4G 移动通信统一命名为 IMT-Advanced，即第四代移动通信；

2012 年，国际电联(ITU) 确定了 4G LTE 国际标准；

2013 年，中国工信部向三大运营商发放 TD-LTE 牌照；

2015 年，工信部向中国电信、中国联通发放 FDD-LTE 牌照。目前三大运营商的 4G 网络已经具备较为稳定的商用功能。

1) 系统特点

4G 系统的特点如下：

(1) 宽带接入 IP 系统。

(2) 数据率超过 UMTS(Universal Mobile Telecommunications System)，即从2 Mb/s 提高到 100 Mb/s，采用时分多址、控制功率发射、跳频、不连续发射、移动辅助切换等技术。

2）代表制式

（1）FDD－LTE。FDD 模式的特点是在分离（上下行频率间隔为 190 MHz）的两个对称频率信道上，系统进行接收和传输，用保证频段来分离接收和传输信息。

（2）TD－LTE。TD 模式的特点是在固定频率的载波上，通过时间域来完成上下行数据传输（某一时间点只有上行或下行数据），以保证信息的准确、及时传输。

4G 典型移动通信系统终端如图 1－4 所示。

图 1－4　4G 典型移动通信系统终端

移动通信从 1G 演变到 4G，所承载的业务如图 1－5 所示。

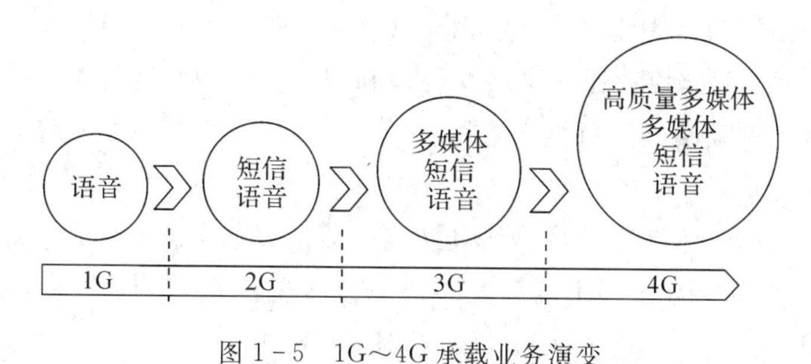

图 1－5　1G～4G 承载业务演变

7. 第五代移动通信（5G）系统——最新一代蜂窝移动通信技术

5G 系统的主要技术特点如下：

（1）增强型的移动宽带（eMBB）。在这种应用场景下，智能终端用户上网峰值速率可达 10 Gb/s，甚至 20 Gb/s，为虚拟现实、无处不在的视频直播和分享、随时随地的云接入等大带宽应用提供支持。

（2）大规模物联网（mMTC）。在这种场景下，5G 网络需要支撑 100 万人/平方公里规模的人和物的连接。

（3）低时延、超可靠通信（uRLLC）。在这种场景下，要求 5G 网络的时延达到 1 ms，为智能制造、远程机械控制、辅助驾驶和自动驾驶等低时延业务提供强有力的支持。

第五代移动通信(5G)是4G技术的延伸，是最新一代蜂窝移动通信技术。信道编译码技术接近或达到香农极限。5G网络主要有三大特点：极高的速率、极大的容量和极低的时延。相对4G网络，传输速率提升了10～100倍，峰值传输速率达到20 Gb/s，端到端时延达到毫秒级。

从移动通信的发展历程可以看出其总体趋势是频率越来越高，频宽越来越大，传输速度越来越快，时延越来越小。正是对高速移动数据的需求和通信技术的创新发展推动了移动通信的更新发展，不断研究启用更高的频段带来更大的带宽，使用大规模多输入多输出技术得到更高的传输速度，通过接近极限的信道编译码技术带来更大的容量，先进的多址技术可提升频谱利用率。无线数据业务发展的两大驱动力——移动互联网和物联网，将为5G和未来移动通信发展提供广阔的前景。

1.1.3 我国移动通信的发展状况

我国的移动通信虽然起步比较晚，但是发展很快。我国移动通信发展史上几个标志性的事件如下：

· 1987年11月18日，第一个TACS模拟蜂窝移动电话系统在广东省建成并投入商用。

· 1994年3月26日，邮电部移动通信局成立。

· 1994年12月底，广东首先开通了GSM数字移动电话网。

· 1995年4月，中国移动在全国15个省市相继建网，GSM数字移动电话网正式开通。

· 2001年7月9日，中国移动通信GPRS(2.5G)系统投入试商用。

· 2002年5月17日，中国移动通信GPRS业务正式投入商用。

· 2002年10月1日，中国移动通信彩信(MMS)业务正式商用。

· 2003年7月，我国移动通信网络的规模和用户总量均居世界第一，手机产量约占全球的1/3，已成为名副其实的手机生产大国。

· 2009年4月1日，中国移动TD-SCDMA业务正式商用，正式进入3G时代。

· 2013年12月，中国移动4G业务覆盖广泛，正式宣布进入4G时代。

· 2017年11月下旬，中国工信部发布通知，正式启动5G技术研发试验第三阶段工作，并力争于2018年年底前实现第三阶段试验的基本目标。

· 2018年2月27日，华为在MWC2018大展上发布了首款3GPP标准5G商用芯片巴龙5G01和5G商用终端，支持全球主流5G频段，包括Sub6GHz(低频)、mmWave(高频)，理论上可实现最高2.3 Gb/s的数据下载速率。

· 2019年6月6日，工信部正式向中国电信、中国移动、中国联通、中国广电发放5G商用牌照，至此移动通信网正式迈入第五代。

· 2019年11月，我国正式启动6G技术研发工作。第六代移动通信系统是继5G之后的下一代移动通信网络。相比于5G网络，6G具有超高的网络速率、超低的通信时延和更广的覆盖深度，将充分共享毫米波、太赫兹和光波等超高频无线频谱资源，融合地面移动通信、卫星互联网和微波网络等技术。

1.1.4　无线电频谱管理与使用

无线电是宝贵的、有限的自然资源。无线电业务的发展取决于如何充分、高效、合理地分配和使用这有限的资源，因此，世界各国都设有专门的机构来加强无线电频谱资源的管理。我们知道电磁波的频谱是相当宽的，包括红外线、可见光、X 射线等，国际电联(ITU)定义 3000 GHz 以下的电磁频谱为无线电通信使用的频段。而使用 3000 GHz 以上的电磁频谱的电信系统也在研究探索之中，它最大不能超过可见光的范围。

从频谱的规划与管理出发，对无线电频谱按业务进行频段和频率的划分，也就是说规定某一频段供一种或多种地面或空间业务在规定的条件下使用，这项工作称为频率划分。划分移动通信的工作频段时主要考虑以下几个因素：

(1) 电波传播特性和天线尺寸；

(2) 环境噪声和干扰的影响；

(3) 服务区范围、地形和障碍物尺寸以及对建筑物的穿透特性；

(4) 设备小型化。

由于受到频率划分使用政策、技术和可使用的无线电设备等方面的限制，ITU 当前只划分了 9 kHz～400 GHz 的范围，将其划分为 12 个频段，而通常使用的无线电通信只使用其中的第 4～11 频段，表 1-1 给出了这几个常用频段的有关传播方式、应用范围及带宽等。

表 1-1　无线电波传播特点与应用

序号	频段名称	频段范围（含上限）	传播方式	传播距离	可用带宽	应　用
4	甚低频(VLF)	3～30 kHz	波导	数千公里	很有限	世界范围长距离无线电导航
5	低频(LF)	30～300 kHz	地波 空间波	数千公里	很有限	长距离无线电导航战略通信
6	中频(MF)	300～3000 kHz	地波 空间波	几千公里	适中	中等距离点到点广播和水上移动通信
7	高频(HF)	3～30 MHz	空间波	几千公里	宽	长和短距离点到点全球广播和移动通信
8	甚高频(VHF)	30～300 MHz	空间波对流层散射绕射	几百公里以内	很宽	短和中距离点到点移动、LAN、声音和视频广播、个人通信
9	特高频(UHF)	300～3000 MHz	空间波对流层散射绕射视距	100 公里以内	很宽	短距离点到点移动、LAN、声音和视频广播、个人通信、卫星通信
10	超高频(SHF)	3～30 GHz	视距	30 公里左右	很宽	短距离点到点移动、LAN、声音和视频广播、个人通信、卫星通信
11	极高频(EHF)	30～300 GHz	视距	20 公里	很宽	短距离点到点移动、LAN、个人通信、卫星通信

受电波传播特性的限制，大家所熟知的蜂窝移动通信业务一般只能工作在 3 GHz 以下频段。我国无线电管理委员会分配给数字蜂窝移动通信系统的频率如表 1－2 所示。

表 1－2　数字蜂窝移动通信的频率分配

运营商	上行频率/MHz	下行频率/MHz	频宽/MHz	制　式	
中国移动	885～909	930～954	24	GSM900	2G
	1710～1735	1805～1830	25	DCS1800	2G
	2010～2025	2010～2025	15	TD－SCDMA	3G
	1880～1920	1880～1920	40	(F)	4G
	2320～2370	2320～2370	50	TDD～LTE(E)	
	2575～2635	2575～2635	60	(D)	
中国联通	909～915	954～960	6	GSM900	2G
	1735～1755	1830～1850	20	DCS1800	2G
	1940～1970	2130～2160	30	WCDMA	3G
	1755～1765	1850～1860	10	FDD－LTE	4G
	2300～2320	2300～2320	20	TDD－LTE	4G
	2555～2575	2555～2575	20		
中国电信	821～835	866～880	14	CDMA	2G
	1920～1935	2110～2125	15	CDMA2000	3G
	1765～1780	1860～1785	15	FDD－LTE	4G
	2370～2390	2370～2390	20	TDD－LTE	4G
	2635～2655	2635～2655	20		

国内 5G 频谱分配情况：

中国移动：2.6 GHz(2515～2675 MHz)＋ 4.9 GHz(4800～4900 MHz)。

中国联通：3.5 GHz(3500～3600 MHz)。

中国电信：3.5 GHz(3400～3500 MHz)。

中国广电：4.9 GHz(4900～4960 MHz)。

随着移动通信业务和容量的不断增加，世界无线电管理大会对频谱分配也将增加新的频率资源，以降低系统间干扰，加快移动通信技术发展的进程。

1.2　移动通信的主要特点和分类

移动通信系统一般由移动台(MS)、基站(BS)、移动交换中心(MSC)及与公用交换电话网(PSTN)相连的中继线等单元组成，图 1－6 给出了组成一个移动通信系统的最基本的结构，其中各组成部分的定义如表 1－3 所示。

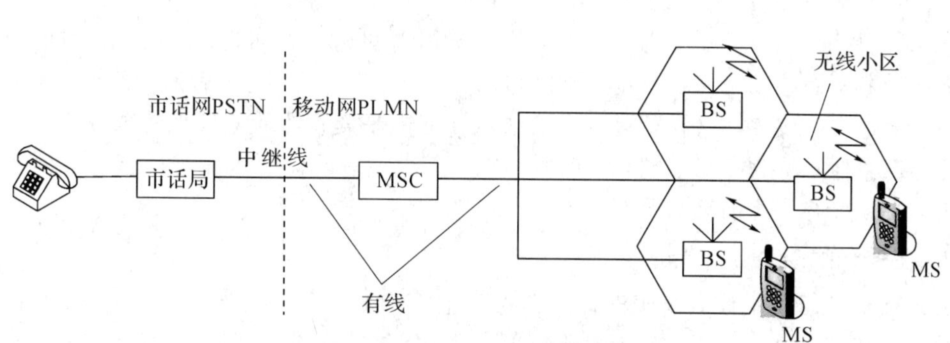

图 1－6　移动通信系统的基本组成

表 1－3　移动通信系统中各组成部分的定义

名　称	定　义
移动台(MS)	移动通信系统中所使用的终端，可以是便携式手持设备，也可以是安装在移动车辆上的设备，具有收/发信机和天馈线装置
基站(BS)	在一定的无线电覆盖区域中，通过移动通信交换中心，与移动电话终端进行信息传递的无线电收发电台，设有收/发信机和架在塔上的发射、接收天线等装置
移动交换中心(MSC)	在大范围服务区中协调通信的交换中心，在移动通信中，MSC 将基站和移动台连到公用交换电话网上，也称为移动电话交换局
无线小区	每个基站所覆盖范围的小块地理区域，其大小主要由发射功率和基站天线的高度决定
中继线	用户交换机、集团电话(含具有交换功能的电话连接器)、无线寻呼台、移动电话交换机等与市话交换机连接的电话线路

1.2.1　移动通信的主要特点

与其他通信方式相比，移动通信具有以下基本特点：

1. 多径衰落现象

在移动通信系统中，无线电波的传播因受到高大建筑物的反射、绕射以及电离层的散射等，造成移动台收到的信号是从多路径来的电波的叠加，这种现象称为多径效应。其原理如图 1－7 所示。

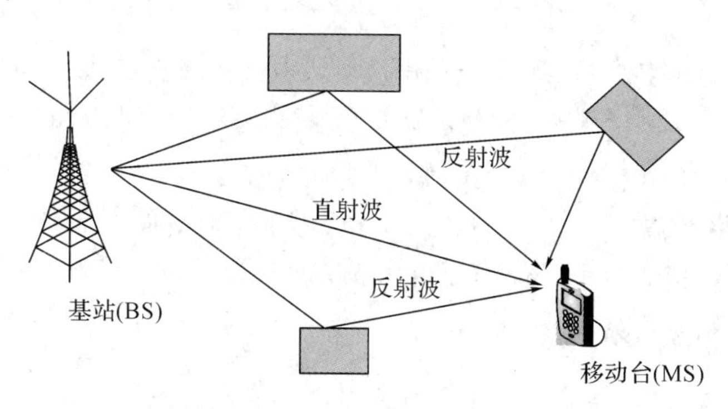

图 1－7　电波的多径传播原理

这些电波虽然从一个天线辐射出来，但由于传播的途径不同，到达接收点时的幅度和相位都不一样，而移动台又在移动，所以移动台在不同位置时，其接收的信号的合成强度是不同的，这将造成移动台在行进途中接收信号的电平起伏不定，最大的可相差 30 dB 以上，这种现象通常称为多径衰落，它严重影响通信质量。因此要求在进行移动通信系统的设计时，必须具有一定的抗衰落能力。

2. 在强干扰条件下工作

移动通信的质量不仅取决于设备本身的性能，而且与外界的干扰和噪声有关。由于移动台经常处于运动状态，外界环境变化很大，很可能进入强干扰区进行通信。另外，接收机附近的发射机对通信质量的影响也很严重。归纳起来有互调干扰、邻道干扰、同频干扰、多址干扰以及远近效应(近基站强信号会压制远基站弱信号的现象)等。因此，在系统设计时，应根据不同的外界环境及不同的干扰形式，采取不同的抗干扰措施。

3. 具有多普勒效应

当运动的物体达到一定速度时，固定点接收的载波频率将随运动速度的不同而产生不同的频移，通常把这种现象称为多普勒效应，如图 1-8 所示，其频移值 f_d 与移动台运动速度 v、工作频率 f(或波长 λ)及电波入射角 θ 有关，即

$$f_d = \frac{v}{\lambda}\cos\theta$$

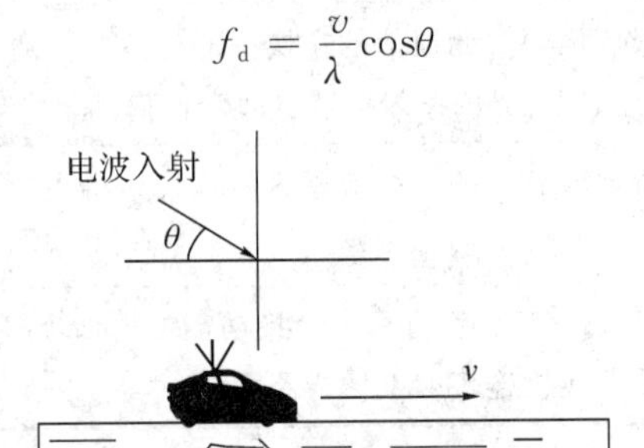

图 1-8　多普勒频移效应

从上式可以看出，移动速度越快，入射角越小，则多普勒效应就越严重，此时只有采用锁相技术才能接收到信号，所以移动通信设备都采用了锁相技术。

4. 跟踪交换技术

由于移动台具有时常运动的特点，为了实现实时可靠的通信，移动通信系统必须采用跟踪交换技术，如位置登记、频道切换及漫游访问等。

5. 阴影效应

当移动台进入某些特定区域时，会因电波被吸收或被反射而接收不到信息，这一区域称为阴影区(盲区)。在网络规划、基站设置时必须充分考虑阴影效应。

6. 对设备要求严格

移动通信的设备要求体积小、重量轻、省电、携带方便、操作简单、可靠耐用和维护方便等，还应保证在振动、冲击、高低温变化等恶劣环境条件下能够正常工作。

1.2.2　移动通信的分类

移动通信的分类方法有很多种，按照不同的方式分别有以下不同的分类方法：

(1) 按服务对象可分为公用移动通信和专用移动通信；
(2) 按用途和区域可分为海上卫星移动系统、空中卫星移动系统和陆地卫星移动系统；
(3) 按多址方式可分为频分多址(FDMA)、时分多址(TDMA)和码分多址(CDMA)；
(4) 按工作方式可分为单工通信、半双工通信和全双工通信；
(5) 按覆盖范围可分为广域网和局域网；
(6) 按业务类型可分为电话网、数据网和综合业务网；
(7) 按信号形式可分为模拟网和数字网。

1.3　移动通信的工作方式

移动通信按其通话的状态和频率使用的方法可分为三种工作方式：单工、半双工和全双工。

1.3.1　单工方式

单工方式是指通信双方电台交替地进行收信和发信，通常用于点到点通信，其原理如图 1-9 所示。根据收发频率的异同，单工通信又可分为同频单工通信和异频单工通信。

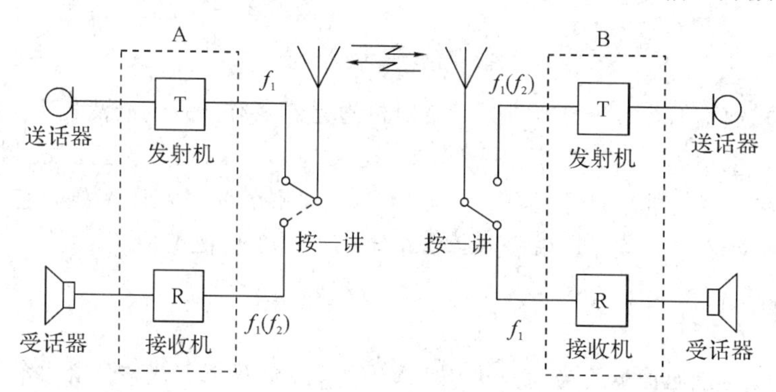

图 1-9　单工方式

1. 同频单工

同频是指通信的双方使用相同的频率 f_1 进行发送和接收，单工是指通信双方的操作采用"按—讲"方式。平时双方的收发信机均处于收听状态。若 A、B 双方的其中一方 A 需要发话时，则按下 A 方的"按—讲"开关，这时就关闭了 A 方的接收机，打开了发射机。由于 B 方一直处于收听状态，则可实现 A 到 B 的通话；反之，也能实现由 B 到 A 的通话。在这种方式中，同一电台的发射和接收是交替工作的，收发信机使用同一副天线。

该方式的优点是移动台之间可直接通信，无须基站转发；设备简单，功耗小。其缺点是操作不便，如配合不当，则会出现通话断续；若在同一地区有多个电台使用相同频率，则会造成严重干扰。

2. 异频单工

异频单工是指通信的双方均使用两个不同的频率 f_1 和 f_2 分别进行发送和接收，而操作上仍采用"按—讲"方式。如 A 方用频率 f_1 发射，则 B 方也用频率 f_1 接收；若 B 方用频率

f_2发射，则A方也用频率f_2接收，这样就可实现双方通话。由于收发采用不同的频率，同一部电台的收发信机可以交替工作，也可以同时工作，只用“按—讲”开关来控制发射。异频单工通信的优缺点与同频单工类似。

1.3.2 全双工方式

全双工通信是指通信双方收发信机均可同时工作，在任一方发话的同时，也能收到对方的语音，无须“按—讲”开关，类同于平时打电话，使用自然，操作方便。其原理如图1-10所示。

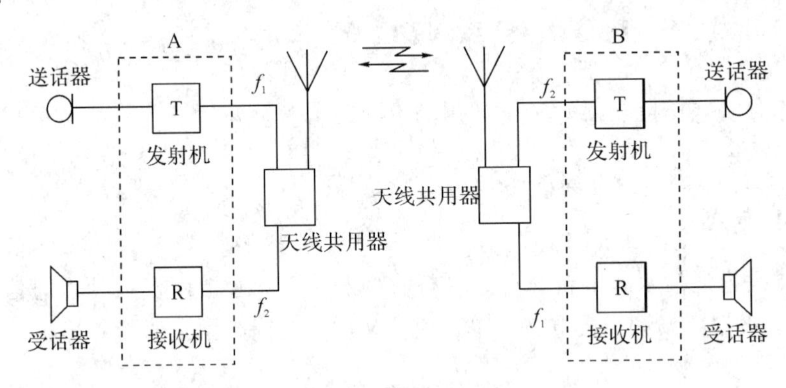

图1-10　全双工方式

采用该方式通信时，不论是否发话，发射机总是在工作，故电能消耗大。这对以电池为能源的移动台是很不利的。为缓解这个问题，在某些系统中，移动台的发射机仅在发话时才工作，而移动台接收机总是在工作中，通常称这种系统为准双工系统，它可以和全双工系统兼容。目前，这种工作方式在移动通信系统中获得了广泛的应用。

1.3.3 半双工方式

半双工通信是指通信的双方有一方(如A方)采用全双工方式，使用两个不同的频率f_1和f_2，既能发射信号又能接收信号；而另一方(如B方)则采用双频单工方式，采用“按—讲”开关，收发信机交替工作。其原理如图1-11所示。

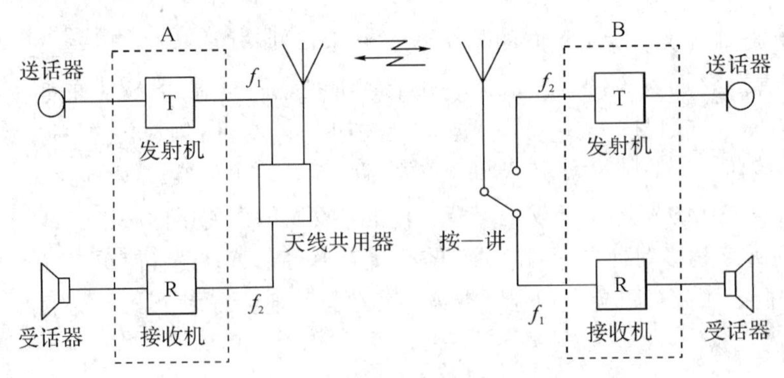

图1-11　半双工方式

在这种方式下，移动台不需要天线共用器，适合电池容量比较小的设备。与同频单工方式相比，半双工方式的优点是设备简单，功耗小，解决了通话断断续续的现象，但按键操作仍不大方便。目前的集群移动通信系统大多采用半双工方式工作。

1.4　移动通信的关键技术

1.4.1　多址技术

移动通信系统是一个多信道同时工作的系统，具有广播信道和大面积覆盖的特点。在无线通信电波覆盖区域内，如何建立用户之间的无线信道连接，是多址接入方式的问题。解决多址接入问题的方法叫作多址接入技术。

多址技术是指射频信道的复用技术，其目标在于实现多个用户共享公共通信资源，对不同的移动台和基站发出的信号赋予不同的特征，使基站能从众多的移动台发出的信号中区分出是哪个移动台的信号，移动台也能识别基站发出的信号中哪一个是发给自己的。信号特征的差异可表现在某些特征上，如工作频率、出现时间、编码序列等，多址技术直接关系到蜂窝移动通信系统的容量。

通过不同资源的不同分割方式，蜂窝移动系统中常用的多址方式有频分多址(FDMA)、时分多址(TDMA)、码分多址(CDMA)和空分多址(SDMA)。下面分别介绍它们的原理。

1. FDMA

FDMA 把可以使用的总频段划分成若干个占用较小带宽的等间隔的频道，这些频道在频域上互不重叠，每个频道都是一个通信信道，分配给一个用户。其宽度能传输一路语音或数据信息，而在相邻频道之间无明显的串扰。图 1－12 是 FDMA 的频道划分示意图。图 1－13 是 FDMA 系统的工作示意图。

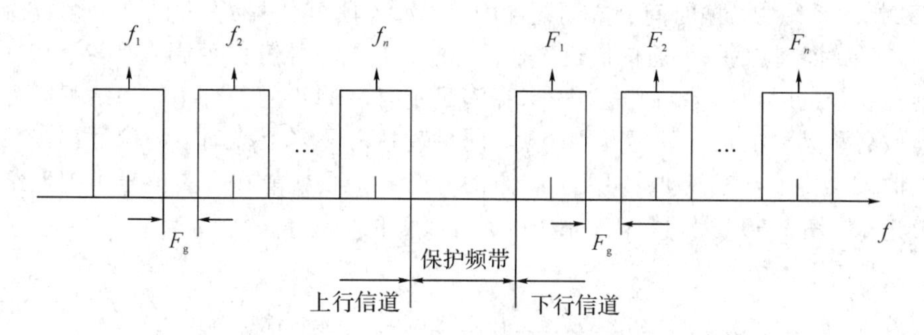

图 1－12　FDMA 频道划分示意图

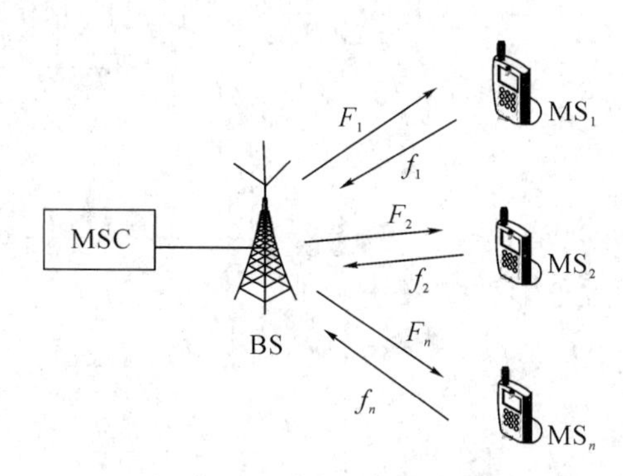

图 1－13　FDMA 通信系统工作示意图

由图 1－12 和图 1－13 可以看出，在频分双工 FDD 系统中，分配给用户一个信道，即一对频率。一个频率为下行信道，即 BS 向 MS 方向的信道；另一个频率为上行信道，即 MS 向 BS 方向的信道。在频率轴上，下行信道占有较高的频带，上行信道占有较低的频带，中间为上下行的保护频带。在用户频道之间，设有保护频隙 F_g，以免因系统的频率漂移造成频道间的重叠。

在工作过程中，FDMA 系统的基站必须同时发射和接收多个不同频率的信号；任意两个移动用户之间进行通信都必须经过基站的转接，因而必须占用两个信道（两对频率）才能实现双工通信。不过，移动台在通信过程中所占用的频道并不是固定分配的，它通常是在通信建立阶段由系统控制中心临时分配的，通信结束后，移动台退出它所占用的频道，这些频道又可以分配给别的用户使用。

FDMA 方式有以下几个特点：

(1) 单路单载频。每个频道一对频率，只可传输一路语音，频率利用率较低，系统容量有限。

(2) 信息连续传输。系统分配给移动台和基站一对 FDMA 信道，它们利用此频道连续传输信号，直到通话结束，信道收回。

(3) 需要周密的频率计划，频率分配工作复杂。

(4) 基站有多部不同频率的收发信机同时工作，基站的硬件配置取决于频率计划和频道配置。

(5) 技术成熟，设备简单；但频率利用率低，系统容量小。

(6) 单纯的 FDMA 只能用于模拟蜂窝系统中。

2. TDMA

在 TDMA 系统中，把时间分成周期性的帧，每一帧再分割成若干时隙（帧或时隙互不重叠），每一个时隙就是一个通信信道，然后根据一定的时隙分配原则，使各个移动台在每帧内只能按指定的时隙向基站发送信号。在满足定时和同步的条件下，基站可以分别在各时隙中接收各移动台的信号而不发生干扰；同时基站发向多个移动台的信号都按顺序安排在预定的时隙中传输，各移动台只要在指定的时隙内接收就能在合路信号中把发给自己的信号区分出来。图 1－14 是 TDMA 系统的工作示意图。

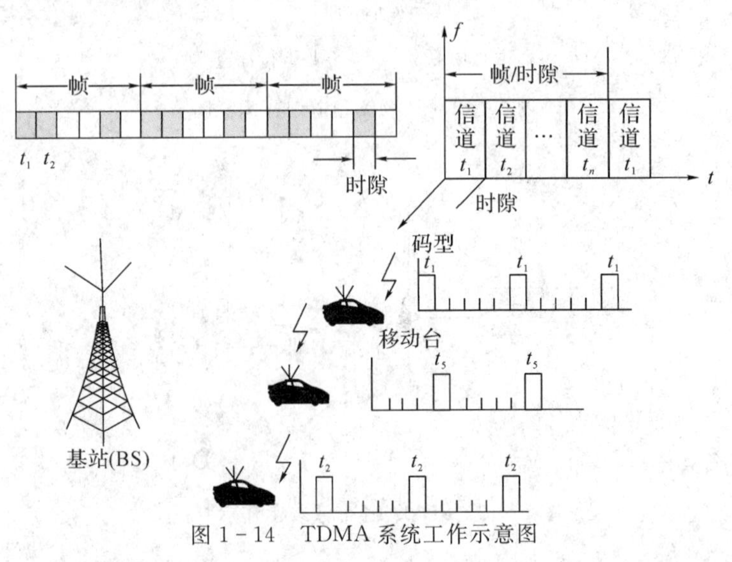

图 1－14　TDMA 系统工作示意图

TDMA 方式有以下主要特点：

(1) 每载频多路信道。TDMA 系统在每一频率上产生多个时隙，每个时隙就是一个信道，在基站控制分配下，可为任意一移动用户提供电话或非话业务。

(2) 利用突发脉冲序列传输。移动台信号功率的发射是不连续的，只是在规定的时隙内发射脉冲序列。

(3) 传输速率高，自适应均衡。每载频含有时隙多，故频率间隔宽，传输速率高，但数字传输带来了时间色散，使时延扩展加大，故必须采用自适应均衡技术。

(4) 传输开销大。由于 TDMA 分成时隙传输，使得收信机在每一突发脉冲序列上都需要重新获得同步。为了把一个时隙和另一个时隙分开，保护时间也是必需的。因此，TDMA 系统通常比 FDMA 系统需要更多的开销。

(5) 对于新技术是开放的。例如，当语音编码算法改进而降低比特速率时，TDMA 系统的信道很容易重新配置以接纳新技术。

(6) 共享设备的成本低。由于每个载频为多个客户提供服务，所以 TDMA 系统共享设备的每客户平均成本与 FDMA 系统相比是大大降低了。

(7) 移动台设计较复杂。TDMA 比 FDMA 系统移动台具有更多的功能，因此需要较复杂的数字信号处理技术。

3. CDMA

当前应用 CDMA 方式的主要蜂窝系统有北美的 IS－95CDMA 系统。在码分多址(CDMA)通信系统中，不同用户传输信息所用的信号不是靠频率不同或时隙不同来区分的，而是用不同的码型(也称为地址码)来区分的。系统中所使用的地址码必须相互(准)正交，以区别地址。在该方式中，码型即为信道。如果从频域或时域来观察，多个 CDMA 信道是互相重叠的。接收机用相关器可以在多个 CDMA 信号中选出使用预定码型的信号，而其他使用不同码型的信号不被解调。图 1－15 是 CDMA 系统的工作示意图。

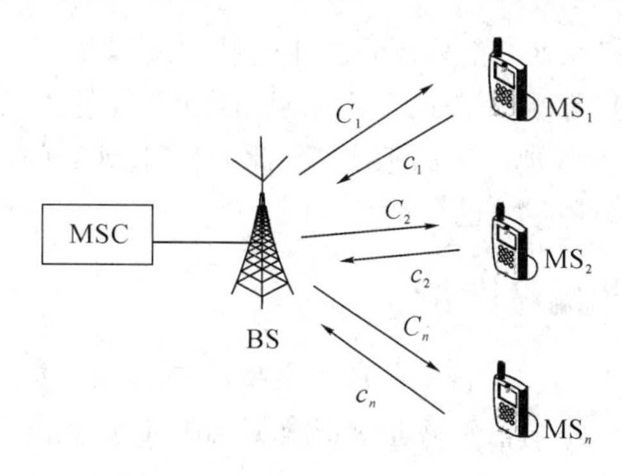

图 1－15　CDMA 工作示意图

CDMA 技术近年得到了迅速的发展，正在成为一项全球性的无线通信技术，它具有以下优点：

(1) 系统具有软容量，能实现多媒体通信；

(2) 语音通话质量高，抗干扰能力强；

(3) 无须防护间隔；

(4) 功耗低；

（5）建网成本下降。

4. SDMA

SDMA 利用无线电波束在空间的不重叠分割构成不同的信道，将这些空间信道分配给不同地址的用户使用，空间波束与用户具有一一对应关系，依波束的空间位置区分来自不同地址的用户信号，从而完成多址连接。在移动通信中，能实现空间分割的基本技术就是采用自适应阵列天线，在不同用户方向上形成不同的波束。如图 1－16 所示为 SDMA 工作示意图。

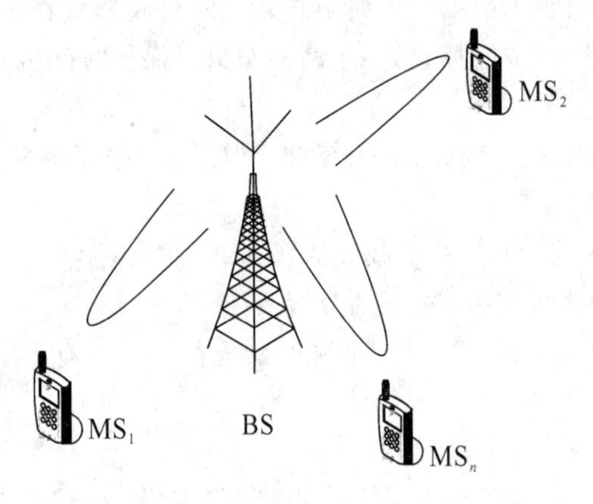

图 1－16　SDMA 工作示意图

SDMA 使用定向波束天线来服务于不同的用户。相同的频率或不同的频率用来服务于被天线波束覆盖的不同区域。扇形天线可被看作是 SDMA 的一个基本方式。在极限情况下，自适应阵列天线具有极小的波束和极快的跟踪速度，它可以实现最佳的 SDMA。将来有可能使用自适应天线，迅速地引导能量沿用户方向发送，这种天线最适合 TDMA 和 CDMA。

CDMA 和 SDMA 有相互补充的作用，当几个用户靠得很近时，SDMA 技术无法精确地分辨用户位置，每个用户都受到了临近用户的强干扰而无法正常工作，而采用 CDMA 的扩频技术可以很轻松地降低其他用户的干扰。因此，将 SDMA 和 CDMA 技术结合起来，即 SCDMA 可以充分发挥这两种技术的优越性。

1.4.2　语音编码及信道编码技术

语音编码和信道编码是移动通信中的两个重要的技术领域。语音编码技术属于信源编码，可提高系统的频带利用率和信道容量。信道编码技术可提高系统的抗干扰能力，从而保证良好的通话质量。

1. 语音编码技术

语音编码是把模拟语音转变为数字信号以便在信道中传输，语音编码技术在移动通信系统中与调制技术直接决定了系统的频谱利用率。在移动通信中，节省频谱是至关重要的，对语音编码技术的研究目的是在保证一定的语音质量的前提下，尽可能地降低语音码的比特率。

语音编码技术通常分为三类：波形编码、参量编码和混合编码。

(1) 波形编码。波形编码是将随时间变化的信号直接变换为数字代码，尽量使重建的语音波形保持原语音信号的波形形状。其基本原理是对模拟语音波形信号进行抽样、量化编码而形成数字语音信号。解码是与其相反的过程，即将收到的数字序列经过解码和滤波恢复成模拟信号。

为了保证数字语音信号解码后的高保真度，波形编码需要较高的编码速率，一般为16～64 kb/s。通信原理课程中讲过的脉冲编码调制(PCM)、增量调制(ΔM)以及它们的各种改进形式如自适应增量调制(ADM)和自适应差分编码调制(ADPCM)等都属于波形编码技术。

波形编码有比较好的语音质量和成熟的实现方法，但其所用的编码速率比较高，占用的带宽比较宽，因此波形编码多用于有线通信中。

(2) 参量编码。参量编码是基于人类语言的发声机理，找出表征语音的特征参量，对特征参量进行编码的一种方法，因此也称为声码器编码。参量编码仅传输反映语音波形主要变化的参量，在接收端，根据所接收的语音特征信息参量，恢复原来的语音。参量编码由于只传输语音的特征参量，可实现低速率的语音编码，其编码速率一般为1.2～4.8 kb/s 。线性预测编码(LPC)及其变形均属于参量编码。参量编码的语音可懂度较好，但有明显的失真，不能满足商用语音通信的要求。

(3) 混合编码。混合编码是基于参量编码和波形编码发展的一种新的编码技术，它将波形编码和参量编码结合起来，力图保持波形编码语音的高质量与参量编码的低速率。在混合编码信号中，既包括若干语音特征参量也包括部分波形编码信息。其比特率一般为4～16 kb/s，语音质量可达到商用语音通信的要求。因此，混合编码技术在数字移动通信中得到了广泛的应用。使用较多的混合编码方案是规则脉冲激励长期预测编解码器(RPE-LTP)和码激励线性预测编码器(CELP)。

2. 信道编码技术

在移动通信中传输数字语音信号时，采用信道编码主要是使系统具有一定的纠错能力和抗干扰能力，以尽可能避免传输中误码的发生，提高系统传输的可靠性。信道编码实际上是一种差错控制编码，其基本思想是在发送端给被传输的信息附上一些监督码元，这些多余的码元与信息码元之间以某种确定的规则相互制约。接收端按照既定的规则校验信息码元与监督码元之间的关系，一旦传输发生差错，信息码元与监督码元之间的关系就会受到破坏，从而接收端可以发现错误并且能够纠正错误。

在数字通信中，需要利用信道编码对整个通信系统进行差错控制。差错控制编码主要有两种：分组编码和卷积编码。

(1) 分组编码。分组编码是按照代数规律构造的，故又称为代数编码。编码原理框图见图 1-17。将 k 个信息比特编成 n 个比特的码组，每个码组的 $r=n-k$ 个监督码元，仅与本码组的 k 个信息位有关，而与其他码组无关，一般可用 (n, k) 表示。n 为码长，k 表示信息位数目，$R=k/n$ 为分组码的编码效率。

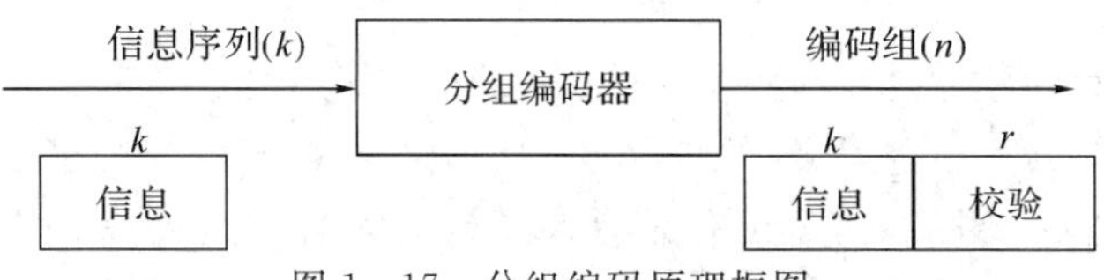

图 1-17　分组编码原理框图

(2) 卷积编码。卷积编码的原理框图见图 1-18。卷积编码也是将 k 个信息比特编成 n 个比特的码组，但 k 和 n 通常很小，适合以串行形式进行传输，时延小。与分组码不同，卷积码是一种有记忆的编码，它是以其编码规则遵循卷积运算而得名的。卷积编码可记为(n, k, m)码，其中 k 表示输入信息的码元数，n 表示输出码元数，而 m 表示编码中寄存器的节数。

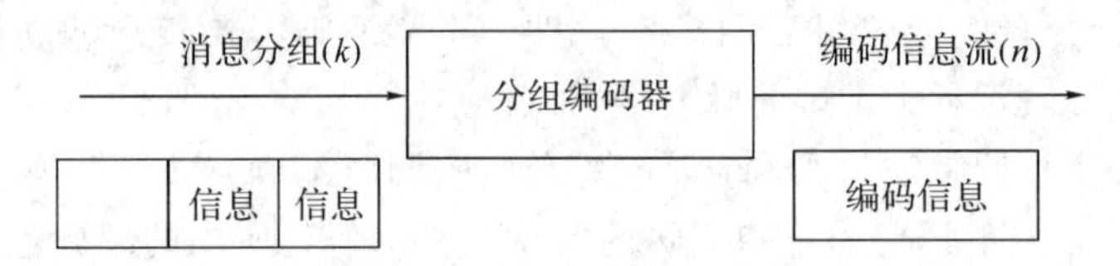

图 1-18　卷积编码原理框图

卷积编码后的 n 个码元不仅与当前的 k 个信息有关，而且还与前面的 m 段信息有关。或者说，各码段内的监督码元不仅对本码段而且对前面 m 段内的信息元起监督作用。编码约束度为 $N=m+1$，表示相互约束的码段个数；nN 为编码约束长度，表示相互约束的码元个数；编码效率为 $R=k/n$。

1.4.3 扩频技术

1. 扩频的基本概念

扩展频谱(Spread Spectrum，SS)通信简称为扩频通信。扩频通信是一种信息传输方式，在发送端采用扩频码调制，使信号所占有的频带宽度远大于所传信息必需的最小带宽，在接收端则用同样的码进行相关同步接收、解扩及恢复所传信息数据。

图 1-19 为典型扩频系统框图，它主要由原始信息、信源编译码、信道编译码(差错控制)、载波调制与解调、扩频调制、解扩频和信道六大部分组成。信源编码的目的是去掉信息的冗余度，压缩信源的数码率，提高信道的传输效率(即通信的有效性)。调制部分是为了使经信道编码后的符号能在适当的频段传输，如微波频段、短波频段等。扩频调制和解扩是为了某种目的而进行的信号频谱展宽和还原技术。

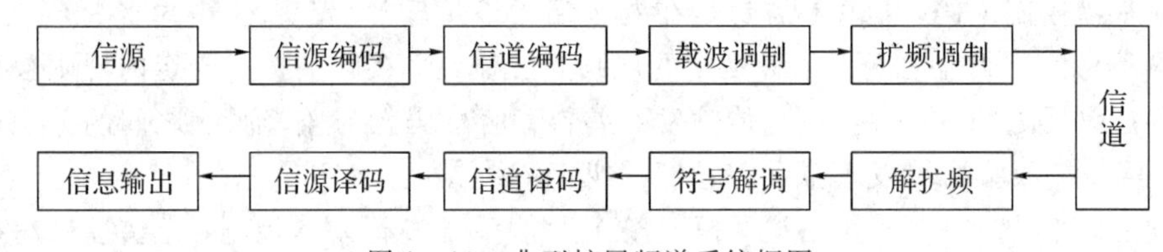

图 1-19　典型扩展频谱系统框图

2. 扩频通信系统的理论基础

扩频通信的理论基础是信息论中著名的香农公式。香农(Shannon)在其信息论中得出了带宽与信噪比互换的关系，即香农公式

$$C = B\log\left(1+\frac{S}{N}\right) \tag{1-1}$$

式中：C 为信道容量(信息的传输速率)，单位为 b/s；B 为信号频带宽度，单位为 Hz；S 为信号平均功率，单位为 W；N 为噪声平均功率，单位为 W。

由香农公式可知，要提高信息的传输速率 C，可以通过两种途径实现，即加大带宽 B 或提高信噪比 S/N。换句话说，当信号的传输速率 C 一定时，信号带宽 B 和信噪比 S/N 是可以互换的，即增加信号带宽可以降低对信噪比的要求，当带宽增加到一定程度时，允许信噪比进一步降低，有用信号功率接近噪声功率甚至淹没在噪声之下也是可能的。用宽带传输技术来换取信噪比方面的好处，这就是扩频通信的基本思想和理论依据。

3. 扩频通信系统的工作原理

扩频通信的工作原理框图见图 1－20。在发端，输入的信号经信息调制形成数字信号，然后用一个带宽比信息带宽宽得多的伪随机码(PN 码，即扩频码)对信息数据进行调制，即扩频调制；展宽以后的信号再对载频进行调制(如 PSK、QPSK、OQPSK 等)，最后通过射频功率放大再送到天线发射出去。在收端，从接收天线收到的宽带射频信号，经过输入电路、高频放大器后送入变频器，下变频至中频；然后由本地产生的与发端完全相同的扩频码序列去解调；最后经信息解调后恢复成原始信息输出。由图 1－20 可见，扩频通信系统与普通通信系统相比较，就是多了扩频调制和扩频解调两部分。

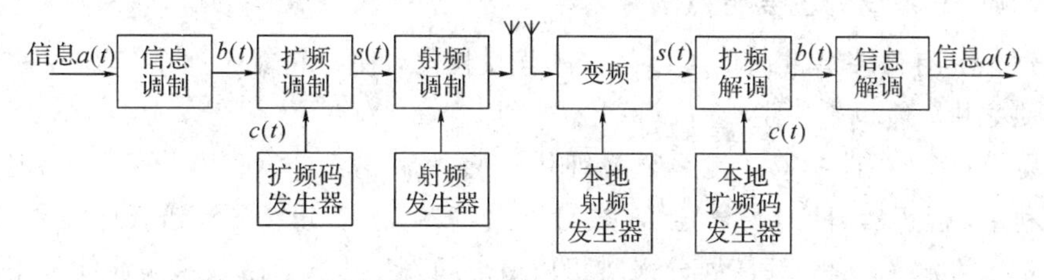

图 1－20　扩频通信系统原理框图

扩频通信系统传输中信息的频谱变换如图 1－21 所示。信息数据经过信息调制后，输出的是窄带信号，其频谱如图 1－21(a)所示；经过扩频调制后频谱展宽如图 1－21(b)所示，其中 $R_c \gg R_i$；在接收机的输入信号中加有干扰信号，频谱如图 1－21(c)所示；经过解扩后有用信号频谱变窄，恢复原始信号带宽，而干扰信号频谱变宽，如图 1－21(d)所示；再经过窄带滤波，有用信号带外干扰信号被滤除，如图 1－21(e)所示，从而降低了干扰信号的强度，改善了信噪比。

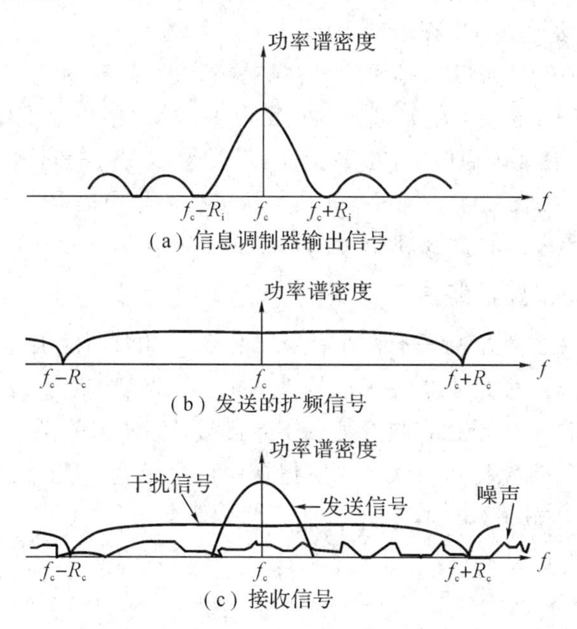

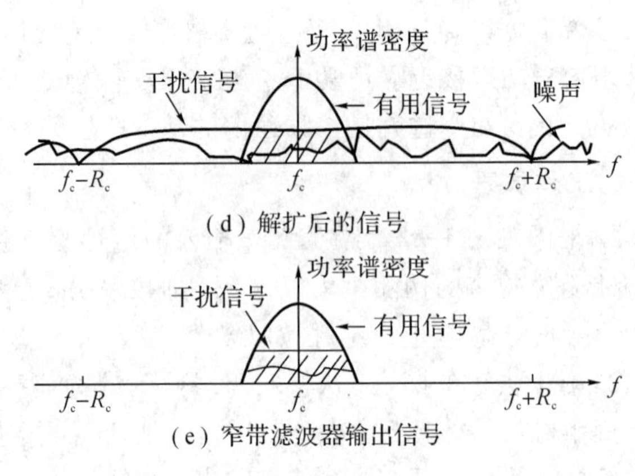

图 1-21　扩频通信系统频谱变化图

4. 扩频通信系统的主要特点

扩频通信具有许多窄带通信难以替代的优良性能，使得它能迅速推广到各种公用和专用通信网络之中。简单来说主要有以下几个特点。

(1) 易于同频使用，提高了无线频谱利用率。无线频谱十分宝贵，虽然从长波到微波都已得到开发利用，但仍然满足不了社会需求。为此，世界各国都设立了频谱管理机构，用户只能使用申请获得的频率，依靠频道划分来防止信道之间发生干扰。由于扩频通信采用了相关接收技术，信号发送功率极低(小于 1 W，一般为 1～100 mW)，且可工作在信道噪声和热噪声背景中，易于在同一地区重复使用同一频率，也可以与现今各种窄带通信共享同一频率资源。

(2) 抗干扰性强，误码率低。扩频通信在空间传输时所占有的带宽相对较宽，且接收端又采用相关检测的办法来解扩，使有用宽带信号恢复成窄带信号，而把非所需信号扩展成宽带信号，然后通过窄带滤波技术提取有用的信号。

(3) 可以实现码分多址。扩频通信提高了抗干扰能力，但付出了占用频带宽度的代价，多用户共用这一宽频带，可提高频率利用率。在扩频通信中可利用扩频码优良的自相关和互相关特性实现码分多址，提高频率利用率。

(4) 保密性好。由于扩频后的有用信号被扩展到很宽的频带上，单位频带内的功率很小，即信号的功率谱密度很低，信号被淹没在噪声里，非法用户很难检测出信号。

(5) 抗多径干扰。在无线通信中，多径干扰一直是难以解决的问题，扩频通信利用扩频编码之间的相关特性，在接收端可以利用相关技术从多径信号中提取出最强的有用信号，也可把多个路径来的同一码序列的波形相加使之得到加强，从而达到有效的抗多径干扰。

5. 扩频通信系统主要性能指标

扩频通信系统的主要性能指标有两个：处理增益 G_p 和干扰容限 M_j。

扩频通信系统由于在发送端扩展了信号频谱，在接收端解扩还原了信息，这样的系统带来的好处是大大提高了抗干扰容限。理论分析表明，各种扩频系统的抗干扰性能与信息频谱扩展后的扩频信号带宽比例有关。一般把扩频信号带宽 B 与信息带宽 B_m 之比称为处理增益 G_p，工程上常以分贝(dB)来表示，即

$$G_p = 10 \log \frac{B}{B_m} \tag{1-2}$$

处理增益 G_p 是扩频通信系统的一个重要的性能指标，它表示扩频系统信噪比改善的程度。

仅仅知道扩频系统的处理增益，还不能充分说明系统在干扰环境下的工作性能，因为通信系统要正常工作，还需要保证输出端有一定的信噪比，并需扣除系统内部信噪比的损耗，因此需引入抗干扰容限 M_j，其定义如下：

$$M_j = G_p - [(S/N) - L_s] \tag{1-3}$$

式中：(S/N)为输出端的信噪比；L_s 为系统损耗。

例如：某扩频通信系统的处理增益 $G_p=33$ dB，系统损耗 $L_s=3$ dB，接收机的输出信噪比为 10 dB，则该系统的干扰容限 $M_j=20$ dB。这表明该系统最大能承受 20 dB(100 倍)的干扰，即当干扰信号功率超过有用信号功率 20 dB 时，该系统不能正常工作，而二者之差不大于 20 dB 时，系统仍能正常工作。

由此可见，干扰容限 M_j 与扩频处理增益 G_p 成正比，扩频处理增益提高后，干扰容限大大提高，甚至信号在一定的噪声湮没下也能正常通信。通常的扩频设备总是将用户信息(待传输信息)的带宽扩展到数十倍、上百倍甚至千倍，以尽可能地提高处理增益。

6. 扩频通信系统的分类及实现

按照扩展频谱的方式不同，目前的扩频通信系统可分为直接序列扩频(DS)、跳频(FH)、跳时(TH)以及混合方式(上述几种方式的组合)。

(1) 直接序列扩频(Direct Sequence Spread Spectrum，DS)，简称直扩方式，就是直接用具有高码率的扩频码序列在发端去扩展信号的频谱，而在收端，用相同的扩频码序列去进行解扩，把展宽的扩频信号还原成原始的信息。它是一种数字调制方法，其原理如图 1-22所示。具体来说，就是将信源发出的信息与一定的 PN 码(伪噪声码)进行模二加。例如，在发端将 1 用 11000100110 代替，而将 0 用 00110010110 代替，这就实现了扩频；而在接收机处把收到的 11000100110 恢复成 1，00110010110 恢复成 0，这就是解扩。这样信源速率被提高了 11 倍，同时也使处理增益达到 10 dB 以上，有效地提高了整机信噪比。

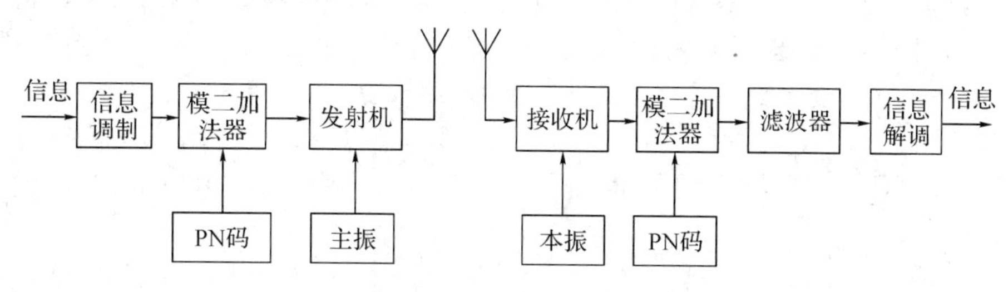

图 1-22　直接序列扩频原理框图

(2) 跳频(Frequency Hopping，FH)。所谓跳频，比较确切的意思是用一定码序列进行选择的多频率频移键控，也就是说，用扩频码序列去进行频移键控调制，使载波频率不断地跳变，所以称为跳频。

简单的频移键控如 2FSK，只有两个频率，分别代表“1”码和“0”码。而跳频系统则有几个、几十个甚至上千个频率，用复杂的扩频码去控制频率的变化。图 1-23(a)为跳频原理示意图。在发端信息码序列经信息调制后变成带宽为 B 的基带信号，然后进入载波调制，产生载波频率的频率合成器在扩频码发生器的控制下，产生的载波频率在带宽为 $W(W\gg B)$ 的频带内随机地跳变，如图 1-23 (b)所示。在收端，为了解出跳频信号，需要有与发端完全相同的本地扩频码发生器去控制本地频率合成器，使其输出的跳频信号能在扩频解调器中与接收信号差频出固定的中频信号，然后经中频带通滤波器及信息解调器输出恢复的信息。由此可见，跳频系统占用了比信息带宽要宽得多的频带。

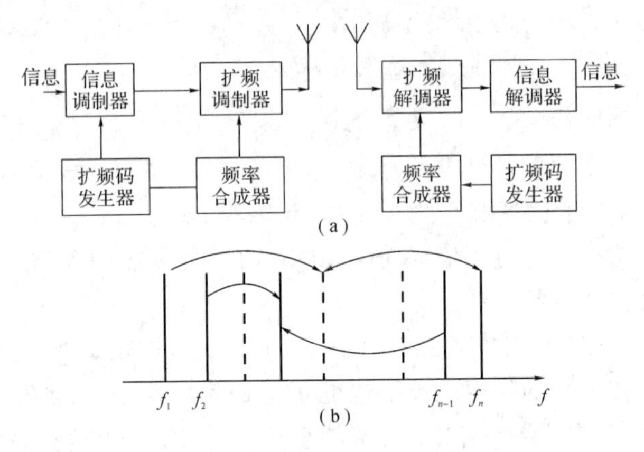

图 1－23　跳频原理示意图

(3) 跳变时间(Time Hopping，TH)工作方式，简称跳时方式。与跳频相似，跳时是使发射信号在时间轴上跳变。首先把时间轴分成许多时片，在一帧内每个时片发射信号由扩频码序列进行控制。可以把跳时理解为用一定码序列进行选择的多时片的时移键控。由于采用了窄得多的时片发送信号，相对来说，信号的频谱就展宽了。图 1－24(a)是跳时系统的原理方框图。在发端，输入的信息数据先存储起来，由扩频码发生器产生的扩频码序列去控制通一断开关，经二相或四相调制再经射频调制后发射。在收端，由射频接收机输出的中频信号经本地产生的与发端相同的扩频码序列控制通一断开关，再经二相或四相解调器送到数据存储器并再定时后输出数据信息。只要收发两端在时间上严格同步进行，就能正确地恢复原始数据。跳时也可以看成是一种时分系统，不同之处在于它不是在一帧中固定分配一定位置的时片，而是由扩频码序列控制的按一定规律跳变位置的时片，如图 1－24(b)所示。跳时系统的处理增益等于一帧中所分的时片数。由于简单的跳时抗干扰性不强，很少单独使用，跳时通常都与其他方式结合使用，组成各种混合方式。

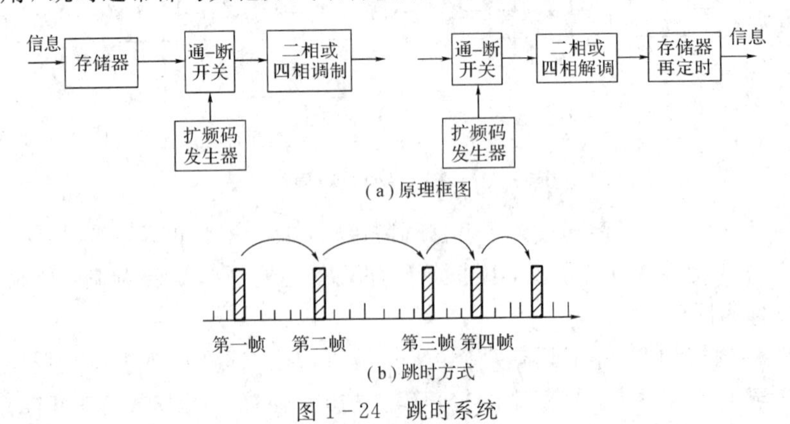

图 1－24　跳时系统

(4) 混合方式。在上述几种基本扩频方式的基础上，还可以将它们组合起来，构成各种混合方式，例如 DS/FH、DS/TH、DS/FH/TH 等。一般来说，采用混合方式看起来在技术上要复杂一些，实现起来也要困难一些；但是，不同方式结合起来的优点是有时能得到只用其中一种方式得不到的特性。例如，DS/FH 系统就是一种中心频率在某一频带内跳变的直接序列扩频系统，其信号的频谱如图 1-25 所示。

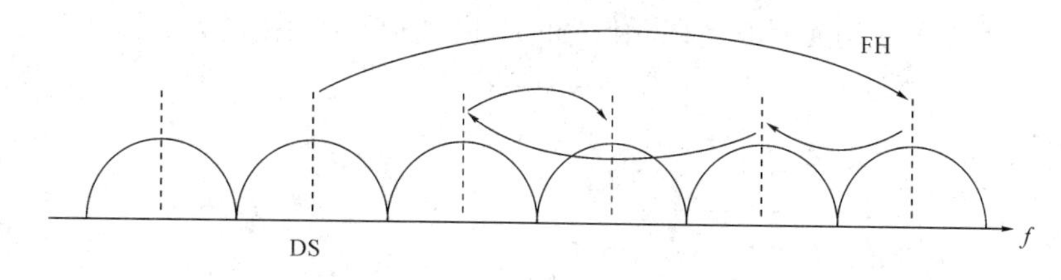

图 1-25　DS/FH 混合扩频示意图

由图可见，一个 DS 扩频信号在一个更宽的频带范围内进行跳变。DS/FH 系统的处理增益为 DS 和 FH 处理增益之和，因此，有时采用 DS/FH 反而比单独采用 DS 或 FH 可获得更宽的频谱扩展和更大的处理增益，甚至有时相对来说，其技术复杂性比单独用 DS 来展宽频谱或用 FH 在更宽的范围内实现频率的跳变还要容易些。而 DS/TH 方式相当于在扩频方式中加上时间复用，采用这种方式可以容纳更多的用户。在实现上，DS 本身已有严格的收发两端扩频码的同步，加上跳时，只不过增加了一个通一断开关，并没有增加太多技术上的复杂性。对于 DS/FH/TH 方式，它是把三种扩频方式组合在一起，在技术实现上肯定是很复杂的，但是对于一个有多种功能要求的系统，DS、FH、TH 可分别实现各自独特的功能。因此，对于需要同时解决诸如抗干扰、多址组网、定时定位、抗多径和远一近问题时，就不得不同时采用多种扩频方式。

1.4.4　均衡与分集接收技术

由于传输信道特性的不理想，在实际的数字通信系统中总是存在码间干扰。为了克服这个干扰，可在接收端抽样判决之前附加一个可调滤波器来校正或补偿信号传输中产生的线性失真。这种对系统中的线性失真进行校正的过程就叫作均衡，而实现均衡的滤波器就是均衡滤波器。均衡技术就是用来克服信道中码间干扰的一种技术。

分集技术就是研究如何利用多径信号来改善系统的性能。它利用多条具有近似相等的平均信号强度和具有相互独立的衰落特性的信号路径来传输相同信息，并在接收端对这些信号进行适当的合并以便大大降低多径衰落的影响，从而改善传输的性能。

下面分别介绍均衡技术和分集接收技术的工作原理。

1. 均衡技术

均衡分为频域均衡和时域均衡两类。所谓频域均衡，就是使包括均衡器在内的整个系统的总传输函数满足无失真传输的条件。而时域均衡则是直接从时间响应的角度去考虑，使均衡器与实际传输系统总和的冲击响应接近无码间干扰的条件。频域均衡比较直观且易于理解，常用于模拟通信系统中，而数字通信系统中常用的是时域均衡。因此，本节只介绍时域均衡的原理。

时域均衡的基本原理可通过图 1-26 来说明。它利用波形补偿的方法对失真波形直接加以校正，这可以通过观察波形的方法直接进行调节。

图 1-26(a)所示为单个脉冲的发送波形，图 1-26(b)所示为经过信道和接收滤波器后输出的信号波形，由于信道特性的不理想和干扰造成了波形失真，附加了一个“拖尾”。这个尾巴将在 t_0-2T_b、t_0-T_b、t_0+T_b、t_0+2T_b 各抽样点上对其他码元信号的抽样判决造成干扰。如

果设法加上一个与拖尾波形大小相等、极性相反的补偿波形，如图 1-26(c)所示，那么这个波形恰好就把原失真波形中多余的“尾巴”抵消掉了。这样，校正后的波形就不再有“拖尾”，如图 1-26(d)所示，消除了该码元对其他码元信号的干扰，达到了均衡的目的。

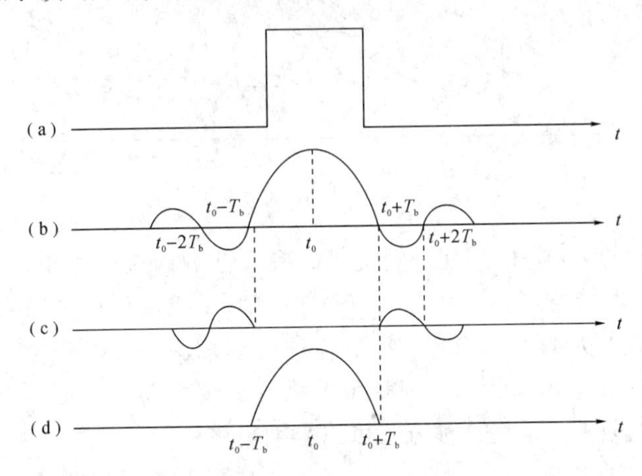

图 1-26　时域均衡的原理

接下来的问题就是如何得到补偿波形及如何实现时域均衡。时域均衡所需要的补偿波形可以由接收到的波形经过延迟加权后得到，所以均衡滤波器实际上是由一抽头延迟线加上一些可变增益的放大器组成的，如图 1-27(a)所示。它共有 $2N$ 节延迟线，每节的延迟时间都等于码元宽度 T_b，在各节延迟线之间引出抽头共($2N+1$)个，每个抽头的输出经可变增益(增益可正可负)放大器加权后输出。因此，当输入有失真的波形 $x(t)$时，只要适当选择各个可变增益放大器的增益 C_i($i=-N$，$-N+1$，…，0，…，N)，就可以使相加器输出的信号 $y(t)$对其他码元波形造成的串扰最小。图 1-27(b)所示分别为存在码间干扰的信号 $x(t)$和经过均衡后在判决时刻不存在码间干扰的信号 $y(t)$的波形。

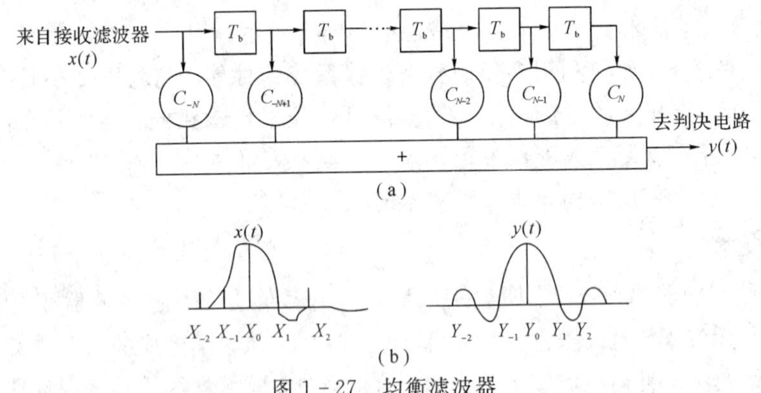

图 1-27　均衡滤波器

理论上拖尾只有当 $t\to\infty$时才会为 0，故必须用无限长的均衡滤波器才能对失真波形进行完全校正，但事实上拖尾的幅度小于一定值时就可以完全忽略其影响了，即一般信道只需要考虑一个码元脉冲对其临近的有限几个码元产生串扰的情况就足够了，故在实际中只要采用有限个抽头的滤波器即可。

均衡器在实际使用过程中，通常都用示波器来观察均衡滤波器的输出信号的眼图，通过反复调整各个增益放大器的增益 C_i，使眼图的眼睛达到最大且最清晰为止。

2. 分集接收技术

1) 分集技术的概念

所谓分集接收，是指接收端对收到的多个衰落特性互相独立(携带同一个信息数据流)的信号进行特定的处理，以降低信号电平起伏的方法。其基本思想是将接收到的多径信号分离成独立的多路信号，然后将这些多路分离信号的能量按一定规则合并起来，使接收的有用信号能量最大，使接收的数字信号误码率最小。

分集有两重含义：一是分散传输，使接收端能获得多个统计独立的、携带同一信息的衰落信号；二是集中处理，即接收机将收到的多个统计独立的衰落信号进行合并，以降低衰落的影响。

2) 常用的分集技术

分集技术的种类有很多种，人们分别从时域、频域和空域上考虑如何克服多径效应所带来的衰落，因此分集技术就包括了时间分集、频率分集和天线技术中的分集技术等。下面分别加以介绍。

(1) 时间分集。对于一个随机衰落的信道来说，若对其振幅进行顺序取样，那么在时间上间隔足够远(大于相干时间)的两个样点是互不相关的。这就提供了实现分集的一种方法——时间分集，即发射机将给定的信号在时间上相隔一定间距重复传输 M 次，只要时间间隔大于相干时间，接收机就可以得到 M 条独立的分集支路，接收机再将这一重复收到的多路同一信号进行合并，就能减小衰落的影响。时间分集主要用于在衰落信道中传输数字信号，它有利于克服移动信道中由于多普勒效应引起的信号衰落现象。由于它的衰落速率与移动台的运动速度及工作波长有关，为了使重复传输的数字信号具有独立的特性，必须保证数字信号的重发时间间隔满足以下关系：

$$\Delta T \geqslant \frac{1}{2f_{\mathrm{m}}} = \frac{1}{2(v/\lambda)} \tag{1-4}$$

式中：f_{m} 为衰落速率；v 为车速；λ 为工作波长。

若移动台处于静止状态，即 $v=0$，由式(1-4)可知，ΔT 为无穷大，表明时间分集对于静止状态的移动台无助于减小此种衰落。时间分集只需使用一部接收机和一副天线。

(2) 频率分集。由于频率间隔大于相关带宽的两个信号所遭受的衰落可以认为是不相关的，因此用两个以上不同的频率传输同一信息，可以实现频率分集。根据相关带宽的定义，有如下公式：

$$B_{\mathrm{c}} = \frac{1}{2\pi\Delta} \tag{1-5}$$

式中，Δ 为延时扩展。

例如，在市区中，$\Delta=3\ \mu\mathrm{s}$，则 B_{c} 约为 53 kHz，这样频率分集需要两部发射机(频率相隔 53 kHz 以上)同时发送同一信号，并用两部独立的接收机来接收信号。另外，在移动通信中，可采用信号载波频率跳变(调频)技术来达到频率分集的目的，只是要求频率跳变的间隔应大于信道的相关带宽。

(3) 空间分集。空间分集是利用场强随空间的随机变化实现的。在移动通信中，空间的任何变化都可能引起场强的变化。一般两副天线间的间距越大，多径传播的差异也越大，接收场强的相关性就越小，因此衰落也就很难同时发生。换句话说，利用两副天线的空间间隔可以使接收信号的衰落降到最低。

移动通信中，空间分集的基本做法是在基站的接收端使用两副相隔一定距离的天线对上行信号进行接收，这两副天线分别称为接收天线和分集接收天线。这两副接收天线的距离为 d，d 与工作波长 λ、地物及天线高度有关，在移动信道中，通常取 $d=0.5\lambda$（市区）或 $d=0.8\lambda$（郊区）。在满足上述条件时，两信号的衰落相关性已很弱，d 越大，相关性就越弱。

在 900 MHz 的频段工作时，两副天线的间隔也只有 0.27 m，在小汽车顶部安装这样的两副天线并不困难。因此，空间分集不仅适用于基站（取 d 为几个波长），也可用于移动台。

（4）极化分集。在移动环境下，两个在同一地点、极化方向相互正交的天线发出的信号具有不相关的特性。利用这一特性，在发端同一地点分别装上垂直极化天线和水平极化天线，即可得到两路衰落特性互不相关的信号。极化分集实际上是空间分集的特殊情况，其分集支路只有两路。这种方法的优点是结构比较紧凑，节省时间；缺点是由于发射功率要分配到两副天线上，信号功率将有 3 dB 的损失。

我们可以把这种分集天线集成于一副发射天线和一副接收天线。若采用双工器，则只需一副收发合一的天线，但对天线要求较高。

3）分集合并方式

接收端收到 $M(M>2)$ 个分集信号后，如何利用这些信号以减小衰落的影响，这就是合并问题。一般使用线性合并器，把输入的 M 个独立的衰落信号相加后合并输出。假设 M 个输入信号为 $r_1(t)$，$r_2(t)$，…，$r_M(t)$，则合并器输出电压为

$$r(t)=a_1r_1(t)+a_2r_2(t)+\cdots+a_Mr_M(t)=\sum_{k=1}^{M}a_kr_k(t) \tag{1-6}$$

式中，a_k 为第 k 个信号的加权系数。选择不同的加权系数 a_k，可以构成不同的合并方式，常用的合并方式有以下三种。

（1）选择式合并。它检测所有分集支路的信号，选择其中信噪比最高的那一条支路的信号作为合并器的输出。图 1－28 是二重分集选择式合并示意图。两个支路的高频信号分别经过解调，然后作信噪比比较，将其中有较高信噪比的支路接到接收机的共同部分。选择式合并又称开关式相加，这种方法简单，实现容易；但由于未被选择的支路信号弃之不用，因此，抗衰落效果不好。

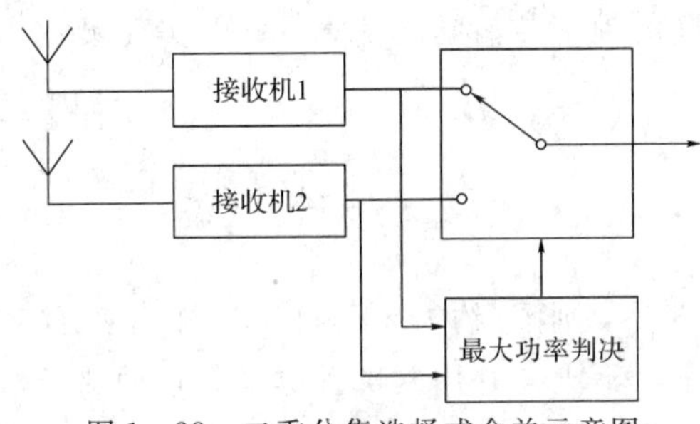

图 1－28　二重分集选择式合并示意图

（2）最大比值合并。如图 1－29 所示，每一支路信号为 r_k，每一支路的加权系数 a_k 与包络 r_k 成正比而与噪声功率 N_k 成反比，即 $a_k=r_k/N_k$。由此可得，最大比值合并器输出的信号包络为

$$r_{\mathrm{R}}=\sum_{k=1}^{M}a_kr_k=\sum_{k=1}^{M}r_k^2/N_k \tag{1-7}$$

式中，下标 R 表征最大比值合并方式。

理论分析表明，最大比值合并方式是一种最佳的合并方式。

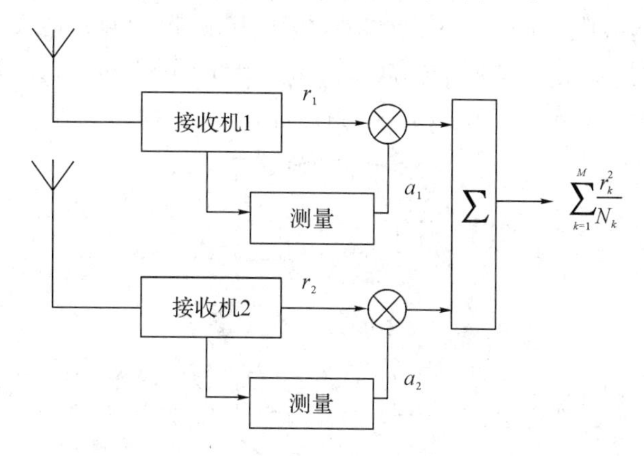

图 1－29　最大比值合并方式

(3) 等增益合并。当最大比值合并法中的加权系数 a_k 为 1 时，即为等增益合并。因此等增益合并无须对信号加权，等增益合并方式输出为 $r_E=\sum_{k=1}^{M}r_k$，如图 1－30 所示。等增益合并性能仅次于最大比值合并，但由于省去了加权系数的选定，实现起来比较容易。

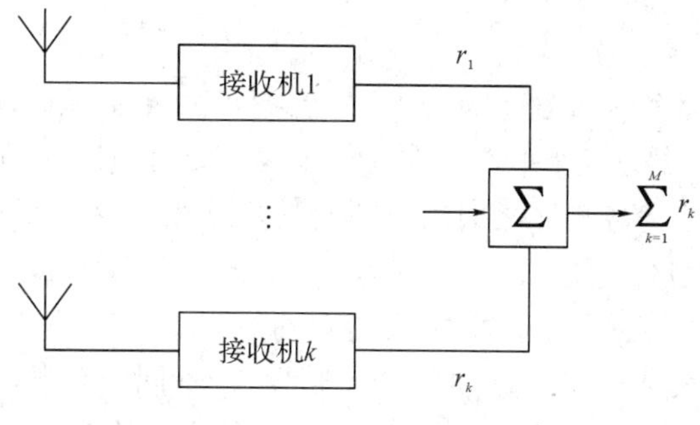

图 1－30　等增益合并方式

1.4.5　移动通信的组网技术

要实现移动用户在大范围内进行有序的通信，就必须解决组网过程中的一系列技术问题。下面主要介绍移动通信的组网制式、小区的结构、网络结构、区群的构成、多信道共用技术和频率利用等。

1. 组网制式

根据服务区覆盖方式的不同，可将移动通信网分为大区制和小区制。

1）大区制移动通信网

大区制是指在一个服务区(如一个城市或地区)只设置一个基站(Base Station，BS)，并由它负责移动通信网的联络和控制，如图 1－31 所示。

为了增大覆盖区域，大区制中基站的天线架设得很高，可达几十米至几百米，发射机的输出功率也很大，一般为 25～200 W。由于系统的基站频道数有限，容量不大，不能满足用户数目日益增加的需要，一般用户数为几十至数百个。在大区制中，基站的天线高，输出功率大，移动台(MS)在该服务区内移动时，均可收到基站发来的信号，即下行信号。由于移动台的电池容量有限，并且其发射机的输出功率也比较小，当移动台远离基站时，基站可能收不到移动台发来的信号，即上行信号衰减过大。为了解决两个方向通信不一致的问题，可以在服务区域中的适当地点设置若干个分集接收台，即图 1-31 中的 R，这样可以保证服务区内的双向通信质量。

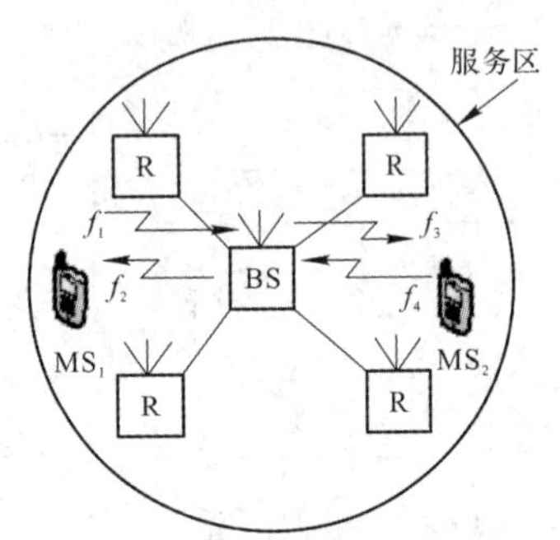

图 1-31　大区制移动通信示意图

大区制的主要优点是建网简单，投资少，见效快，在用户数较少的地域非常适合。但为了避免相互之间的干扰，服务区内的所有频率均不能重复使用，因而这种体制的频率利用率及用户数都受到了限制。为了满足用户不断增长的需求，在频率有限的条件下，必须采用小区制的组网方式。

2）小区制移动通信网

小区制就是把整个服务区域划分为若干个无线小区，每个无线小区中分别设置一个基站，负责本小区移动通信的联络和控制。在几个小区之间可设置移动业务交换中心(MSC)，移动业务交换中心统一控制各小区之间用户的通信接续以及移动用户与市话网的联系。例如，将图 1-31 所示的大区制服务区域一分为五，如图 1-32 所示。

图 1-32 中每个小区各设一个小功率基站(BS_1～BS_5)，发射机的输出功率一般为 5～10 W，覆盖半径一般为 5～10 km。可给每个小区分配不同的频率，但这样需要大量的频率资源，且频谱的利用率低。为了提高频谱的利用率，需将相同的频率在相隔一定距离的小区中重复使用，例如小区 1 与小区 4、小区 2 与小区 3 就可以使用相同的频率而不会产生严重的干扰。在一个较大的服务区中，同一组信道可以多次重复使用，这种技术称为同频复用。此外，随着用户数目的增多，小区还可以进一步划小，即实现“小区分裂”，以适应用户数的增加。

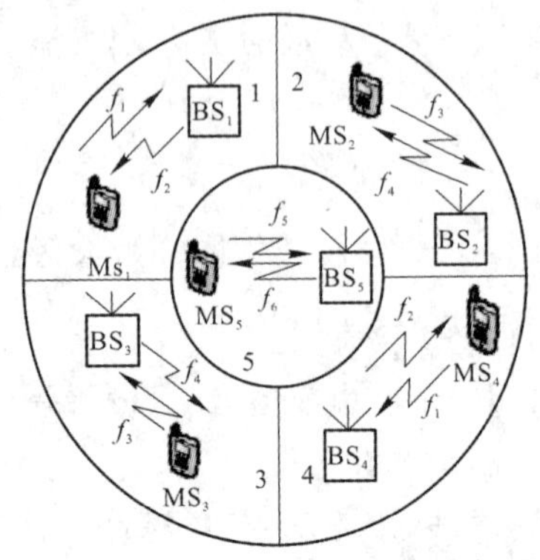

图 1-32　小区制移动通信示意图

采用小区制最大的优点是有效地解决了频道数量有限和用户数增大之间的矛盾；其次是由于基站功率减小，也使相互之间的干扰减小了。所以公用移动电话网均采用这种体制。

在这种体制中，从一个小区到另一个小区通话，移动台需要经常更换工作频道，这样对控制交换功能的要求提高了，加上基站的数目增多，建网的成本增加，所以小区范围不宜过小，要综合考虑而定。

2. 正六边形无线区群结构

1）小区形状

在研究无线区域服务网的划分与组成时，涉及无线区的形状，它取决于电波传播条件和地形地物，所以小区的划分应根据环境和地形条件而定。为了方便研究，假定整个服务区的地形地物相同，并且基站采用全向天线，它的覆盖区大体是一个圆形，即无线区形状是圆形的。

考虑到多个小区彼此邻接来覆盖整个区域，用圆内接正多边形代替圆。圆内接正多边形彼此邻接来覆盖整个区域而没有重叠和间隙的几何形状只有三种可能的选择：正六边形、正方形和正三角形，如图1-33所示。将这三种图形进行比较，如表1-4所示。

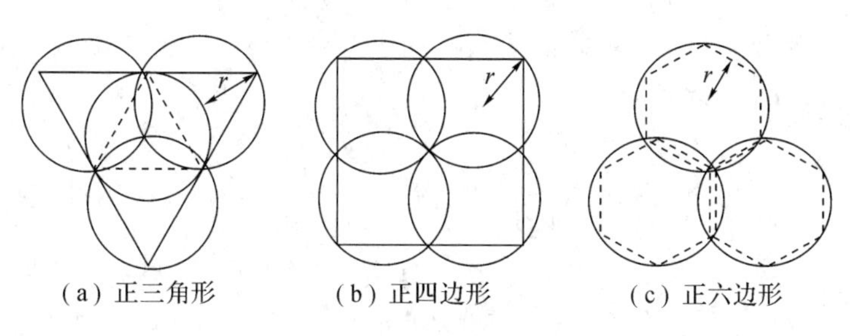

图1-33　小区图形

表1-4　三种形状小区特性的比较

小区形状	正六边形	正方形	正三角形
邻区距离	$\sqrt{3}r$	$\sqrt{2}r$	r
小区面积	$2.6r^2$	$2r^2$	$1.3r^2$
交叠区宽度	$0.27r$	$0.59r$	r
交叠区面积	$0.35\pi r^2$	$0.73\pi r^2$	$1.2\pi r^2$
最少频率个数	3	4	6

通过表1-4的比较结果可以看出，正六边形小区的中心距离最大，覆盖面积也最大，重叠区面积最小，即对于同样大小的服务区域，采用正六边形构成小区所需的小区数目最少，从而所需的频率个数也最少，因此采用正六边形组网是最经济的方式。正六边形构成的网络形同蜂窝，故把小区形状为正六边形的小区制移动通信称为移动蜂窝网。基于蜂窝

状的小区制是目前公共移动通信网的主要覆盖方式。

2）无线区群的构成

蜂窝移动通信网通常是由若干邻接的无线小区组成一个无线区群，再由若干无线区群构成整个服务区。在频分信道的蜂窝系统中，每个小区占有一定的频道，而且各个小区占用的频道是不相同的。假设每个小区分配一组载波频率，为避免相邻小区产生干扰，各小区的载波频率不应相同。但因为频率资源有限，当小区覆盖面积不断扩大并且小区数目不断增加时，将出现频率资源不足的问题。因此，为了提高频率利用率，用空间划分的方法，在不同的空间进行频率复用，即将若干个小区组成一个区群，每个区群内不同的小区使用不同的频率，另一区群中对应的小区可重复使用相同的频率。不同区群中的相同频率的小区之间将产生同频干扰，但当两个同频小区间隔足够大时，同频干扰不会影响正常通信。

区群的构成应满足以下两个条件：

(1) 无线区群之间彼此邻接并且无空隙地覆盖整个面积；

(2) 相邻无线区群中，同频小区之间的距离相等且为最大。

满足上述两个条件的区群形状和区群个数不是任意的。可以证明，区群内的小区数满足下式：

$$N = a^2 + ab + b^2 \tag{1-8}$$

式中，a、b 均为正整数。a、b 取不同值代入可确定 N＝3，4，7，9，12，13，16，19，21，…。相应的区群形状如图 1－34 所示。

N=3，a=1，b=1

N=4，a=2，b=0

N=7，a=2，b=1

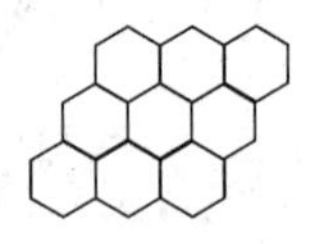

N=9，a=3，b=0

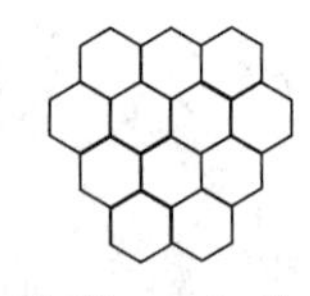

N=12，a=2，b=2

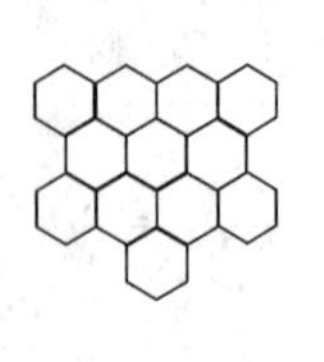

N=13，a=3，b=1

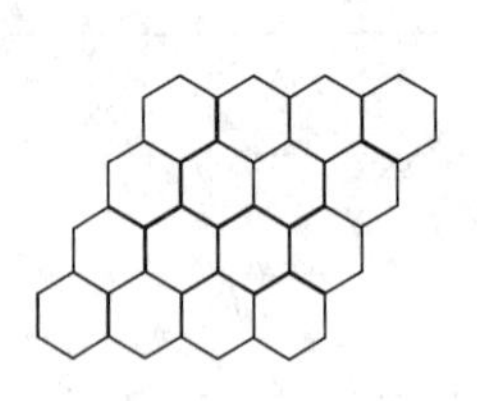

N=16，a=4，b=0

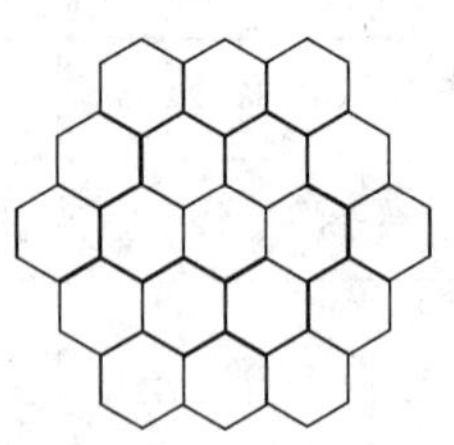

N=19，a=3，b=2

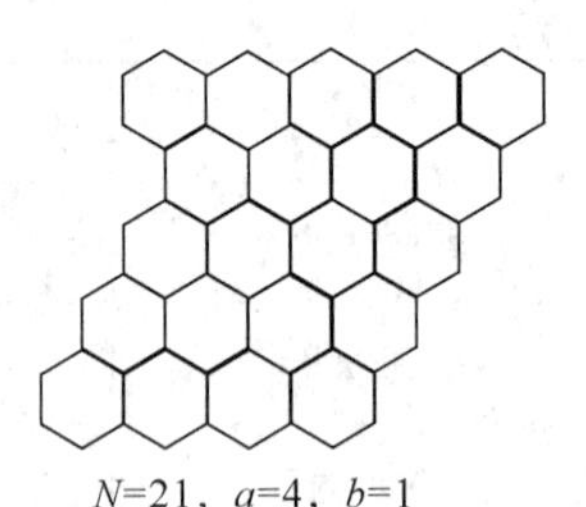

N=21，a=4，b=1

图 1－34　a，b 取不同值时相应的区群形状

3）激励方式

移动通信网中各小区的基站可以设置在小区不同的两个位置上，因此产生了中心激励和顶点激励两种不同的激励方式。

(1) 中心激励：基站设置在小区的中央，采用全向天线实现无限区的覆盖，称为中心激励方式，如图 1－35(a)所示。

(2) 顶点激励：基站设置在每个小区相间的三个顶点上，并采用三个互成 120°扇形覆盖的定向天线，分别覆盖三个相邻小区的各 1/3 区域，每个小区由三副 120°扇形天线共同覆盖，这就是所谓的顶点激励，如图 1-35(b)所示。

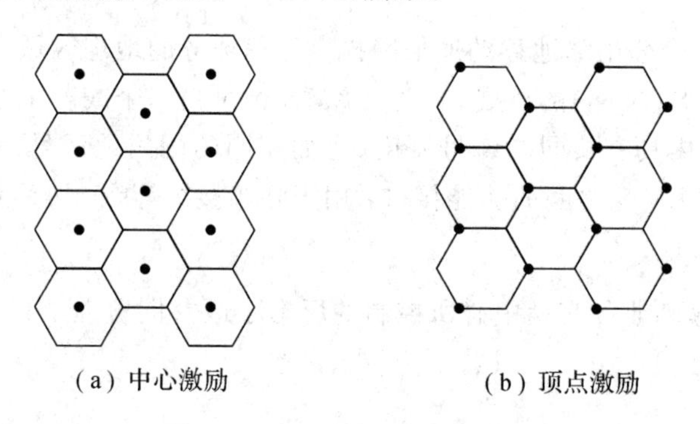

图 1-35　无线小区的激励方式

3. 移动通信网络结构

移动通信网络结构如图 1-36 所示。

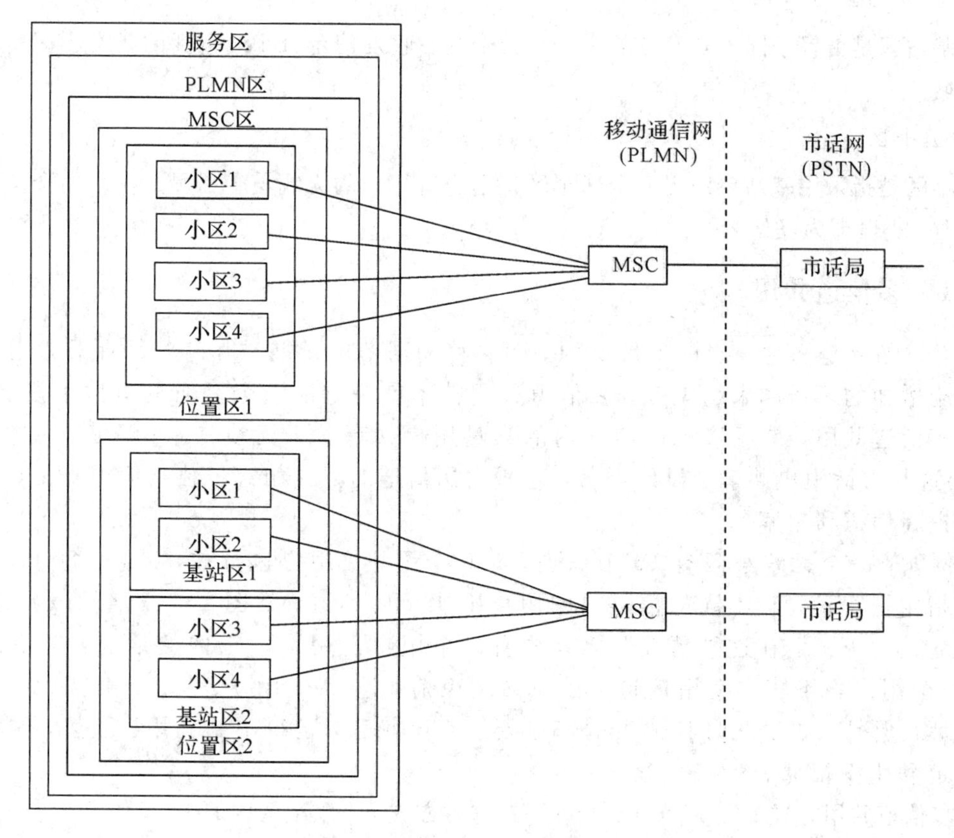

图 1-36　移动通信网络结构

1）服务区

服务区是指移动台可获得服务的区域，即不同通信网(如 PLMN、PSTN 或 ISDN)用户无须知道移动台的实际位置而可与之通信的区域。

一个服务区可由一个或若干个公用陆地移动通信网(PLMN)组成，可以是一个国家或是一个国家的一部分，也可以是若干个国家。

2）PLMN区

PLMN区是由一个公用陆地移动通信网提供通信业务的地理区域。PLMN可以认为是网路（如ISDN网或PSTN网）的扩展，一个PLMN区可由一个或若干个移动业务交换中心（MSC）组成。在该区内具有共同的编号制度（比如相同的国内地区号）和共同的路由计划。MSC构成固定网与PLMN之间的功能接口，用于呼叫接续等。

3）MSC区

MSC是由一个移动业务交换中心所控制的所有小区共同覆盖的区域构成PLMN网的一部分。一个MSC区可以由一个或若干个位置区组成。

4）位置区

位置区是指移动台可任意移动而不需要进行位置更新的区域。位置区可由一个或若干个小区（或基站区）组成。为了呼叫移动台，可在一个位置区内所有基站同时发寻呼信号。

5）基站区

基站区是由置于同一基站点的一个或数个基站收发信台（BTS）包括的所有小区所覆盖的区域。

6）小区

小区是指采用基站识别码或全球小区识别进行标识的无线覆盖区域。在采用全向天线结构时，小区即为基站区。

1.4.6 多信道共用

无线频率是一种宝贵的自然资源。随着移动通信的发展，信道数目有限和用户数量急剧增加的矛盾越来越尖锐。多信道共用技术就是解决这个矛盾的有效手段之一。所谓多信道共用，是指移动通信网内的大量用户共享若干无线信道（频率、时隙、码型），这与市话用户共享中继线类似。这种占用信道的方式相对于独立信道来说，可以显著提高信道利用率。

例如，一个无线小区有10个信道，110个用户，用户也分成10组，每11个用户被指定一个信道，不同的信道内的用户不能互换信道，如图1-37（a）所示，这就是独立信道方式。在这种情况下，只要有一个用户占用了本组内的信道，同组的其余10个用户均不能再使用信道，在通话结束前，这10个用户都处于阻塞状态，无法通话。但是，如果此时其他组的信道处于空闲状态，也得不到利用。显然，这种方式信道利用率很低。

多信道共用方式如图1-37（b）所示。在这种方式下，该小区内的10个信道被110个用户共用。当$k(k<10)$个信道被占用时，其他需要通话的用户可以选择剩下的$10-k$中的任意一个空闲信道进行通信。因为任何一个移动用户选择空闲信道和占用空闲信道的时间都是随机的，所以全部10个信道被同时占用的概率远小于一个信道被占用的概率。因此，多信道共用方式可大大提高信道利用率。

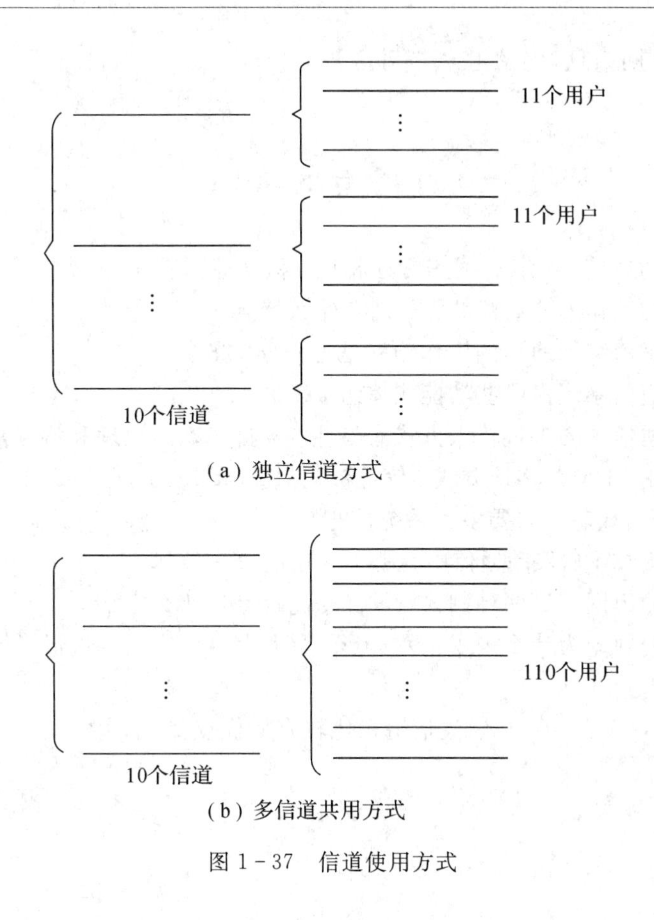

(a) 独立信道方式

(b) 多信道共用方式

图 1-37 信道使用方式

本章小结

(1) 移动通信的发展和现状。

(2) 移动通信一般由移动台(MS)、基站(BS)、移动交换中心(MSC)及与公用交换电话网(PSTN)相连的中继线等单元组成。

(3) 移动通信的特点：多径衰落，强干扰条件下工作，多普勒效应，阴影效应等。

(4) 移动通信的工作方式。按照通话的状态和频率使用的方法将移动通信分为三种工作方式：单工制、半双工制和双工制。

(5) 无线电频谱的管理与使用，包括无线电频段的划分与利用以及我国对数字蜂窝移动通信系统频率的分配情况。

(6) 多址技术是指射频信道的复用技术，对于不同的移动台和基站发出的信号赋予不同的特征，使基站能从众多的移动台发出的信号中区分出是哪个移动台的信号，移动台也能识别基站发出的信号中哪一个是发给自己的。

(7) 语音编码和信道编码是移动通信中的两个重要的技术领域。语音编码技术属于信源编码，可提高系统的频带利用率和信道容量。信道编码技术可提高系统的抗干扰能力，从而保证良好的通话质量。

(8) 均衡技术是用来克服信道中码间干扰的一种技术；分集技术是研究如何利用多径信号来改善系统的性能，它利用多条具有近似相等的平均信号强度和相互独立衰落特性的信号路径来传输相同信息，并在接收端对这些信号进行适当的合并，以便大大降低多径衰落的影响，从而改善传输性能。

习题与思考题

1. 什么是移动通信？与其他通信方式相比，移动通信有哪些特点？

2. 移动通信的工作方式有哪些？分别有什么特点？

3. 我国数字蜂窝移动通信的工作频率是怎样分配的？

4. 蜂窝移动通信系统由哪些功能实体组成？

5. 蜂窝移动通信中的多址接入方式有哪些？各自实现的原理和特点是什么？

6. 设系统采用FDMA多址方式，信道带宽为25 kHz。试问在FDD方式下，系统同时支持200路双向语音传输，需要多大系统带宽？

7. 什么叫分集技术？移动通信中有哪些常用的分集技术？

8. 移动通信的组网有哪两种制式？各自的优缺点是什么？

9. 无线区域的划分为什么采用正六边形小区形状？构成正六边形无线区群应满足什么条件？

10. 什么是多信道共用？与独立信道相比较有何优点？

第 2 章　第二代移动通信技术(2G)——GSM 和 CDMA

【本章导读】

本章主要介绍第二代移动通信典型代表系统 GSM 和 CDMA。首先介绍了 GSM 系统的组成、各模块功能及接口，GSM 系统中的无线信道及信号处理与发送流程；然后介绍了 CDMA 系统的组成，CDMA 的技术参数、特点、网络架构、接口与信令，最后介绍了 IS-95的无线信道以及 CDMA 的功率控制、分集技术、越区切换这三项关键技术。

【本章要点】

- GSM 系统组成；
- GSM 信道构成及信号传输；
- GSM 系统的控制与管理；
- CDMA 的基本组成；
- IS-95 CDMA 系统信道分类及信息处理过程；
- CDMA 的功率控制、Rake 接收机、软交换三项关键技术。

2.1　GSM 系统

GSM(Global System for Mobile Communication)全称为数字蜂窝移动通信系统，俗称“全球通”，它依照欧洲通信标准化委员会(ETSI)制定的 GSM 规范研制而成，是第二代移动通信技术(2G)。其开发目的是让全球各地可以共同使用一个移动电话网络标准，让用户使用一部手机就能通遍全球。

2.1.1　GSM 系统的技术参数

欧洲电信管理部门(CEPT)于 1982 年成立了一个被称为 GSM(Group Special Mobile，移动特别小组)的专题小组，开始制定适用于泛欧各国的一种数字移动通信系统的技术规范。在 GSM 标准中，未对硬件进行规定，只对功能和接口等进行了详细规定，便于不同公司产品的互联互通，它包括 GSM900 和 DCS1800 两个并行的系统。这两个系统功能相同，其差别只是工作频段不同。两个系统均采用 TDMA 接入方式。美国的数字蜂窝系统研制较欧洲稍晚一些。双方研制的大目标不完全相同，泛欧 GSM 系统是为了打破国界，实现漫游通话；美国的 D-AMPS 系统是为了扩大容量，实现与模拟系统兼容，D-AMPS 系统即

IS－54 标准。另外，还有日本的 PDC 系统也采用 TDMA 多址方式。

在 GSM 小组的协调下，1986 年欧洲的有关厂家向 GSM 提出了 8 个系统的建议，并在法国进行移动试验的基础上对系统进行了论证比较。1987 年，就泛欧数字蜂窝状移动通信采用时分多址 TDMA、规则脉冲激励——长期线性预测编码(RPE－LTP)、高斯滤波最小频移键控调制方式(GMSK)等技术，取得一致意见，并提出了如下主要参数：

(1) 频段：

下行：935～960 MHz(基站发，移动台收)；

上行：890～915 MHz(移动台发，基站收)；

(2) 频带宽度：25 MHz；

(3) 上下行频率间隔：45 MHz；

(4) 载频间隔：200 kHz；

(5) 通信方式：全双工；

(6) 信道分配：每载频 8 个时隙，包含 8 个全速信道或 16 个半速信道；

(7) 每时隙信道编码速率：22.8 kb/s；

(8) 每个载波的传输速率：270 kb/s；

(9) 调制方式：GMSK(高斯最小频移键控)；

(10) 接入方式：TDMA；

(11) 语音编码：RPR－LTP，13 b/s 的规则脉冲激励长期线性预测编码；

(12) 分集接收：跳频每秒 217 跳，交织信道编码，自适应均衡。

2.1.2 GSM 系统的特点

GSM 系统的主要特点可归纳为以下几点：

(1) GSM 系统的移动台具有漫游功能，可以实现国际漫游。

(2) GSM 系统提供多种业务，除了能提供语音业务外，还可以开放各种承载业务、补充业务和与 ISDN 相关的业务。

(3) GSM 系统抗干扰能力强，覆盖区域内的通信质量高。

(4) GSM 系统具有加密和鉴权功能，能确保用户保密和网络安全。

(5) GSM 系统具有灵活和方便的组网结构，频率重复利用率高，移动业务交换机的话务承担能力一般都很强，保证在语音和数据通信两个方面都能满足用户对大容量、高密度业务的要求。

(6) GSM 系统容量大、通话音质好。

2.1.3 GSM 系统的组成

蜂窝移动通信系统 GSM 主要是由交换网络子系统(NSS)、基站子系统(BSS)、操作维护子系统(OSS)和移动台(MS)四部分组成，如图 2－1 所示。

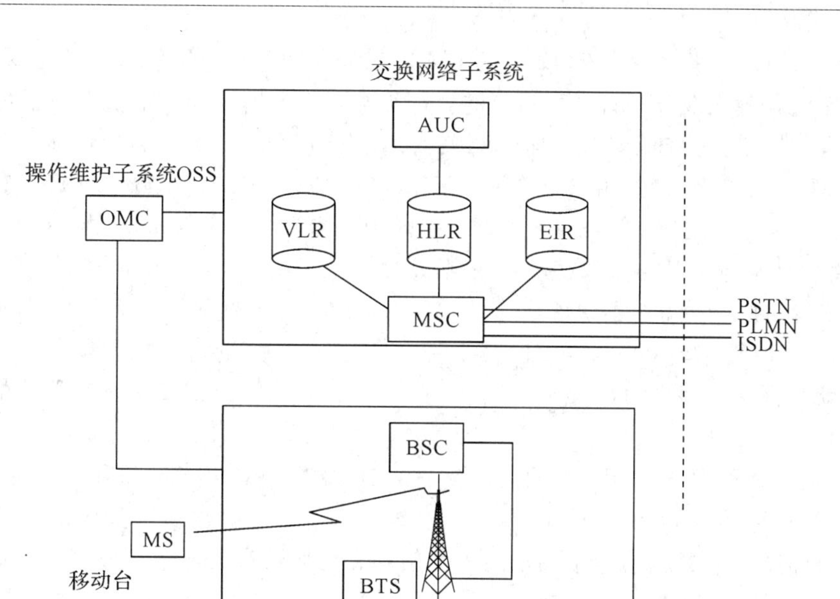

MS—移动台；	BTS—基站收发信台；	BSC—基站控制器；
MSC—移动业务交换中心；	OMC—操作维护中心；	AUC—鉴权中心；
VLR—访问用户位置寄存器；	HLR—归属用户位置寄存器；	EIR—设备识别寄存器；
PSTN—公用电话网；	PLMN—公用陆地移动网；	ISDN—综合业务数字网；

图 2－1　GSM 系统的网络结构

GSM 系统中各模块的功能如下。

1. 交换网络子系统(NSS)

NSS 主要实现交换功能和客户数据与移动性管理、安全性管理所需的数据库功能。NSS 由一系列功能实体所构成，各功能实体介绍如下。

(1) 移动业务交换中心(MSC)。MSC 是 GSM 系统网络的核心，是对位于它所覆盖区域中的移动台进行控制和完成话路交换的功能实体，也是移动通信系统与其他公用通信网之间的接口。MSC 可从三种数据库即归属位置寄存器(HLR)、设备识别寄存器(EIR)和鉴权中心(AUC)中获取处理用户位置登记和呼叫请求所需的全部数据。反之，MSC 也根据其最新得到的用户请求信息(如位置更新、越区切换等)更新数据库的部分数据。它可实现网络接口、公共信道信令系统和计费等功能，还可完成 BSS 与 MSC 之间的切换和辅助性的无线资源管理、移动性管理等。另外，为了建立至移动台的呼叫路由，每个 MSC 还能实现入口 MSC(GMSC)的功能，即查询位置信息的功能。

MSC 通常是一个相当大的数字程控交换机，能控制若干个 BSC。目前一个典型的移动交换中心有 8～12 个机架，大约能满足一个百万人口城市的要求，使其移动通信的普及率达到中等程度。

对于容量比较大的移动通信网，一个 NSS 可包括若干个 MSC、VLR 和 HLR。当固定用户呼叫 GSM 移动用户时，无须知道移动用户所处的位置，此呼叫首先被接入入口移动业务交换中心，被称为移动关口局域网管 MSC，即 GMSC。入口交换机负责从 HLR 中获取移动用户位置信息，且把呼叫转接到移动用户所在的 MSC。

(2) 访问用户位置寄存器(VLR)。VLR是一个数据库，它含有MSC建立和释放呼叫以及提供漫游与补充业务的管理所需要的全部数据，监视进入其管辖区内的用户动态位置变化，并储存其覆盖区的移动用户全部有关信息。VLR服务于某一特定区域，当移动用户进入某一MSC管辖区域时，由MSC通知VLR，VLR通过外部接口从HLR中获取所有的用户数据。一旦移动用户离开该VLR的控制区域，则重新在另一个VLR登记，原来访问的VLR将取消临时记录的该移动用户数据。因此，VLR是一个动态数据库。

(3) 归属用户位置寄存器(HLR)。在GSM系统中，虽然每个移动用户都可以在整个GSM内漫游，但是移动用户只需要向其中一个国家的一个运营者进行登记、签约及付费，该运营者就是该移动用户的归属局，归属局存放所有用户签约信息的寄存器，即归属位置寄存器HLR。

HLR是一个管理移动用户的主要数据库，根据网络的规模，系统可有一个或多个HLR。HLR可存储以下几个方面的数据。

① 用户信息。用户信息包括用户的入网信息和注册的有关电信业务、传真业务及补充业务等方面的数据。

② 位置信息。利用位置信息能正确地选择路由，接通移动台呼叫，这是通过该移动台当前所在区域提供服务的MSC完成的。

网络系统对用户的管理数据都存在HLR中，对每一个注册的移动用户分配两个号码并存储在HLR中，即国际移动用户识别码IMSI和移动用户ISDN号(MSISDN，即被叫时的呼叫号码)。

(4) 鉴权中心(AUC)。AUC鉴权中心是为了防止非法用户进入GSM系统而设置的安全措施，AUC可以不断地为每个用户提供一组参数：RAND、SRES、Kc，在每次呼叫过程中检查系统提供的和用户响应的该组参数是否一致来鉴别用户身份的合法性。AUC属于HLR的一个功能单元部分，专用于GSM系统的安全性管理。

(5) 设备识别寄存器(EIR)。设备识别寄存器是一种数据库，它存储着移动设备的国际移动设备识别码(IMEI)。它将用户提供的本机的IMEI号码与它所存储的白色清单、黑色清单或灰色清单这三种表格进行对照，在表格中分别列出准许使用的、失窃不准使用的、出现异常需要监视的移动设备的IMEI号码，当发现该IMEI属于黑色或灰色清单中的一种时，便不准使用或让用户暂停使用。这样便可以确保入网移动设备不是盗用的或是故障设备，确保注册用户的安全性。

2. 基站子系统(BSS)

BSS是GSM系统的基本组成部分，它是在一定的无线覆盖区域中由MSC控制并与MS进行无线通信的系统设备，它主要负责完成无线发送接收和无线资源管理等。功能实体可分为基站控制器(BSC)和基站收发信台(BTS)。通常，NSS中的一个MSC控制一个或多个BSC，每个BSC控制多个BTS。

基站控制器BSC实际上是一台具有很强处理能力的小型交换机，它主要负责无线网络资源的管理、小区配置数据管理、功率控制、定位和切换等。

基站收发信台BTS是无线接口设备，它完全由BSC控制，主要负责无线传输，完成无线与有线的转换、无线分集、无线信道加密、调频等。BTS主要分为基带单元、载频单元、控制单元三大部分，基带单元主要用于必要的语音和数据传输速率适配以及信道编码等，载频单元主要用于调制/解调与发射机/接收机之间的耦合等。

3. 操作维护子系统(OSS)

操作维护子系统 OSS 主要包括三个部分的功能：对电信设备的网络操作与维护、注册管理和计费、移动设备管理。OSS 要完成的任务都需要 BSS 或 NSS 中的一些或全部基础设施以及提供业务公司之间的相互作用，通过网络管理中心、安全性管理中心、用户识别卡管理个人化中心等功能实体，以实现对移动用户注册管理、收费和记账管理、移动设备管理和网络操作和维护等。

4. 移动台(MS)

移动台是公用 GSM 移动通信网中用户使用的设备，移动台的类型有手持台、车载台和便携式台。除了通过无线接口接入 GSM 系统外，移动台必须提供与使用者之间的接口，例如完成通话呼叫所需要的话筒、扬声器、显示屏和按键等；或者提供与其他一些终端设备之间的接口，例如与个人计算机或传真机之间的接口；又或者同时提供这两种接口。因此，根据应用与服务情况，移动台可以是单独的移动终端(MT)、手持机、车载机，也可以由移动终端(MT)直接与终端设备(TE)相连接而构成，还可以由移动终端(MT)通过相关终端适配器(TA)与终端设备(TE)相连接而构成。这些都归类为移动台的重要组成部分之一——移动设备。

移动台另外一个重要的组成部分是用户识别模块(SIM)，它基本上是一张符合 ISO 标准的“智慧”卡，包含所有与用户有关的和某些无线接口的信息，其中也包括鉴权和加密信息。使用 GSM 标准的移动台都需要插入 SIM 卡，只有当处理异常的紧急呼叫时，才可以在不用 SIM 卡的情况下操作移动台。GSM 系统是通过 SIM 卡来识别移动电话用户的，这为将来发展个人通信打下了基础。

2.1.4　GSM 系统的接口

GSM 系统在制定技术规范时，就对系统功能、接口等作了详细规定，以便于不同公司的产品可以互连互通，为 GSM 系统的实施提供了灵活的设备选择方案。GSM 系统各个部分之间的接口如图 2-2 所示。图中所有的接口可分为三大类：主要接口、NSS 系统内部接口、GSM 系统与其他公用电信网之间的接口。下面对这些接口作详细介绍。

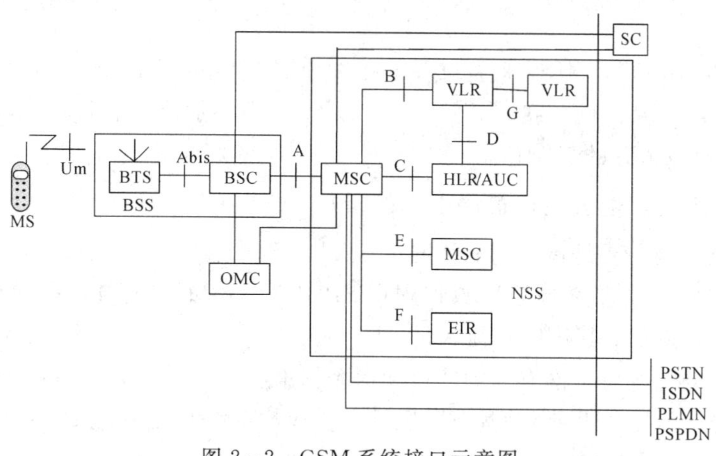

图 2-2　GSM 系统接口示意图

1. 主要接口

GSM系统的主要接口是指A接口、Abis接口和Um接口。这三种主要接口的定义和标准化可以保证不同厂家生产的移动台、基站子系统和网络子系统设备都能够纳入同一个GSM移动通信网运行和使用。

(1) Um接口：又称为空中接口，是移动台和基站收发信台BTS之间的接口，用于移动台和GSM系统设备间的互通，其物理链接通过无线链路实现。此接口传递的信息包括无线资源管理、移动性管理和连接管理等。

(2) Abis接口：基站控制器BSC和BTS之间的通信接口，支持向客户提供的所有服务，并支持对BTS无线设备的控制和无线频率的分配，其物理链接通过采用标准的2.048 Mb/s或者64 kb/s的PCM数字传输链路来实现。

(3) A接口：BSC与MSC之间的接口，采用14位地址方式，其物理链接通过采用标准的2.048 Mb/s的PCM数字传输链路来实现。此接口主要传递呼叫处理、移动性管理、基站管理、移动台管理等信息。

2. NSS系统内部的接口

在NSS内部各功能实体之间定义了B、C、D、E、F和G接口，它们的物理链接方式都是通过标准的2.048 Mb/s的PCM数字传输链路来实现的。

(1) B接口：MSC与VLR之间的接口，用于MSC向VLR询问有关移动台当前位置信息，或通知VLR有关移动台的位置更新。

(2) C接口：MSC与HLR之间的接口，用于被叫移动用户信息的传递以及获取被叫移动用户的漫游号码。

(3) D接口：HLR与VLR之间的接口，主要用于交换位置信息和客户信息。当移动台漫游到VLR所管辖的区域后，VLR通知MS的HLR，HLR向VLR发送有关该用户的业务消息，以便VLR给漫游用户提供合适的业务。同时HLR还要通知前一个为移动用户服务的VLR删除该移动客户的信息。

(4) E接口：MSC与MSC之间的接口，用于移动台在呼叫期间从一个MSC区移动到另一个MSC区和为保持通话连续而进行局间切换以及两个MSC间建立客户呼叫接续时传递有关消息。

(5) F接口：MSC与EIR之间的接口，在MSC检验移动台IMEI时使用。

(6) G接口：VLR之间的接口，当移动台以TMSI启动位置更新时，VLR使用G接口向前一个VLR获取MS的ISMI。

3. GSM系统与其他公用电信网之间的接口

其他公用电信网主要是指公用电话网(PSTN)、综合业务数字网(ISDN)、分组交换公用数字网(PSPDN)和电路交换公用数据网(CSPDN)。GSM系统通过移动交换中心MSC与这些公用电信网互联，其接口必须满足CCITT的有关接口和信令标准及各个国家邮电运营部门制定的与这些电信网有关的接口和信令标准。

根据我国现有公用电话网的发展现状和综合业务数字网的发展前景，GSM系统与PSTN和ISDN的互联方式采用7号信令系统接口，其物理链接是由MSC引出的标准2.048 Mb/s的数字链路实现。如果具备ISDN交换机，HLR可建立与ISDN网间的直接信令接口，使

ISDN 通过移动用户的 ISDN 号码，直接向 HLR 询问移动台的位置信息，以建立至移动台当前所在 MSC 之间的呼叫路由。

2.2　GSM 系统的无线信道及信号传输

2.2.1　GSM 系统的频谱分配和频道划分

1. 频率配置

除美国外，全球基本 GSM900 的频率范围是 890～915 MHz(上行 25 MHz)，935～960 MHz(下行 25 MHz)；扩展 GSM900 的频率范围是 880～915 MHz(上行 35 MHz)，925～960 MHz(下行 35 MHz)。我国蜂窝移动通信网 GSM 系统采用 900 MHz 频段，上行链路：890～915 MHz(移动台发、基站收)，下行链路：935～960 MHz(基站发、移动台收)，可用带宽 25 MHz，收发频率间隔 45 MHz。

随着业务的发展，可视需要向下扩展，或向 1.8 GHz 频段的 DCS1800 过渡，即1800 MHz 频段，上行链路：1710～1785 MHz(移动台发、基站收)，下行链路：1805～1880 MHz(基站发、移动台收)，可用带宽 75 MHz，双工收发间隔 95 MHz。

2. 频道配置

由于载频间隔是 200 kHz，因此 GSM 系统将整个 900 MHz 工作频段共 25 MHz 带宽按照等间隔频道配置的方法，分为 124 对载频，频道序号为 1～124；其中 1～94 频道为中国移动，95～124 频道为中国联通，频道序号和频道标称中心频率关系为

$$\begin{aligned} f_l(n) &= 890.200\ \text{MHz} + (n-1)\times 0.200\ \text{MHz} \quad \text{上行频率} \\ f_h(n) &= 890.200\ \text{MHz} + (n-1)\times 0.200\ \text{MHz} \quad \text{下行频率} \end{aligned} \tag{2-1}$$

因双工间隔为 45 MHz，所以其下行频率可用上行频率加双工间隔获得，即

$$f_h(n) = f_l(n) + 45\ \text{MHz} \tag{2-2}$$

在 GSM 系统中，因采用 TDMA 技术，每载频分为 8 个时隙，即 8 个信道，因此，给出信道号 m 计算对应工作频率时，应先计算对应的频道号 $n=m/8$，n 取值时，计算得到的小数部分全部进位。如 $m=11$，则 $n=11/8=1.375$，取 $n=2$，代入(2-1)式计算。

例 3-1　计算第 131 号频道的上下行工作频率。

解
$$f_l(131)=890.200\ \text{MHz}+(131-1)\times 0.200\ \text{MHz}=916.2\ \text{MHz}$$
$$f_h(131)=f_l(131)+45\ \text{MHz}=961.2\ \text{MHz}$$

例 3-2　计算第 131 号信道的上下行工作频率。

解　因为 GSM 系统中每频道分为 8 个时隙，即 8 个信道，第 131 号信道对应的工作频道号为 131/8=16.375≈17，则

$$f_l(17)= 890.200\ \text{MHz}+(17-1)\times 0.200\ \text{MHz}=893.4\ \text{MHz}$$
$$f_h(17)=f_l(17)+45\ \text{MHz}=938.4\ \text{MHz}$$

3. 载波干扰保护比

载波干扰保护比(C/I)是指接收到的希望信号电平与非希望信号电平的比值，此比值与 MS 的瞬时位置有关。这是由于地形不规则性和本地散射体的形状、类型、数量不同以及其他

一些因素造成的，如天线类型、方向性及高度，站址的标高及位置，当地的干扰源数目等。

GSM 规范中规定：

同频道干扰保护比为 $C/I \geqslant 9$ dB；

邻频道干扰保护比为 $C/I \geqslant -9$ dB；

载波偏离 400 kHz 时的干扰保护比为 $C/I \geqslant -41$ dB。

4. 频率复用方式

频率复用是指在不同的地理区域用相同的载波频率进行覆盖，这些区域必须隔开足够远的距离，以致所产生的同频道及邻频道干扰的影响可忽略不计。频率复用方式是指将可用频道分成若干组，若所有可用的频道数为 N(如 94)，分成 F 组(如 9 组)，则每组的频道数为 N/F(94/9≈10.6，即有些组的频道数为 10 个，有些为 11 个)。对每个运营商来说，分配给它的总的频道数 N 是固定的，所以分组数 F 越少则每组的频道数就越多。但是，频率分组数的减少也使同频道复用距离减小，导致系统中平均 C/I 值降低。因此，在工程实际使用中要折中考虑，同时把同频干扰保护比 C/I 值加 3 dB 的冗余来保护。

一般对于有方向性天线，采用 12 分组方式，即 4 个基站，12 组频率(见图 2-3)；或 9 分组方式，即 3 个基站，9 组频率(见图 2-4)。

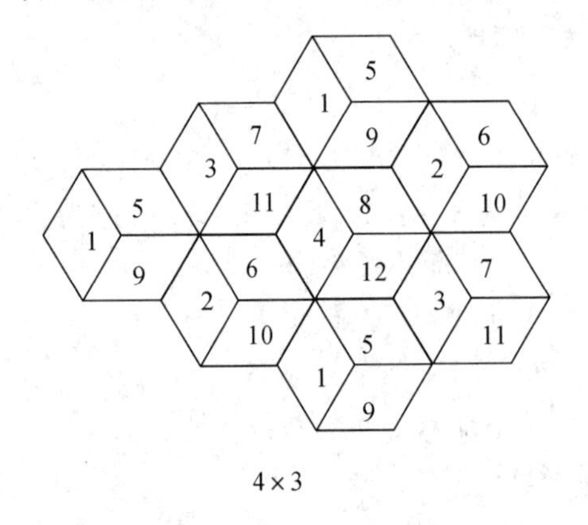

图 2-3　12 分组 4×3 复用方式

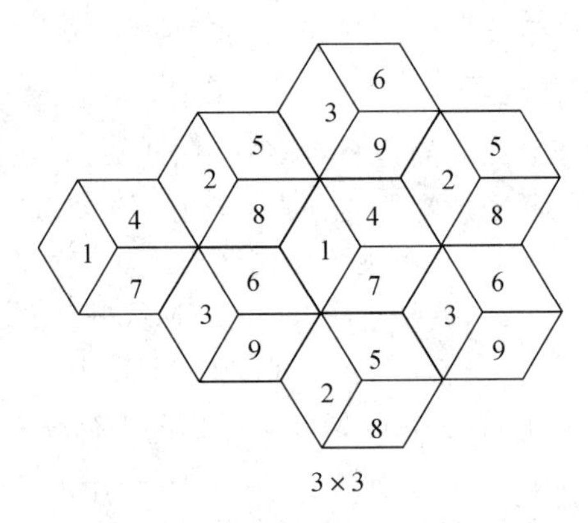

图 2-4　9 分组 3×3 复用方式

对于无方向性天线，即全向天线建议采用 7 组频率复用方式，其 7 组频率可从 12 组中任选，但相邻频率组应尽量不在相邻小区使用，业务量较大的地区可利用剩余的频率组借用频道，如使用第 9 组的小区可借用第 2 组频道等，如图 2-5 所示。

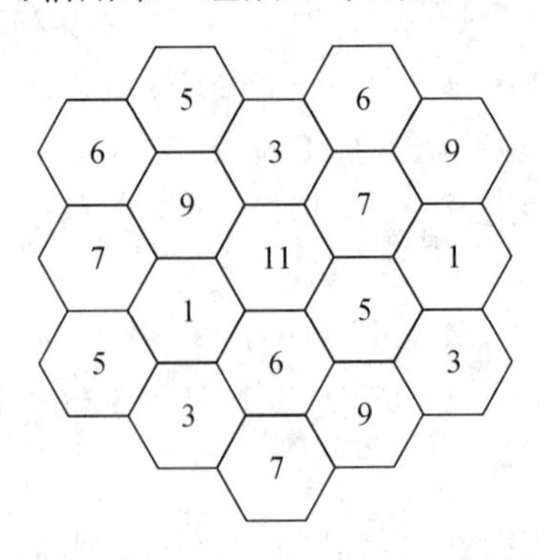

图 2-5　采用无方向性天线时的频率配置

5. 保护频带

保护频带设置的原则是确保数字蜂窝移动通信系统能满足前面所述的干扰保护比要求。如 GSM 900MHz 系统中，移动和联通两系统间应有约 400 kHz 的保护带宽；GSM 1800MHz 与其他无线电系统的频率相邻时，应考虑系统间的相互干扰情况，留出足够的保护频带。

6. 接入方式

在 GSM 中，无线路径上是采用 FDMA 和 TDMA 相结合的接入方式。在这种接入方式中，GSM 共 25 MHz 的频段被分为 124 个频道，频道间隔是 200 kHz。每一频道(或叫载频)可分成 8 个时隙(TS0～TS7)，每一时隙为一个信道，每个信道占用带宽 200 kHz/8＝25 kHz。因此，一个载频最多可有 8 个移动客户同时使用，如图 2－6 所示。

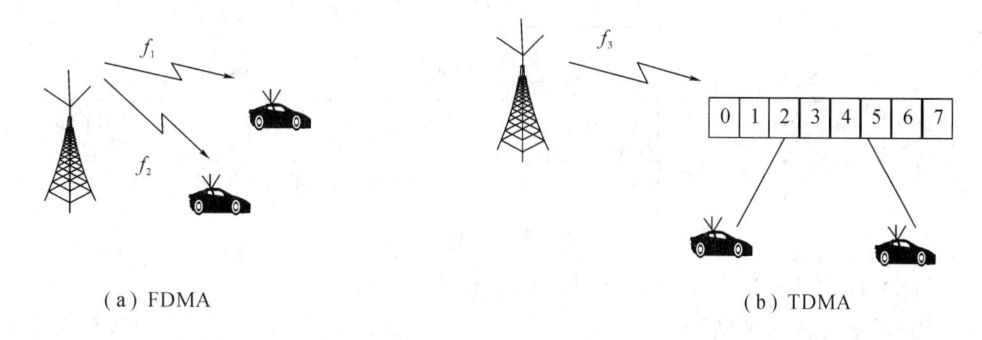

图 2－6　FDMA 和 TDMA 结合的接入方式

图 2－6 中的(a)和(b)都是一个方向的情况，在相反方向上必定有一组对应的频率(FDMA)或时隙(TDMA)。

2.2.2　GSM 系统的信道构成及信号传输

1. GSM 的帧结构

在 TDMA 中，每个载频被定义为一个 TDMA 帧，在信息传输中要有 TDMA 帧号(FN)，这是因为 GSM 的特性之一——客户保密性好是通过在传输信息前对信息进行加密实现的。而计算加密序列的算法要以 TDMA 帧号为一个输入参数，因此每一帧都必须赋予一个帧号。有了 TDMA 帧号，移动台就可判断控制信道 TS0 上传输的是哪一类逻辑信道(后续)。TDMA 帧号是以 3.5 小时(2 715 648 个 TDMA 帧)为周期循环编号的。每 2 715 648 个 TDMA 帧为一个超高帧，每一个超高帧又可分为 2048 个超帧，一个超帧持续时间为 6.12 s，每个超帧又是由复帧组成。帧的编号 FN 以超高帧为周期，从 0 到 2 715 647。GSM 系统各种帧结构及时隙格式如图 2－7 所示。

从图 2－7 中可以看出复帧分为两种类型：26 帧的复帧和 51 帧的复帧。26 帧的复帧包括 26 个 TDMA 帧，这种复帧持续时长 120 ms，主要用于业务信息的传输，也称作业务复帧。51 帧的复帧包括 51 个 TDMA 帧，这种复帧持续时长为 235.385 ms，专用于传输控制信息，也称作控制复帧。

时隙是构成物理信道的基本单元，在时隙内传送的脉冲串叫突发(Burst)脉冲序列。每个突发脉冲序列共 156.25 bit，占时 0.577 ms。不同的突发信息格式携带不同的逻辑信道。

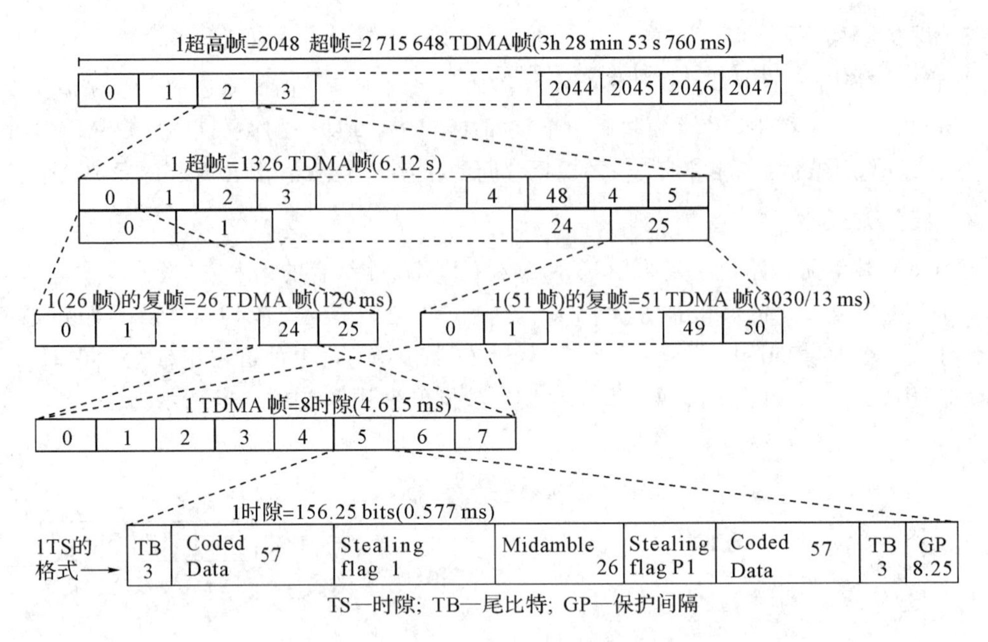

图 2－7　GSM 系统各种帧结构及时隙格式

突发脉冲序列共有五种类型，分别如下所述。

(1) 常规突发脉冲序列(NB)。NB 用于携带业务信道及除接入信道、同步信道和频率校正信道以外的控制信道上的信息(信道的有关问题在后面论述)。"57 加密比特"是客户数据或语音，再加 1 个比特用作借用标志，借用标志是表示此突发脉冲序列是否被某个信道借用；"26 训练序列"是一串已知比特，作为均衡器产生信道模型(一种消除时间色散的方法)的依据；尾比特(TB)总是 000，帮助均衡器判断起始位和中止位；保护间隔(GP)为8.25比特(相当于大约 30 μs)，是一个空白空间；如图 2－8 所示。由于每载频最多 8 个客户，因此必须保证各自时隙发射时不相互重叠。尽管使用了时间调整方案，但来自不同移动台的突发脉冲序列彼此间仍会有小的滑动，因此 8.25 比特的保护可使发射机在 GSM 建议许可范围内上下波动。

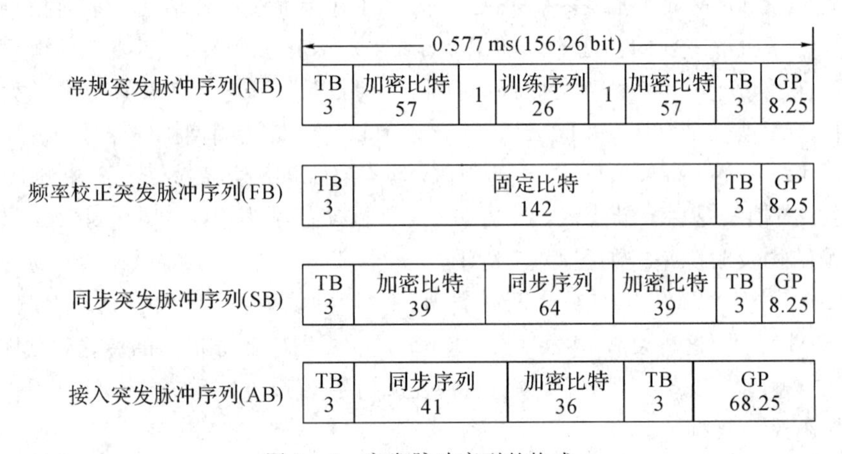

图 2－8　突发脉冲序列的格式

(2) 频率校正突发脉冲序列(FB)。FB 用于移动台的频率同步，它相当于一个带频移的未调载波，它的“固定比特”全部是 0，使调制器发送一个未调载波，其中 TB 和 GP 同常规突发脉冲序列中的 TB 和 GP，如图 2-8 所示。

(3) 同步突发脉冲序列(SB)。SB 用于移动台的时间同步。因为在语音编码和信道编码时没有考虑同步问题，数字传输中最重要的同步问题由突发传输解决。SB 是 BS 到 MS 的突发，它包括一个易于被检测的长同步序列(64 bit)，两段加密比特(各 39 bit)和一个保护间隔(8.25 bit)，如图 2-8 所示。同步序列(64 bit)用于携带 TDMA 帧号(FN)和基站识别码(BSIC)，与频率校正序列 FB 一起广播。SB 的重复发送构成了同步信道(SCH)，它是 MS 在下行方向上解调的第一个突发，有个 TDMA 帧号，MS 就能判断控制信道的时隙。

(4) 接入突发脉冲序列(AB)。AB 用于 MS 主呼或寻呼相应时随即接入，它有一个较长的保护时间间隔(68.25 bit)。这是因为移动台的首次接入或切换到一个新的基站后不知道时间提前量，移动台可能远离基站，这意味着初始突发脉冲序列会迟一些到达，由于第一个突发脉冲序列没有时间提前，为了不与正常到达的下一个时隙中的突发脉冲序列重叠，此突发脉冲序列必须要短一些，保护间隔长一些，如图 2-8 所示。

(5) 空闲突发脉冲序列(DB)。当用户无信息传输时，用 DB 代替 NB 在 TDMA 时隙中传输。DB 不携带任何信息，不发送给任何移动台，格式与 NB 相同，只是其中加密比特改为具有一定的比特模型的混合比特。

2. GSM 系统信道的构成

GSM 系统信道的构成如图 2-9 所示。

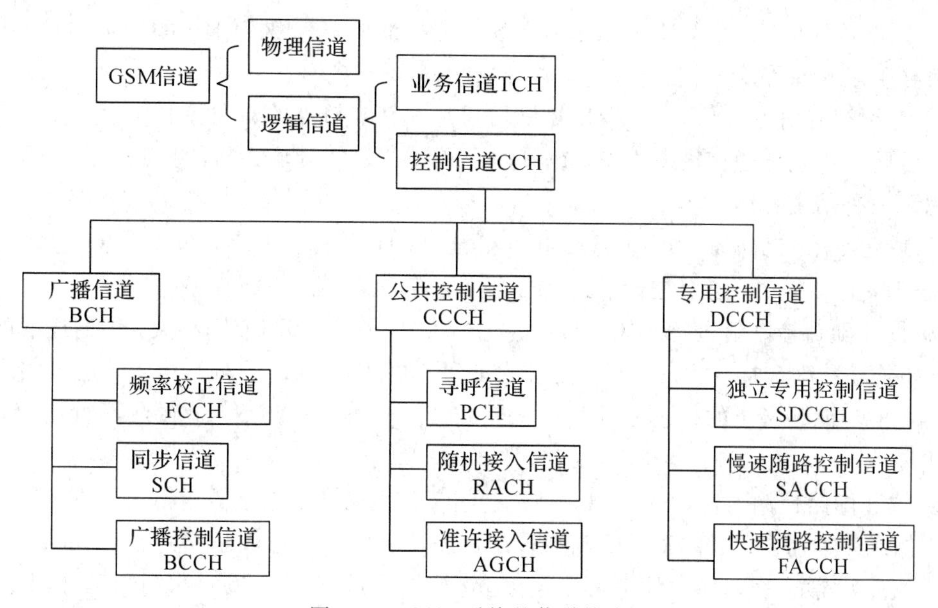

图 2-9 GSM 系统的信道构成

1) 信道的定义

物理信道是 TDMA 帧中的一个时隙，逻辑信道是根据所传输信息的种类人为定义的一种信道。在传输过程中，逻辑信道要被映射到某个物理信道上才能实现信息的传输。

2) 逻辑信道

逻辑信道分为业务信道和控制信道两类。

(1) 业务信道(TCH)：用于传输编码后的语音或数据，在上行信道或下行信道上，以点对点(BTS 对一个 MS，或反之)方式传播。

(2) 控制信道(CCH)：用于传输信令或同步数据。根据所需实现的功能又把控制信道定义为广播信道(BCH)、公共控制信道(CCCH)及专用控制信道(DCCH)三种。

① 广播信道(BCH)。广播信道是一种一点对多点的单方向控制信道，用于基站向移动台广播公用的信息，其传输的内容主要是移动台入网和呼叫建立所需要的有关信息。BCH 又分为以下三种信道：

a. 频率校正信道(FCCH)：携带用于校正 MS 频率的消息，下行信道，点对多点(BTS 对多个 MS)方式传播。

b. 同步信道(SCH)：携带 MS 的帧同步(TDMA 帧号)和 BTS 的识别码(BSIC)的信息，下行信道，点对多点方式传播。

c. 广播控制信道(BCCH)：广播每个 BTS 的通用信息(小区特定信息)，下行信道，点对多点方式传播。

② 公共控制信道(CCCH)。公共控制信道是一种双向控制信道，用于呼叫持续阶段传输链路连接所需要的控制信令。CCCH 又分为以下三种信道：

a. 寻呼信道(PCH)：用于寻呼(搜索)MS，下行信道，点对多点方式传播。

b. 随机接入信道(RACH)：MS 通过此信道申请分配一个独立专用控制信道(SDCCH)，可作为对寻呼的响应或 MS 主叫/登记时的接入信道，上行信道，点对点方式传播。

c. 准许接入信道(AGCH)：用于为 MS 分配一个独立专用控制信道(SDCCH)，下行信道，点对点方式传播。

③ 专用控制信道(DCCH)。专用控制信道是一种点对点的双向控制信道，其用途是在呼叫接续阶段以及在通信进行当中，在移动台和基站之间传输必需的控制信息。DCCH 又分为以下三种信道：

a. 独立专用控制信道(SDCCH)：用在分配 TCH 之前呼叫建立过程中传输系统信令，例如登记和鉴权在此信道上进行，上行或下行信道，点对点方式传播。

b. 慢速随路控制信道(SACCH)：与一个 TCH 或一个 SDCCH 相关，传输连续的数据信息，如传输移动台接收到的关于服务及邻近小区的信号强度的测试报告，这对实现移动台参与切换功能是必要的；它还用于 MS 的功率管理和时间调整，上行或下行信道，点对点方式传播。

c. 快速随路控制信道(FACCH)：与一个 TCH 相关，工作于借用模式，即在语音传输过程中如果突然需要以比 SACCH 高得多的速度传输信令信息，则可借用 20 ms 的语音(数据)来传输。一般会在切换时发生，由于语音译码器会重复最后 20 ms 的语音，因此这种中断不易被用户察觉。

3. 逻辑信道到物理信道的映射

经过上面的讨论可知，GSM 系统的逻辑信道数已经超过了一个载频所能提供的 8 个物理信道，因此要想给每一个逻辑信道都配置一个物理信道是不可能的，解决这个问题的基本方法是将公共控制信道复用，即在一个或两个物理信道上承载所有的公共控制信道，这个过程就是逻辑信道到物理信道的映射。

GSM 系统按下面的方法建立物理信道和逻辑信道间的映射关系。

假设每个基站都有 n 个载频，分别为 C_0，C_1，…，C_{n-1}，其中 C_0 称为主载频。每个载频都有 8 个时隙，分别为 TS0，TS1，…，TS7。C_0 上的 TS0 用于广播信道和公共控制信道，C_0 上的 TS1 用于专用控制信道，C_0 上的 TS2 ～TS7 用于业务信道，其余载频 C_1～C_{n-1} 上的 8 个时隙均用于业务信道。因此，每增加一个载频就会增加 8 个业务信道。不过在小容量地区，基站仅有一套收发信机，这意味着只有 8 个物理信道，这时 TS0 既可用于公共控制信道又可用于专用控制信道。

1）业务信道的映射

业务信道的复帧有 26 个 TDMA 帧，其组成的格式和物理信道的映射关系如图 2-10 所示。图中给出了时隙 2(即 TS2)构成一个业务信道的复帧，共占 26 个 TDMA 帧，其中 24 帧为 T(即 TCH)，用于传输业务信息，1 帧为 A，代表随路的慢速辅助控制信道(SACCH)，传输慢速辅助信道的信息(例如功率调整的信令)，还有 1 帧为空闲帧 I。若某 MS 被分配到 TS2，则每个 TDMA 帧的每个 TS2 包含了此移动台的信息，直到该 MS 通信结束。只有空闲帧是个例外，它不含有任何信息，移动台以一定方式使用它，在空闲帧后序列从头开始。

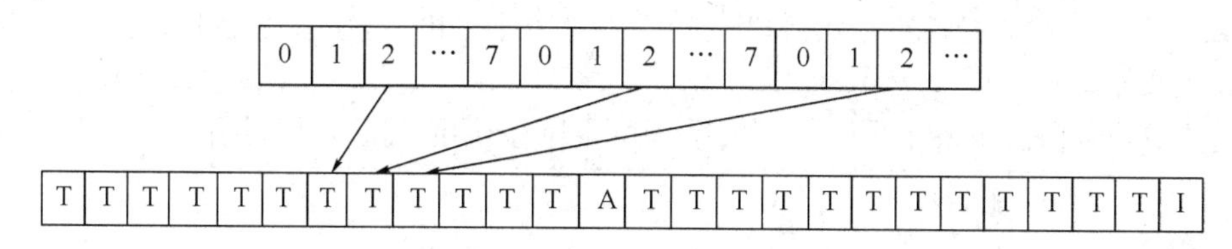

图 2-10 业务信道的映射方式

上行链路与下行链路的业务信道具有相同的组合方式，唯一的差别是有一个时间偏移，即相对于下行帧，上行帧在时间上推后 3 个时隙，这意味着移动台的收发不必同时进行。

2）控制信道的映射

(1) BCH 和 CCCH 在 C_0 的 TS0 上的映射。

从帧的分级结构知道，51 帧的复帧是用于携带控制信息的，51 帧的复帧中共有 51 个 TS0，所映射的信道是控制信道(BCCH、CCCH、FCCH、SCH)，其排列的序列如图 2-11 所示。此序列在第 51 个 TDMA 帧上映射一个空闲帧之后开始重复下一个 51 帧的复帧。

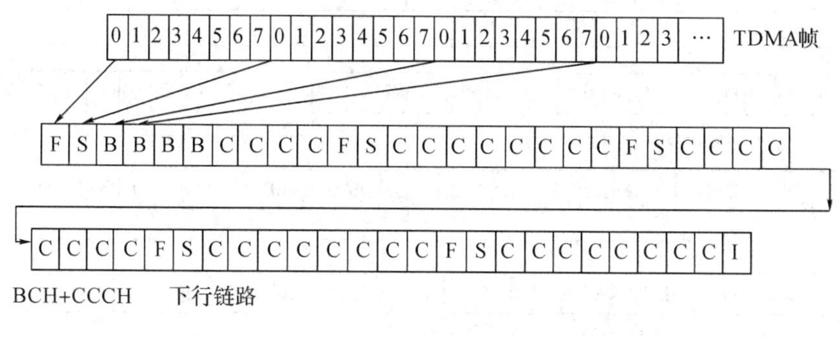

图 2-11 下行 BCH 与 CCCH 在 TS0 上的映射

图 2-11 中：

F(FCCH)——移动台依此同步频率，突发脉冲序列为 FB。

S(SCH)——移动台依此读 TDMA 帧号和 BSIC 码，突发脉冲序列为 SB。

B(BCCH)——移动台依此读有关此小区的通用信息，突发脉冲序列为 NB。

I(IDEL)——空闲帧，不包括任何信息，突发脉冲序列为 DB。

C(CCCH)——移动台依此接受寻呼和接入，突发脉冲序列为 NB。

即便没有寻呼或接入进行，BTS 也总在 C_0 的 TS0 上发射，使移动台能够测试基站的信号强度，以确定使用哪个小区更合适。C_0 的 TS1～TS7 以及其他载频的时隙也一样会常发射，如果没有信息传输，则用空闲突发脉冲序列代替。

以上叙述了下行链路 C_0 上的 TS0 的映射。对上行链路 C_0 上映射的 TS0，它是不包含上述各信道的，它只含有随机接入信道(RACH)，用于移动台的接入，如图 2-12 所示，它给出了 51 个连续 TDMA 帧的 TS0。

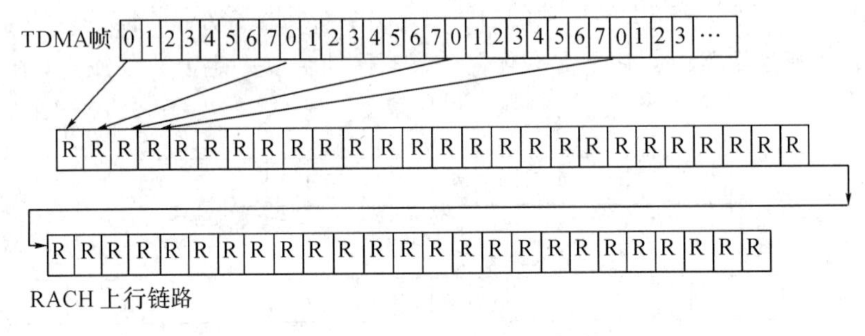

图 2-12　上行 RACH 在 TS0 上的映射

(2) SDCCH 和 SACCH 在 C_0 的 TS1 上的映射。

下行链路 C_0 上的 TS1 用于映射专用控制信道(DCCH)，其映射关系如图 2-13 所示。由于呼叫建立和登记时的比特率相当低，所以可在一个时隙上放 8 个专用控制信道，以提高时隙的利用率。SDCCH 和 SACCH 共占用 102 个时隙，即 102 个时分复用帧，也就是两个复帧。

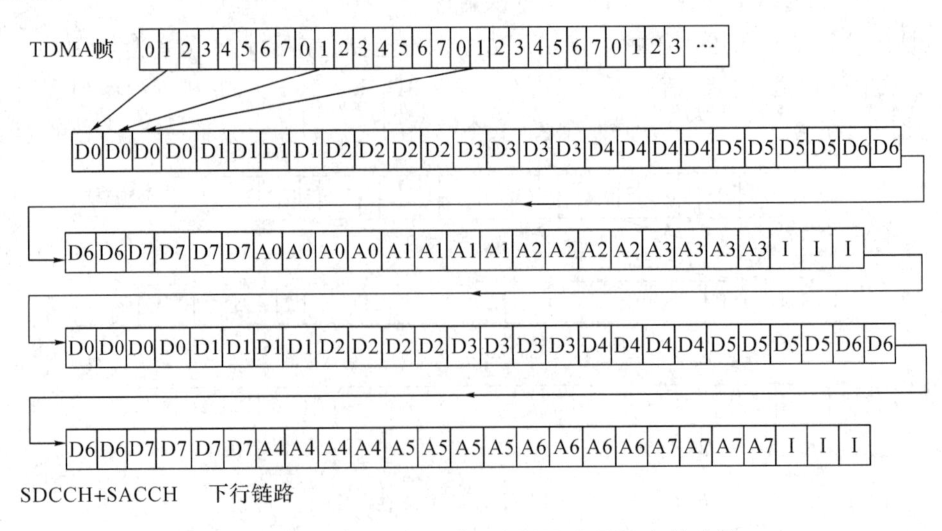

图 2-13　下行 SDCCH 与 SACCH 在 TS1 上的映射

SDCCH 的 DX(D0，D1，…) 只在移动台建立呼叫或登记开始时使用，当移动台转移到业务信道 TCH 上，用户开始通话或登记完释放后，DX 就用于其他的移动台。

SACCH 的 AX(A1，A2，…)用于在传输建立阶段(也可能是切换时)交换控制信息(如功率调整等信息)，移动台的此类信息是在该信道上传输的。

由于是专用信道，所以上行链路 C_0 上的 TS1 也具有同样的结构，即意味着对一个移动台同时可双向连接，但时间上有个偏移。

(3) BCH 和 CCCH 以及 DCCH 在 TS0 上的映射。

以上讲的是基站载频多于一个时，公共控制信道(CCCH)与专用控制信道(DCCH)映射到两个信道的情况。当某个小区仅有一个载频时，就只有 8 个时隙，这时的 TS0 即可用作公共控制信道(CCCH)又可用作专用控制信道(DCCH)，映射方法如图 2-14 所示。102 个TDMA 帧重复一次，即下行链路包括 BCH(F，S，B)、CCCH(C)、SDCCH(D0～D3)、SACCH(A0～A3)和空闲帧 I。上行链路包括 RACH(R)、SDCCH(D0～D3)和 SACCH(A0～A3)，共占 102 个 TS，如图 2-15 所示。

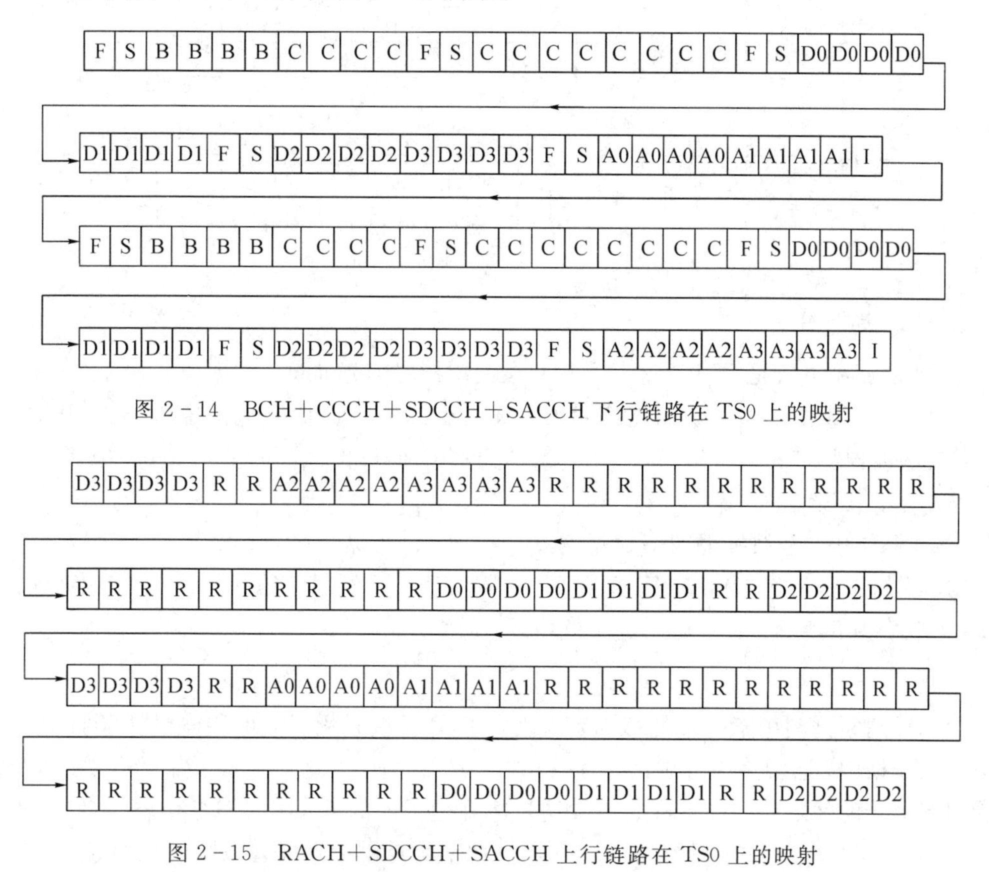

图 2-14　BCH+CCCH+SDCCH+SACCH 下行链路在 TS0 上的映射

图 2-15　RACH+SDCCH+SACCH 上行链路在 TS0 上的映射

4. GSM 系统中信号处理与发送

1) 语音信号处理(语音编码、信道编码和交织)

语音编码主要由规则脉冲激励长期预测编码器(RPE-LTP 编译码器)组成，RPE-LTP 编码器将波形编码和声码器两种技术综合运用，从而以较低的速率获得较高的语音质量。信道编码则是通过加冗余码来防止码字出错，但加入冗余码增加了数据发送量。从语音编码器来的 260 bit/20 ms 的数据块按照重要性和种类被分成三类：最重要的信息50 bit，重要的信息 132 bit，不重要的信息 78 bit。对最重要的信息 50 bit 进行重点保护，即先进行提供检错的分组编码，然后进行具有检纠错能力的半码率卷积编码；对重要的信息 132 bit，也同样进行半码率卷积编码；对不重要的信息 78 bit，不进行任何保护。经过信道编码后，得到 456 bit/20 ms 的语音数据块，数据速率也从语音编码输出的 13 kb/s 增加到 22.8 kb/s。

经过信道编码后，下一步是将它放入 TDMA 时隙，并通过空中接口发送。为了使信号传输时具有抗瑞利衰落的能力，放入 TDMA 时隙的数据要经过交织处理。GSM 系统所采用的交织既有块交织又有比特交织。从语音编码器来的 456 bit 语音输出被分裂成 8 个语音子块，每个子块 57 bit，将每 57 bit 进行比特交织，然后再根据奇偶原则分配到不同的突发脉冲中。

这里给出 GSM 系统中语音信号的处理过程示意图，如图 2－16 所示。

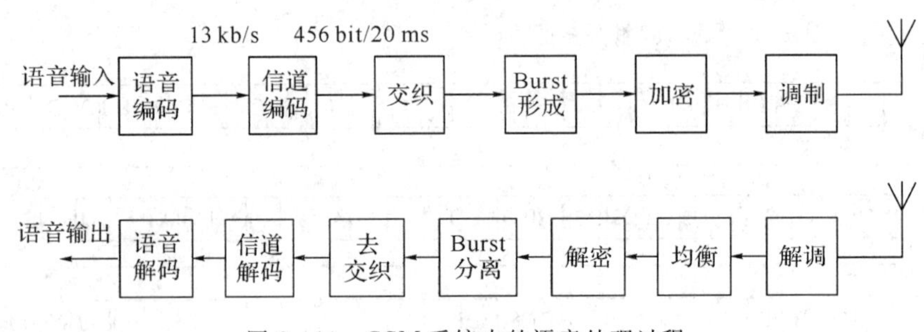

图 2－16　GSM 系统中的语音处理过程

2）调制与发射

GSM 的调制方式是 GMSK。矩形脉冲在调制器之前先通过一个高斯滤波器。这一调制方案由于改善了频谱特性，从而能满足 CCIR 提出的邻信道功率电平小于－60 dBW 的要求。高斯滤波器的归一化带宽 $B_b T_b = 0.3$。基于 200 kHz 的载频间隔及 270.833 kb/s 的信道传输速率，其频谱利用率为 1.35 b/s/Hz。

GSM 系统中，基站发射功率为每载波 500 W，每时隙平均为 500/8＝62.5 W。移动台发射功率分为 0.8 W、2 W、5 W、8 W 和 20 W 五种，可供用户选择。小区覆盖半径最大为 35 km，最小为 500 m，前者适用于农村地区，后者适用于市区。

3）间断传输技术

为了提高频谱利用率并降低移动台功耗，GSM 系统采用了间断传输(DTX)技术。在两个用户的交谈中，通常是一方讲话，另一方听。GSM 利用了这一特点，当 GSM 的语音编码器检测到语音的间隙后，在间隙期不发送，这就是所谓的 GSM 的间断传输(DTX)。DTX 能在通话期对语音进行 13 kb/s 编码，在停顿期采用对讲话者的背景噪声(如汽车噪声、办公室噪声等)进行 500 b/s 的编码，发送舒适噪声，舒适噪声的作用是抑制发信机开关造成的干扰和防止发信机关闭期间可能产生的中断错觉。

为了实现 DTX，GSM 系统中采用了语音活动性检测(VAD)，这是一种自适应门限语音检测算法。当发端判断出通话者暂停通话时，立即关闭发射机，暂停传输语音，但每隔 480 ms 传送一次背景噪声参数；当接收端检测出无语音时，在相应空闲帧中填上轻微的舒适噪声，以免给收听者造成通信中断的错觉。

2.3　GSM 系统的控制与管理

GSM 系统是一种功能繁多且设备复杂的通信网络，无论是移动用户与市话用户还是移动用户之间建立通信，都必须涉及系统中的各种设备。本节重点讨论 GSM 系统中控制与管理的几个问题，包括位置登记与更新、越区切换、监权与加密等。

2.3.1　位置登记与更新

GSM 把整个网络的覆盖区域划分为许多位置区，并以不同的位置区标志 LA1，LA2，LA3，LA4，…来进行区别，如图 2-17 所示。

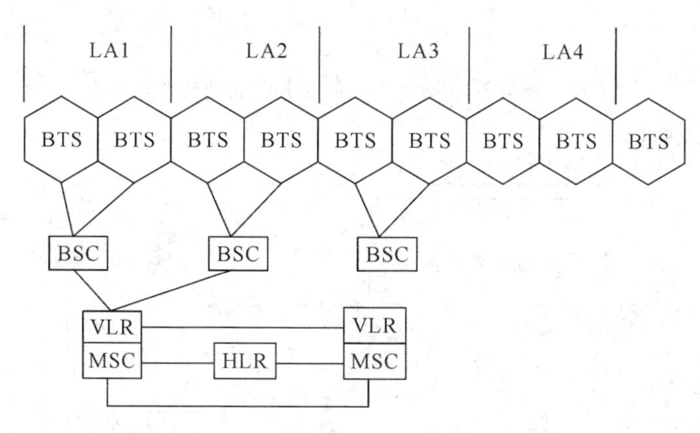

图 2-17　GSM 位置区划分示意图

位置登记是通信网为了跟踪移动台的位置变化，而对其位置信息进行登记、删除和更新的过程。由于数字蜂窝的用户密度比较高，因而位置登记过程必须更快、更准确。

MS 从一个位置区移到另一个位置区时，必须进行登记，也就是说一旦 MS 发现其储存器中的位置区识别码(LAI)与接收到的 LAI 不一致，便执行位置登记，这个过程也叫位置更新。位置更新过程是位置管理中的主要过程，由 MS 发起。在 GSM 系统中，有三个地方需要知道位置信息，即 HLR、VLR 和 MS(或 SIM 卡)。当这个信息变化时，需要保持三者的一致。

位置更新分为如下两种情况：不同 MSC 业务区间的位置更新、相同 MSC 不同位置区的位置更新。

1. 不同业务区间的位置更新

如图 2-18 所示，当 MS 从小区 2 移向小区 5 时，BTS5 通过新的 BSC 把位置区消息传到新的 MSC/VLR 中。这就是不同 MSC/VLR 业务区间的位置更新。图 2-19 所示为该情况下的具体的更新过程，如下所述。

(1) MS 在新小区内读到其 BCCH 上的信息，找到该小区的位置区识别码(LAI)，将该 LAI 与 MS 内所存的 LAI 进行比较，当两者不一致时，需进行位置更新。MS 通过 RACH 向系统发出接入申请，通过申请到的 SDCCH 建立与网络的联系。

(2) MSC 把位置更新请求消息发送给 HLR，同时给出 MSC 和 MS 的识别码。

(3) HLR 修改该用户数据，并返回给 MSC 一个确认响应，VLR 对该用户进行数据注册。

(4) 由新的 MSC 发送给 MS 一个位置更新确认。

(5) 同时由 HLR 通知原来的 MSC 删除 VLR 中有关该 MS 的用户数据。

(6) 原来的 MSC/VLR 删除了 MS 的用户数据，并返回响应给 HLR。

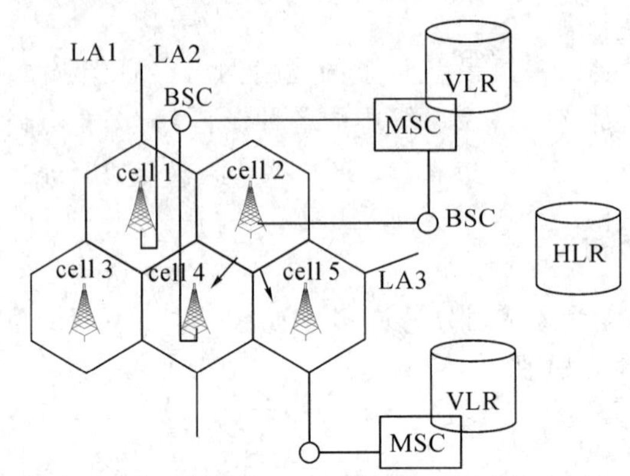

图 2-18　不同 MSC/VLR 业务区间的位置更新

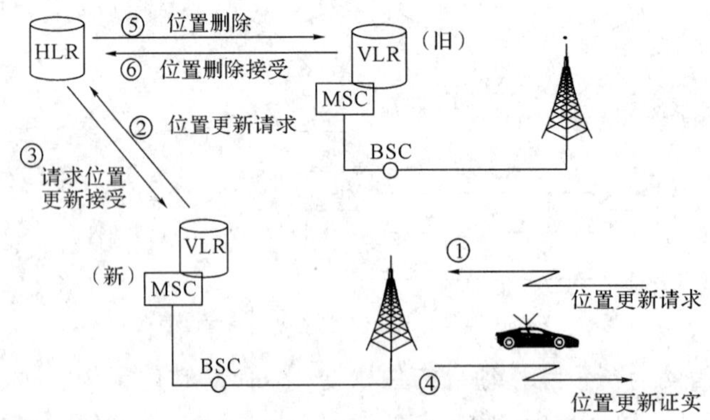

图 2-19　不同 MSC 之间位置更新的过程

2. 相同 MSC 不同位置区的位置更新

相同 MSC 不同位置区的位置更新过程如图 2-20 所示。MS 通过新的 BSC 将位置更新消息传给原来的 MSC，MSC 分析出新的位置区也属于本业务区内的位置区，即通知 VLR 修改用户数据，并向 MS 发送位置更新证实。

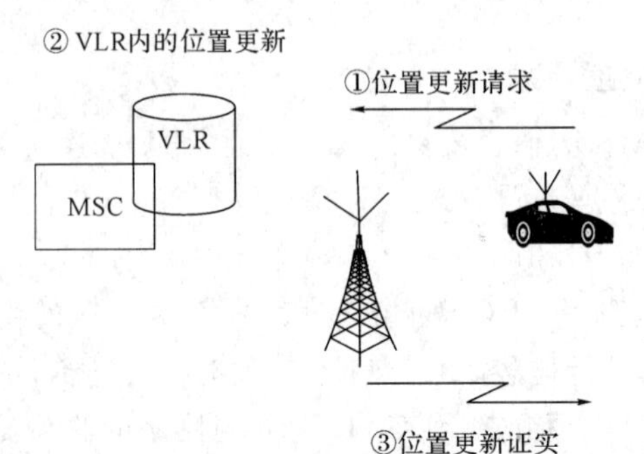

图 2-20　相同 MSC/VLR 业务区内的位置更新

2.3.2　越区切换

所谓越区切换，是指在通话期间，当移动台从一个小区进入另一个小区时，网络能进行实时控制，把移动台从原小区所用的信道切换到新小区的某一信道，并保证通话不间断(用户无感觉)。

切换是由网络决定的，一般在下列两种情况下要进行切换：

一种是正在通话的客户从一个小区移向另一个小区；另一种是 MS 在两个小区覆盖重叠区进行通话，可占用的 TCH 这个小区业务特别忙；这时 BSC 通知 MS 测试它的邻近小区的信号强度、信道质量，决定将它切换到另一个小区，这就是业务平衡所需要的切换。

判定移动台是否需要越区切换有以下三个准则：

(1) 依据接收信号载波电平判定。当信号载波电平低于门限电平时(例如－100 dBm)，进行切换。

(2) 依据接收信号载干比判定。当载干比低于给定值时，进行切换。

(3) 依据移动台到基站的距离判定。当距离大于给定值时，进行切换。

实际生活中，常用的准则是第一种。

整个切换过程将由 MS、BTS、BSC 和 MSC 共同完成，MS 负责测量无线子系统的下行链路性能和周围小区中接收到的信号的导频强度，并报告给 BTS；BTS 负责监视每个被服务的移动台的上行接收电平和质量，此外它还要在其空闲的话务信道上监测干扰电平。BTS 将它和移动台测量的结果送往 BSC。最初的评价以及切换门限和步骤由 BSC 完成。对从其他 BSC 和 MSC 发来的信息，测量结果的评价由 MSC 来完成。

在整个 GSM 系统中，共有三种切换类型：同一 BSC 内不同小区之间的切换、同一 MSC 不同 BSC 间的切换及不同 MSC 之间的小区切换。

1. 同一 BSC 内不同小区之间的切换

首先由 MS 向 BSC 报告原基站和周围基站的信号强度，由 BSC 发出切换命令，MSC 不参与切换。MS 切换到新的 TCH 信道后告知 BSC，由 BSC 通知 MSC/VLR，移动台已完成此次切换。若 MS 所在的位置区也变了，那么在呼叫完成后，还需要进行位置更新。这种切换是最简单的情况。

2. 同一 MSC 不同 BSC 间的切换

同一 MSC 不同 BSC 间的切换由 MSC 负责。BSC 对移动台测量报告进行分析，若发现切换的首选目标小区不属于该 BSC，它将向 MSC 发出一条切换指令的报文。当 MSC 收到该消息后，将尝试切入首选的目标小区，并向新 BSC 发出一条切换指令的报文；当新 BSC 收到该消息后，首先向 MSC 发一条确认消息，表示 MSC 与它的连接已建立起来了。

当新 BSC 收到目标小区发来的信道激活响应后，将向 MSC 发送一条切换请求响应的报文；当 MSC 收到该消息后，将向原 BSC 发送切换命令；当移动台收到该切换命令的消息后，将根据该消息的指示来试图接入新的小区，此后进行切换接入过程；当移动台成功接入后，新的 BSC 将向 MSC 发送切换完成消息；当 MSC 收到该消息后，就会向原 BSC 发送一条清除命令；当原 BSC 收到该报文后将释放旧的 TCH 信道，然后向 MSC 发出清除完成的消息。至此，本次切换过程完毕。切换流程如图 2-21 所示。

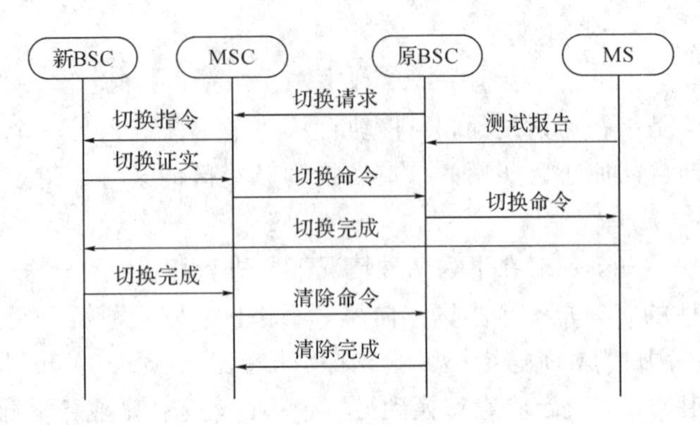

图 2-21　同一 MSC 不同 BSC 间的切换流程

3. 不同 MSC 之间的小区切换

这种切换是最复杂的一种切换。当归属 MSC-A 收到原 BSC-A 的切换申请后，对报告进行分析，若发现切换首选目标小区的 LAC 号没有在其本地的 LAC 表中，则会查询其远端的 LAC 表，该 LAC 表中含有相邻 MSC/VLR 的路由地址，当找到目标 MSC-B 的地址后，则会向该目标 MSC-B 发出切换准备的消息。切换流程如图 2-22 所示。

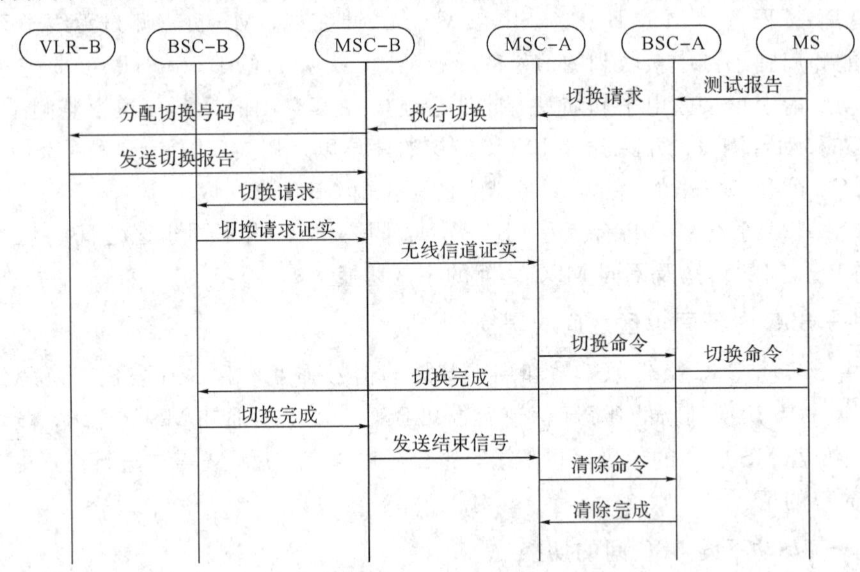

图 2-22　不同 MSC 之间的小区切换流程

目标 MSC-B 收到切换准备的报文后，将向 VLR-B 发送分配切换号码的请求，切换号码的分配只是为了使归属 MSC-A 能够建立与目标 MSC-B 之间的路由而提供的一个指向。VLR-B 将选择一个空闲的切换号码(HON)并通过发送切换报告的消息将切换号码发送给 MSC-B，MSC-B 收到后将返回一个发送切换报告响应的报文。此后，MSC-B 将建立一条与目标 BSC-B 的 SCCP 链路，并向 BSC-B 发出切换请求，再由 BSC-B 将目标小区的信道激活。BSC-B 在收到目标小区发来的信道激活响应后，将向 MSC-B 发送含有切换命令报文的切换请求响应。在 MSC-B 收到该消息后，将该消息同切换号码一同包装在切换准备响应中发送给归属 MSC-A。MSC-A 一旦收到该报文后，就能向 MSC-B 发送通过初始化地址消息的报文，在该报文中含有 VLR-B 所分配的切换号码，以使

MSC－B来识别哪个语音信道是为该移动台所保留的。

在 MSC－A 收到 MSC－B 发来的地址全消息后，便可将切换命令发送给移动台，通知它接入目标小区。此后移动台将完成与目标小区的切换接入过程。在收到移动台发送的切换接入消息后，MSC－B 将向 MSC－A 发送一条 Process Access Signing 的报文表示切换已被检测到。当目标小区收到移动台发回的切换完成消息后，将通知给 MSC－B，于是 MSC－B 就通过向 MSC－A 发送一条发送结束信号的消息，来通知它切换已完成。

在 MSC－A 收到切换完成的指示后，将向原 BSC－A 发送清除命令，以释放旧的信道资源。当释放完成后 MSC－A 将通知 MSC－B，MSC－B 向 VLR－B 发送切换报告，以请求释放所分配的切换号码，此时已完成 MSC 间切换。

2.3.3　鉴权与加密

GSM 系统一个显著的优点是它在安全性方面比模拟系统有了显著的改进，它主要是在以下部分加强了保护：在接入网络方面通过 AUC 鉴权中心采取了对客户鉴权，在无线路径上采取了对通信信息的保密，对移动设备通过 EIR 设备识别中心采用了设备识别，对客户身份识别码 IMSI 用临时识别码 TMSI 保护，SIM 卡用 PIN 码保护等。

客户的鉴权加密过程是通过系统提供的客户三参数组来完成的，客户三参数组的产生是在 GSM 系统的 AUC 鉴权中心完成的。每个客户在 GSM 网注册登记时，被分配一个客户电话号码(MSISDN)和客户身份识别码(IMSI)。IMSI 通过 SIM 写卡机写入客户的 SIM 卡中，同时在写卡机中又产生了一个对应此 IMSI 的唯一客户鉴权键 K_i，它被分别存储在客户的 SIM 卡和 AUC 中，这是永久性的信息。在 AUC 中还有一个伪随机码发生器，用于产生一个不可预测的伪随机数 RAND。在 GSM 规范中还定义了 A3、A8 和 A5 算法分别用于鉴权和加密过程。在 AUC 中 RAND 和 K_i 经过 A3 算法(鉴权算法)产生了一个响应数 SRES，同时经过 A8 算法(加密算法)产生了一个 K_c。因而由该 RAND、K_c、SERS 一起组成了该客户的一个三参数组，传送给 HLR 并存储在该客户的客户资料库中。

1. 鉴权

鉴权时，AUC 产生随机数 RAND，并进行 A3 运算；RAND 同时通过公共控制信道发送给移动终端，在 SIM 卡中进行 A3 运算；运算结果在 VLR 中进行比较，VLR 的数据是由 HLR 传送过来的，这个过程一般是在移动设备登记入网和呼叫时进行的。鉴权过程如图 2－23 所示。

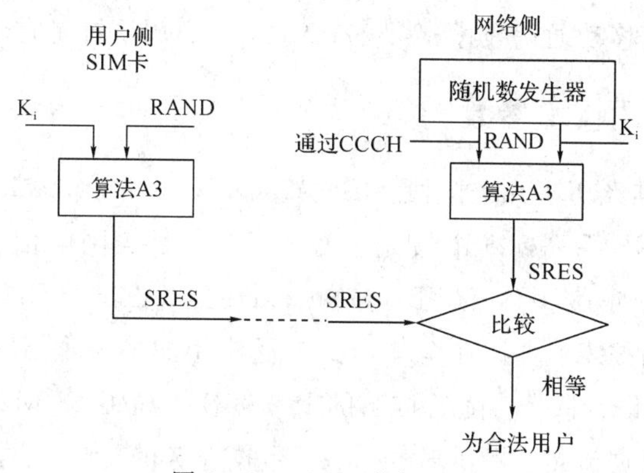

图 2－23　GSM 鉴权过程

2. 加密

加密过程是通过对 K_i 和 RAND 进行 A8 运算产生密钥 K_c，其中 K_i 和 RAND 参数和鉴权过程中使用的参数相同，产生的密钥分别存储在网络侧和用户侧。根据加密启动指令，移动用户和基站便开始用 K_c 和 TDMA 帧号产生加密序列，对无线路径上传输的比特流进行加密或解密。GSM 加密过程如图 2－24 所示。

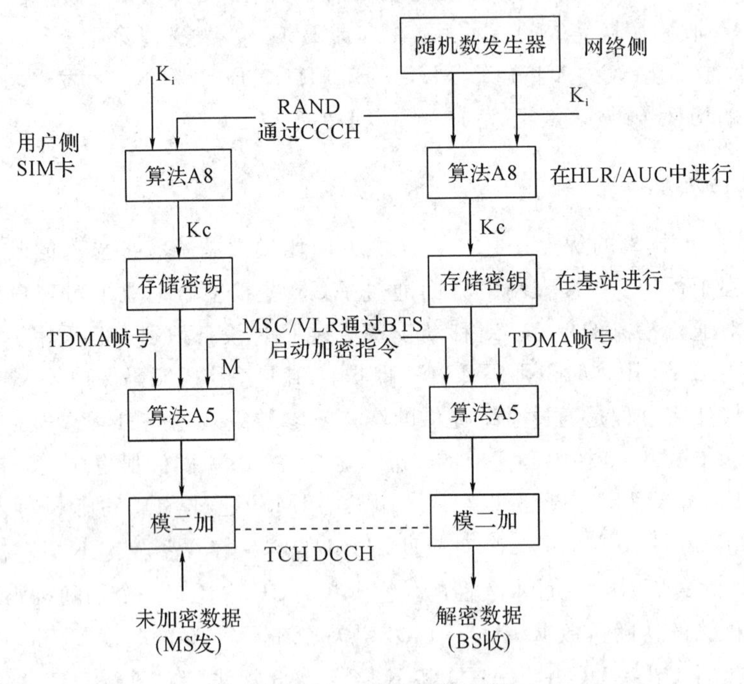

图 2－24　GSM 加密过程

2.4　CDMA 系统

CDMA 是码分多址(Code Division Multiple Access)的英文缩写，它是在扩频通信技术的基础上发展起来的一种无线通信技术。第二次世界大战期间因战争的需要而研究开发的 CDMA 技术，其初衷是为了防止敌方对己方通信的干扰，后来由美国高通(Qualcomm)公司将其发展为商用蜂窝移动通信技术。第一个 CDMA 商用系统是在 1995 年开始运行的。

2.4.1　CDMA 系统的技术参数

CDMA 技术的标准经历了几个阶段。IS－95 即双模宽带扩频蜂窝系统的移动台-基站兼容标准是 CDMA ONE 系列标准中最先发布的标准，是美国电信工业协会 TIA 于 1993 年确定的美国蜂窝移动通信标准，采用了 Qualcomm 公司推出的 CDMA 技术规范，是典型的第二代蜂窝移动通信技术。真正在全球得到广泛应用的第一个 CDMA 标准是 IS－95A，这一标准支持 8K 编码语音服务。随后推出的 IS－95B 提高了 CDMA 系统性能，并增加了用户移动通信设备的数据流量，提供对 64 kb/s 数据业务的支持。

IS-95 CDMA 系统的主要参数如下：

(1) 频段：下行 869～894 MHz(基站发射，移动台接收)；上行 824～849 MHz(移动台发射，基站接收)。

(2) 射频带宽：每一个网络分为 9 个载频，其中收发各占 12.5 MHz，共占 25 MHz，上下行收发频率相差 45 MHz。

(3) 调制方式：基站为 QPSK，移动台为 OQPSK。

(4) 扩频方式：DS(直接序列扩频)，码片的速率为 1.2288 Mc/s。

(5) 语音编码：可变速率 CELP，最大语音速率为 8 kb/s，最大数据速率为 9.6 kb/s，每帧时长为 20 ms。

(6) 信道编码：采用卷积编码加交织编码。

(7) 卷积编码：下行码率 $R=1/2$，约束长度 $K=9$；上行码率 $R=1/3$，约束长度 $K=9$。

(8) 交织编码：交织间距 20 ms。

(9) 基站识别码：采用 m 序列，周期为 $2^{15}-1$，根据 m 序列的偏置不同区分不同的基站；信道识别码采用 64 个正交沃尔什函数组成 64 个码分信道；用户地址码采用 m 序列的截断码，码长 42 位，共有 242 个，根据不同的相位来区分用户。

(10) 多径利用：采用 Rake 接收方式，移动台为 3 个，基站为 4 个。

与 FDMA 和 TDMA 相比，CDMA 具有许多独特的优点，其中一部分是扩频通信系统所固有的，另一部分则是由软切换和功率控制等技术所带来的。CDMA 移动通信网是由扩频、多址接入、蜂窝组网和频率再用等几种技术结合而成，含有频域、时域和码域三维信号处理的一种协作，因此它具有抗干扰性好、抗多径衰落、保密安全性高、同频率可在多个小区内重复使用、所要求的载干比(C/I)小于 1、容量和质量之间可做权衡取舍等属性，使得它的设备相对简单、经济，更适合移动环境的信道，能够给用户提供更好的语音质量和更高满意度的服务，这些属性使 CDMA 比其他系统具有更大的优势。

2.4.2　CDMA 系统的组成

CDMA 蜂窝移动通信系统主要由网络交换子系统(NSS)、基站子系统(BSS)和移动台(MS)三大部分组成，与 GSM 系统类似，CDMA 系统的网络结构如图 2-25 所示。

CDMA 系统中各模块的功能如下所述。

1. 交换网络子系统(NSS)

交换网络子系统(NSS)由移动交换中心(MSC)、本地位置寄存器(HLR)、访问用户(位置)寄存器(VLR)、操作维护中心(OMC)、鉴权中心(AUC)以及短信息中心(MC)、设备识别寄存器(EIR)等组成，各实体的功能与 GSM 系统相似。

(1) 移动交换中心(MSC)。MSC 是 CDMA 系统的心脏，它通常由 PSTN 子系统和用户接口子系统组成。

① PSTN 子系统由 PSTN 控制器和交换结构组成，主要实现以下功能：提供与固定市话网的控制和业务接口，管理和执行呼叫处理，提供交换矩阵、移动用户鉴权、登记注册等。

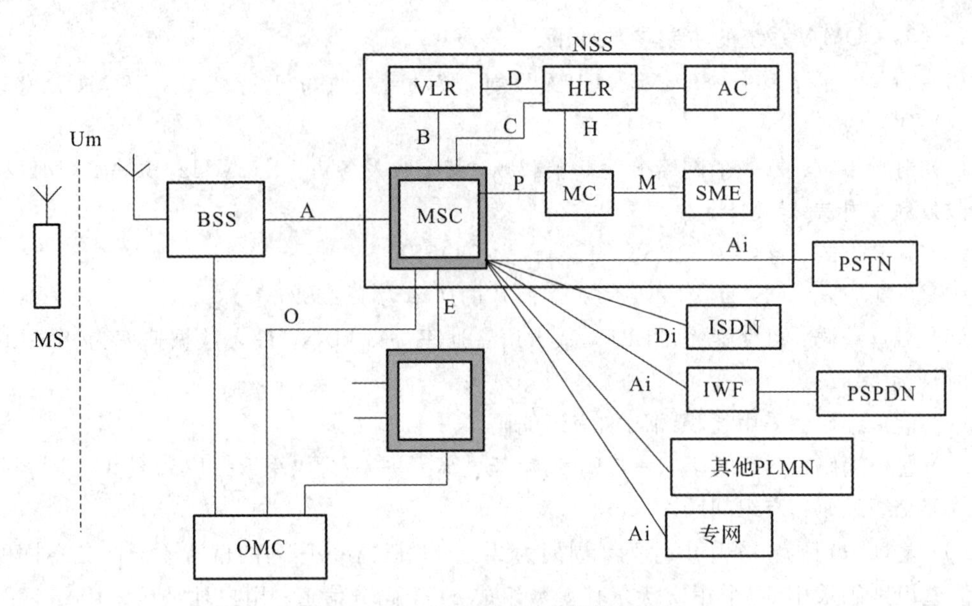

图 2-25　CDMA 系统的网络结构

② 用户接口子系统的主要功能：为移动用户与固定用户之间以及移动用户之间的通话提供网络连接，为声码器/选择器、编码器提供参考频率/定时，语音编译码，管理相邻小区之间的切换，为 PSTN 子系统提供接口，记录各种信息和时间、检测子系统的运行和诊断维护等。

MSC 结构示意图如图 2-26 所示。

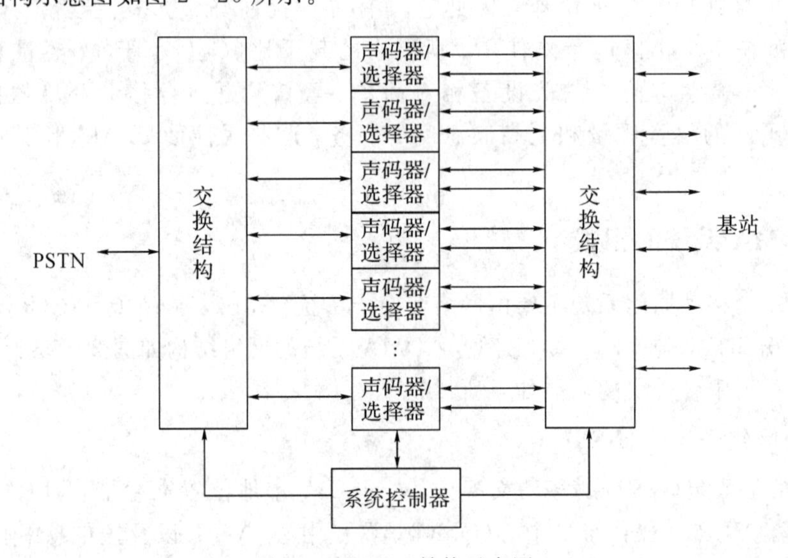

图 2-26　MSC 结构示意图

MSC 用线路与每个基站相连。每个基站对每个声码器（约 20 ms 长）的数据组做信号质量的估算，并将估算结果随同声码器输出的数据一起传输到移动交换中心。由于移动台至基站的无线链路会受到衰落和干扰的影响，从某一基站到交换中心的信号有可能比从其他基站传到交换中心的信号质量好。交换中心把从一个基站或几个基站得到的信号送入选择器，每次通话需要一个选择器和相应的声码器，如图 2-26 所示。选择器对从两个或更多个基站传来的信号质量进行比较，逐帧选取质量最好的信号送入声码器。声码器再把数字信号转换成 64 kb/s 的 PCM 电话信号或模拟电话信号送往固定市话网。在相反方向，市话网用户的语音信号送往移动台时，首先接至交换中心的声码器。MSC 的控制器与每一个基站的控制器相连，检测、监视基站和移动台。

(2) 本地位置寄存器(HLR)。HLR 也称原籍位置寄存器，是一种用来存储本地用户位置信息的数据库。每个用户在当地入网时，都必须在相应的 HLR 中进行登记，该 HLR 就是该用户的原籍位置寄存器。登记的内容分为两类：一类是永久性的参数，如用户号码、移动设备号码、接入的优先等级、预定的业务类型以及保密参数等；另一类是临时性的需要随时更新的参数，即用户当前所处位置的有关参数。即使移动台漫游到新的服务区，HLR 也要登记新区传来的新的位置信息。这样做的目的是保证当呼叫任何一个不知处于哪一个地区的移动用户时，均可由该移动用户的原籍位置寄存器获知它当时处于哪一个地区，进而能迅速地建立通信链路。

(3) 访问用户(位置)寄存器(VLR)。VLR 是一个用于存储来访用户位置信息的数据库。一般而言，一个 VLR 为一个 MSC 控制区服务。当移动用户漫游到新的 MSC 控制区(服务区)时，它必须向该区的 VLR 登记。VLR 要从该用户的 HLR 查询其有关参数，并通知其 HLR 修改该用户的位置信息，准备为其他用户呼叫此移动用户提供路由信息。当移动用户由一个 VLR 服务区移动到另一个 VLR 服务区时，HLR 在修改该用户的位置信息后，还要通知原来的 VLR，并删除此移动用户的位置信息。

(4) 鉴权中心(AUC)。AUC 用于识别用户的身份，只允许有权用户接入网络并获得服务。

(5) 操作维护中心(OMC)。OMC 对全网进行监控和操作，例如系统的自检、报警与备用设备的激活，系统的故障诊断与处理，话务量的统计和计费数据的记录与传递，以及各种资料的收集、分析与显示等。

2. 基站子系统(BSS)

基站子系统(BSS)包括基站控制器(BSC)和基站收发设备(BTS)。

一个基站控制器(BSC)可以控制多个基站，每个基站含有多部收发信机。

(1) 基站控制器(BSC)。BSC 通过网络接口分别连接 MSC 和 BTS 群，此外，还与操作维护中心(OMC)连接。BSC 主要为大量的 BTS 提供集中控制和管理，如无线信道分配、建立或拆除无线链路、过境切换操作以及交换等。BCS 简化结构如图 2-27 所示。

由图 2-27 可见，BSC 主要包括代码转换器和移动性管理器两大部分。移动性管理器负责呼叫建立、拆除、切换无线信道等，这些工作由信道控制软件和 MSC 中的呼叫处理软件共同完成。代码转换器主要包含代码转换器插件、交换矩阵及网络接口单元。按 EIA/TIA 宽带扩频标准规定，代码转换功能是完成适应地面的 MSC 使用的 64 kb/s 的 PCM 语音和无线信道中声码器语音转换，其声码器速率是可变的，有 8 kb/s、4 kb/s、2 kb/s 和0.8 kb/s四种。除此之外，代码转换器还将业务信道和控制信道分别送往 MSC 和移动性管理器。BSC 无论是与 MSC 还是与 BTS之间的传输速率都很高，可达 1.544 Mb/s。

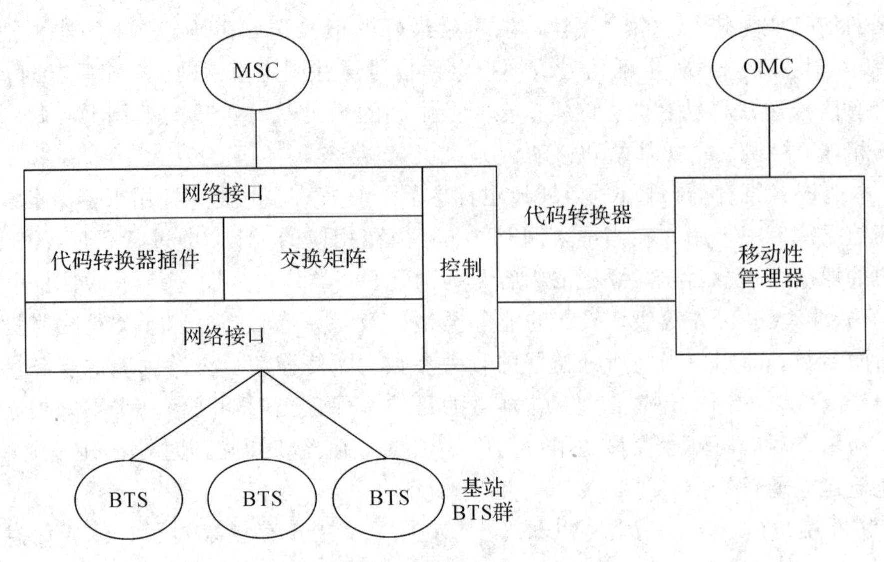

图 2-27　基站控制器(BSC)简化结构

(2) 基站收发设备(BTS)。基站子系统中，数量最多的是BTS等设备，图2-28所示为单个扇形小区的设备组成方框图。由于接收部分采用空间分集方式，因此采用两副接收天线(Rx)，一副发射天线(Tx)。整个设备共分为五层：第一层有接收部分的前置低噪声放大器(LNA)、线性功率放大器、滤波器(收和发)等，即接收部分输入电路，负责选取射频信号，滤除带外干扰，其主要作用是为了改善信噪比；第二层是发射部分的功率放大器；第三层是全球定位系统(GPS)接收机，其作用就是系统定时；第四层是BTS主机部分，包括发

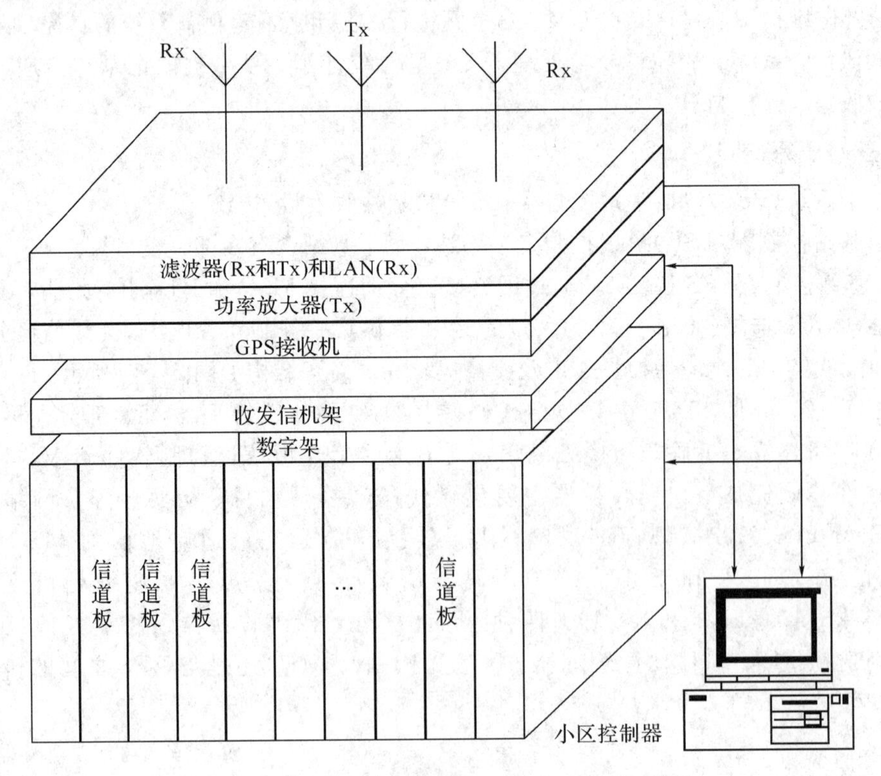

图 2-28　单个扇形小区的设备组成方框图

射机中的扩频和调制、接收机中的解调和解扩、频率合成器、发射机中的上变频、接收机中的下变频等；最底层是数字架，装有多块信道板，通信时每个用户占用一块信道板。数字架中信道板以中频与 BTS 主机相连接。具体而言，在下行传输时，即基站发射信号往移动台，数字架输出的中频信号经收发信机架上变频到射频信号，再通过功率放大器、滤波器，最后馈送至天线；在上行传输信道，基站处于接收状态，通过空间分集的接收信号，经天线输入、滤波、低噪声放大(LNA)，然后通过收发信机架下变频，把射频信号变换到中频，再送至数字架。

数字架和收发信机架均受基站(小区)控制器的控制。它的功能是控制管理蜂窝系统小区的运行，维护基站设备的硬件和软件的工作状况，保证呼叫建立、接入、信道分配等正常运行，并收集有关的统计信息、监测设备故障、分配定时信息等。

基站接收机除了进行空间分集之外，还采用了多径分集，用四个相关器进行相关接收，简称 4 Rake 接收机。

3. 移动台(MS)

MS 采用 IS－95 标准规定的双模式移动台，既与模拟蜂窝系统兼容，又能处理数字信号。MS 中相当于有两套收发设备，一套工作于模拟，一套工作于数字 CDMA。它们之间的转换是由微处理器来控制的。

双模式移动台原理如图 2－29 所示。MS 使用一副天线，通过双工器与收发两端相连。在模拟前端包含了功率放大、频率合成及射频和中频放大处理电路等。通过频率合成器，MS 可以把工作频率调整到任意一个 CDMA 频道或模拟系统的频道上。中频放大处理电路中使用一个声表面波(SAW)带通滤波器，带宽约为 1.25 MHz。发送时，由送话器输出语音信号，经编码输出 PCM 信号，经声码器输出低速率语音数据，经数据速率调节、卷积编码、交织、扩频、滤波后送至射频前端(含上变频、功放、滤波等)，馈送至天线。收发合用一副天线，由天线共用器进行收发隔离，收发频差为 45 MHz。

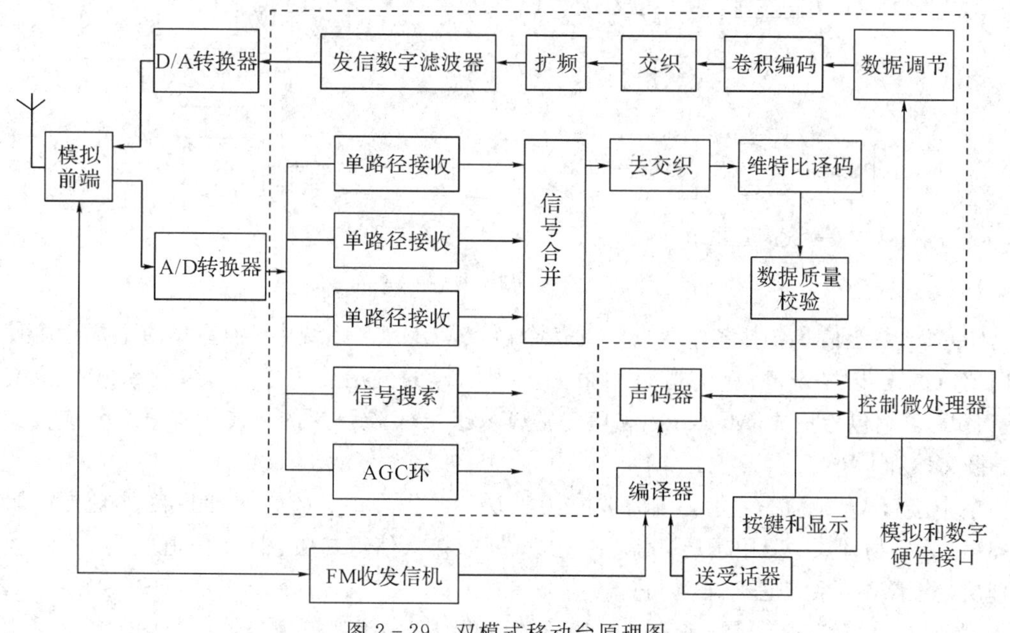

图 2－29　双模式移动台原理图

当MS工作在CDMA接收模式时，中频滤波器输出信号首先经过模/数(A/D)变换成数字信号，此数字信号送给四个相关接收机，其中一个用于搜索，其余三个用于数据接收。数字化的中频信号包含许多由相邻小区基站发出的具有相同导频频率的呼叫信号。数字接收机用适当的伪随机序列进行相关解调。相关处理获得的处理增益增加了匹配信号的信噪比，从而抑制了其他信号。使用距离基站最近的导频载波作为相位参考对相关的解调器输出的信号进行信息解调，从而获得编码数据符号序列。这里采用三个相关接收机(Rake接收)，并行接收三路不同路径信号，输出信号再进行路径分集合并。解调后的数据首先进行反交织，再用维特比(Viterbi)译码器进行前向纠错译码，得到的用户数据由声码器变成语音。发送过程与之相反。

2.4.3 CDMA系统的接口与信令

CDMA系统网络结构符合典型的数字蜂窝移动通信的网络结构，由交换子系统、基站子系统、移动台子系统三大部分组成。CDMA系统主要接口如图2-30所示。

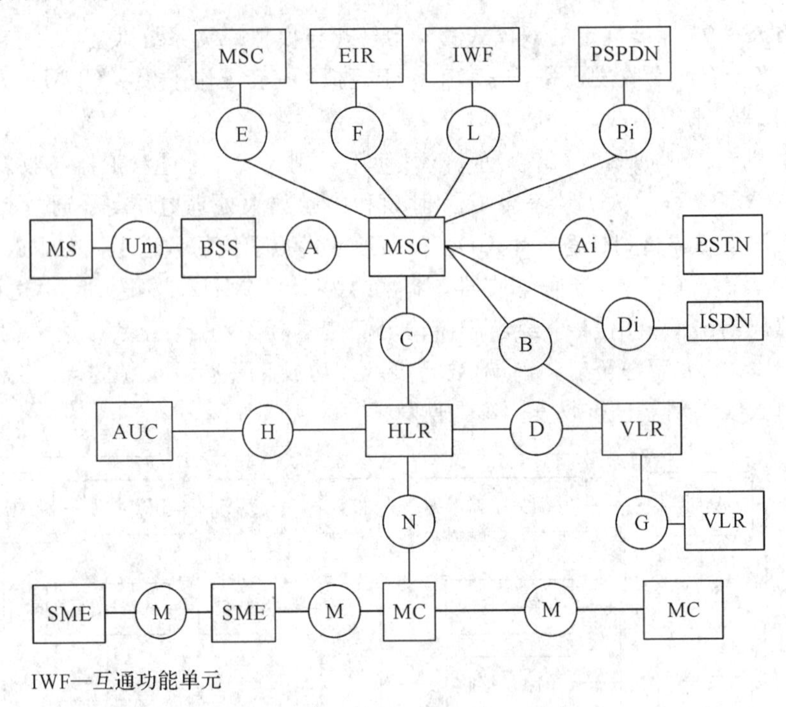

图2-30　CDMA系统的接口

CDMA系统信令包括各个接口间的信令协议。CDMA系统中，所有信道上的信令使用面向比特的同步协议。所有信道上的报文使用同样的分层格式。最高层的格式是报文囊(Capsule)，它包括报文(Massage)和填充物(Padding)，次一层的格式是将报文分成报文长度、报文体和CRC。

空中接口Um的信令协议结构被分为三层，即物理层、链路层和控制处理层，如图2-31所示。物理层、复用子层、信令二层、寻呼/接入信道二层、同步信道二层、移动控制处理层是CDMA系统的基础。

物理层，包括基带调制、编码、成帧、射频调制等与无线信道传输有关的功能，采用数字传输，速率为 2048 kb/s。链路层，由复用子层(业务信道)及基本业务二层、辅助业务二层、信令二层以及寻呼/接入信道二层和同步信道二层构成，基于中国 No.7 信令系统的 MTP；其中，复用子层(业务信道)及基本业务二层、辅助业务二层、信令二层对应于伴随信道。基本业务是指典型的语音和数据业务，辅助业务是指次要的数据业务，例如传真(FAX)业务。因此，属于第三层的基本业务(上层)和辅助业务(上层)是对应用户的。而控制处理三层是通过链路层实现呼叫建立、切换、功率控制、鉴权、位置登记等功能。物理层及复用子层为用户应用提供帧的传输。

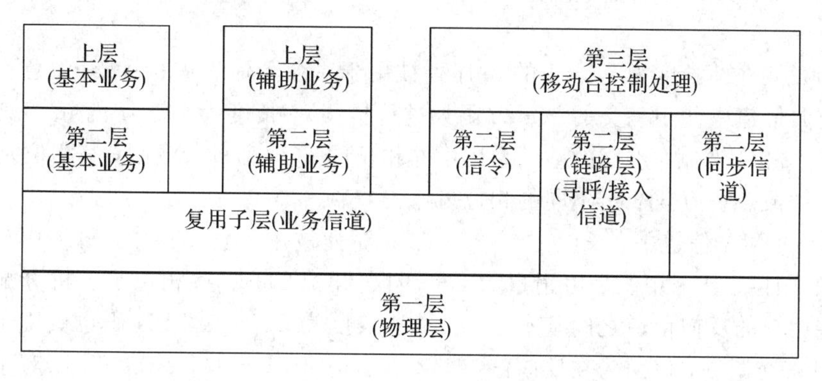

图 2-31　CDMA 系统信令协议的分层结构

2.5　CDMA 系统无线信道

2.5.1　IS-95 CDMA 系统的频率分配及地址码

1. 频率分配

IS-95 CDMA 系统的工作方式是频分双工(CDMA/FDD)，扩频间隔 1.25 MHz。所以，中国电信 CDMA 系统的工作频率：上行 FU＝825＋0.03N，下行 FD＝870＋0.03N，N＝1～333，以 41 为步级；收发间隔为 45 MHz，如图 2-32 所示，共有七对信道。从 N＝283开始，FU＝833.49 MHz，FD＝878.49 MHz。

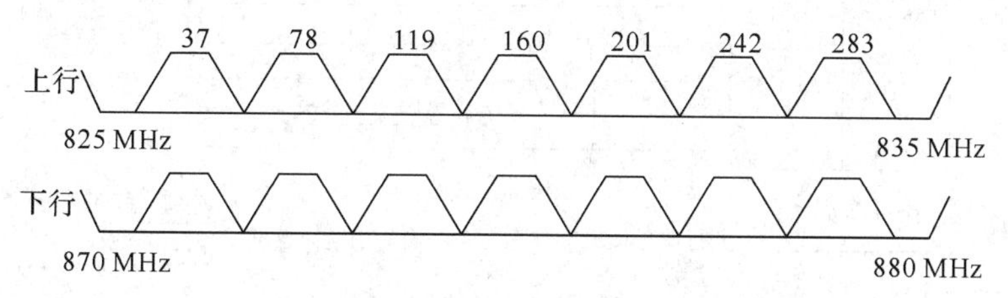

图 2-32　CDMA 系统的信道频率分配

2. 地址码

地址码的选择直接影响 CDMA 系统的容量、抗干扰能力、接入和切换锁定等性能。所选择的地址码应能够提高足够数量的相关函数特性尖锐的码系列，保证信号经过地址码解扩之后具有较高的信噪比。地址码提供的码序列应接近白噪声特性，同时编码方案简单，保证具有较快的同步建立速度。

伪随机序列(或称 PN 码)具有类似于噪声序列的性质，是一种貌似随机但实际上是有规律的周期性二进制序列。在采用码分多址方式的通信技术中，地址码都是从伪随机序列中选取的，但是不同的用途选用不同的伪随机序列。

在所有的伪随机序列中，m 序列是最重要、最基本的伪随机序列，在定时严格的系统中，我们采用 m 序列作为地址码，利用它的不同相位来区分不同的用户，目前的 CDMA 系统就是采用这种方法。

在 CDMA 系统中，用到两个 m 序列，一个长度是 $2^{15}-1$，另一个长度是 $2^{42}-1$，各自的用处不同。

在上行信道中，长度为 $2^{42}-1$ 的 m 序列被用于对业务信道进行扰码(注意不是被用于扩频，在前向信道中使用正交的 Walsh 函数进行扩频)。长度为 $2^{15}-1$ 的 m 序列被用于对前向信道进行正交调制，不同的基站采用不同相位的 m 序列进行调制，其相位差至少为 64 个码片，这样最多可有 512 个不同的相位可用。

在下行 CDMA 信道中，长度为 $2^{42}-1$ 的 m 序列被用于直接扩频，每个用户被分配一个 m 序列的相位，这个相位是由用户的 ESN 计算出来的，这些相位是随机分配且不会重复的，这些用户的反向信道之间基本是正交的。长度为 $2^{15}-1$ 的 PN 码也被用于对反向业务信道进行正交调制，但因为在反向信道上不需要标识属于哪个基站，所以对于所有移动台而言都使用同一相位的 m 序列，其相位偏置是 0。

2.5.2 IS-95 CDMA 系统信道分类及信息处理过程

IS-95 CDMA 系统信道设置如图 2-33 所示，在基站至移动台的传输方向(下行传输)上，设置了导频信道、同步信道、寻呼信道和下行业务信道；在移动台至基站的传输方向(上行传输)上，设置了接入信道和上行业务信道。

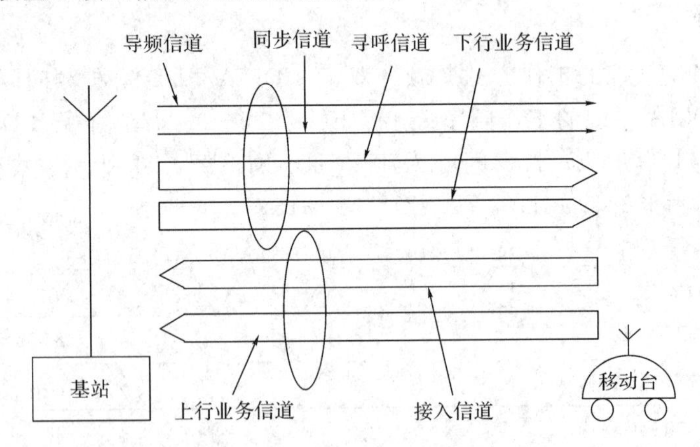

图 2-33　IS-95 CDMA 系统信道设置

由于下行传输和上行传输的要求及条件不同，因此逻辑信道(按照所传输信息功能的不同而分类的信道)的构成及产生方式也不同，下面分别予以说明。

1. 下行信道

1) 下行信道的特点

下行信道，又称反向链路(BS→MS)，终端 MS 接收，其特点如下：

(1) 接收机结构要求简单；

(2) 较低的功耗；

(3) 只知道本机的通信扩频码难以进行干扰处理；

(4) 需要基站告知来自其他小区扇区的干扰，感应时间较慢；

(5) 由于有小区广播的统一时钟(导频和同步信道)，易于实现精确的接收同步。

下行链路信道的组成如图 2-34 所示，下行信道总共设置了 64 个信道，采用 64 阶沃尔什函数区分逻辑信道；其中，W0 为导频信道，W1～W7 为寻呼信道，W1 是首选的寻呼信道，W32 为同步信道，其余为业务信道。

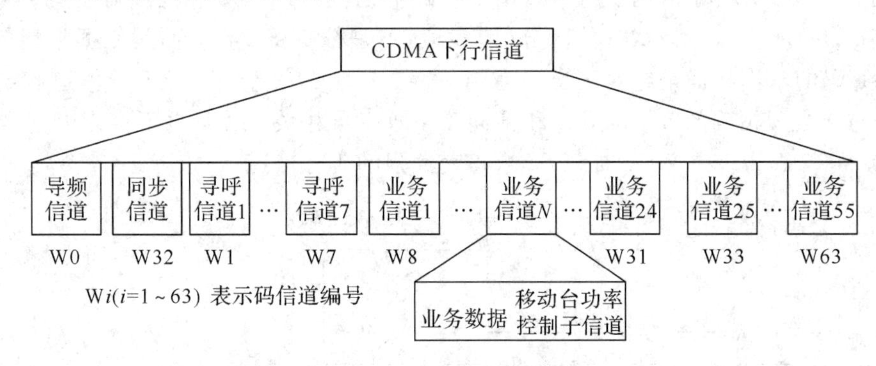

图 2-34 下行链路信道配置

2) 各信道的作用

(1) 导频信道：为 MS 提供参考载波作 QPSK 相干解调用(能精确同步)。它是由基站连续不断地发送的一种未经调制的直接序列扩频信号，供 MS 识别基站并提取相干载波以进行相干解调。另外，当 MS 从一个覆盖区移动至另一覆盖区时，导频信道可用于探测新基站的搜索目标。与其他信号相比，导频信号的发射功率较大，便于 MS 准确跟踪。每个基站设置一个导频信道。

(2) 同步信道：为 MS 提供同步信息，包括基站 BS 定时标准、基站 PN 偏移量等，为系统接入作准备。它是一种经过编码、交织和调制的扩频信号，供 MS 建立与系统之间的同步。在完成同步过程后，利用导频信号作为参考相干载波相位，实现移动台接收解调。同步信道在捕捉导频时使用，一旦捕获，就不再使用，同步信道的数据速率为 1200 b/s。每个基站只设置一个同步信道。

(3) 寻呼信道：MS 在同步完成后，就选择一个寻呼信道(时隙)监听、守候寻呼自己的信息，也就是基站在呼叫建立阶段向移动台发送控制信息的信道。每个基站有一个或几个(最多 7 个)寻呼信道。当 MS 被叫时，经 MSC 送至基站，寻呼信道上就播送该 MS 识别码。通常，MS 在建立同步后，就在首选的 W1 寻呼信道(或在基站指定的寻呼信道上)监听由基站发来的信令，当收到基站分配业务信道的指令后，就转入指定的业务信道中进行信息传输。当小区内需要通信的 MS 很多，业务信道不敷应用时，某几个寻呼信道也可临时用作业务信道。在极端情况下，7 个寻呼信道和 1 个同步信道都可改作业务信道。这时候，总数为 64 的逻辑信道中，除去一个导频信道外，其余 63 个均用于业务信道。在寻呼信道上的数率是 4800 b/s 或 9600 b/s。

(4) 业务信道：载有编码的语音或其他业务数据，除此之外，还可以插入必需的随路信令，例如必须安排功率控制子信道，传输功率控制指令；又如在通话过程中，发生越区切换时，必须插入越区切换指令等。每个下行业务信道包含1个首选编码信道和1～7个补充编码信道。业务信道有两种速率集合：速率集合1支持数据速率9.6 kb/s、4.8 kb/s、2.4 kb/s、1.2 kb/s；速率集合2支持数据速率14.4 kb/s、7.2 kb/s、3.6 kb/s、1.8 kb/s。在补充业务编码信道上仅可实现全速率(9.6 b/s或14.4 kb/s)。MS必须支持速率集合1，但也可任选支持速率集合2。业务信道共有55条。

3) 各信道对信息的处理过程

如图2-35所示，小区内所有MS用户接收的是同一个载频和同一对正交PN码作为扩频调制的相干解调，所以MS的区分(即多址)不是依据PN码，而是依据指配的Walsh码。Walsh码的基本特征是绝对正交的互相关性，自相关很差。由于下行信道有统一的导频信号，易于实现精确的载波且bit和帧同步，即使自相关性差，也不会影响解调。64个Walsh码(W0，W1，…，W64)提供64个正交性强的码分信道。

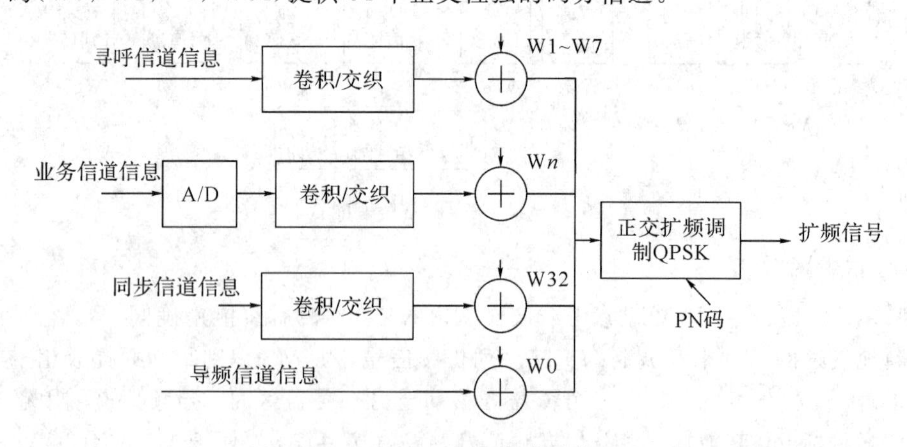

图2-35 CDMA下行逻辑信道信号处理

这里的PN码是用于正交扩频的，其作用是给不同的基站发出的信号赋予不同的特征，便于移动台识别所需的基站。同一个基站的所有信道都采用同一序列且同一偏置的PN序列进行扩频引导，不同基站的所有信道采用不同偏置的同一PN序列进行扩频引导。一个基站的PN序列有两个：I支路PN序列和Q支路PN序列，它们的长度都是215，二者相互正交，目的是使信号特性接近白噪声特性，从而改善系统的信噪比。采用正交调制是为了提高频谱利用率，最后信号由天线发射出去。

2. 上行信道

1) 上行信道的特点

上行信道(MS→BS)，又称前向链路，基站BS接收，其特点如下：

(1) 基站系统可以做到较为复杂的接收机结构；

(2) 有较大的功耗；

(3) 已知所有用户的扩频通信码，能够检测到相邻用户和小区间的干扰，并采用信号处理的方法减轻或规避干扰；

(4) 能够实现多扇区，甚至跨小区分集复用(软切换)；

(5) 因为没有统一时钟，很难实现终端信号的精确同步(自相关要求高)。

CDMA 系统的上行信道由接入信道和业务信道组成，图 2-36 给出了基站接收的上行 CDMA 逻辑信道的配置实例。

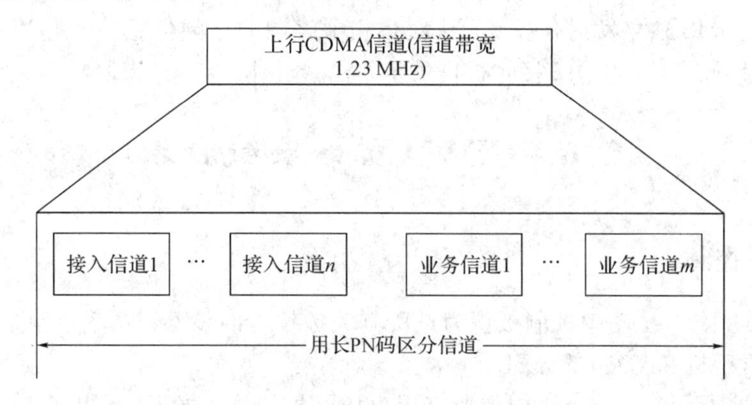

图 2-36　上行链路信道配置

在一个上行信道中，接入信道数 n 最多可达 32 个。在极端情况下，业务信道数 m 最多可达 64 个，用不同的长 PN 码加以识别；每个接入信道也采用不同的 PN 码加以区别，基站和用户使用不同的长码掩码(PN)区分基站和用户的接入信道和业务信道，码长为 242-1，按时间错开表示用户地址，该 PN 码速率较低，与数据信息码组合在一起。

2）各信道的作用

(1) 接入信道：与下行传输的寻呼信道相对应，是 MS 向 BS 申请接入网络的信道。也就是说 MS 利用接入信道发起呼叫或者对 BS 的寻呼进行响应，以及向 BS 发送登记注册消息等。它使用一种随机接入协议，允许多个用户以竞争的方式占用。最多可以有 7 个接入信道，在接入信道上的数据速率是 4800 b/s。

(2) 业务信道(F-TCH)：供 MS 到基站之间通信，它与下行业务信道一样，用于传输用户业务数据，同时也传输信令信息，如功率控制信道。

3）各信道对信息的处理过程

如图 2-37 所示，在上行业务信道中，为了减小 MS 的功耗并减少对其他 MS 的干扰，对交织后输出的码元用一个时间滤波器进行选通，只允许所需码元输出而删除其他重复码元。在选通过程中，把 20 ms 分成 16 个等长的功率控制段，并按 0～15 进行编号，每段 1.25 ms，选通突发位置由前一帧内倒数第二个功率控制段(1.25 ms)中最后 14 个 PN 码比特进行控制。根据一定规律，某些功率段通过，某些功率段被截去，保证进入交织的重复码元只发送其中一个。但是，在接入信道中，两个重复码元都要传送。

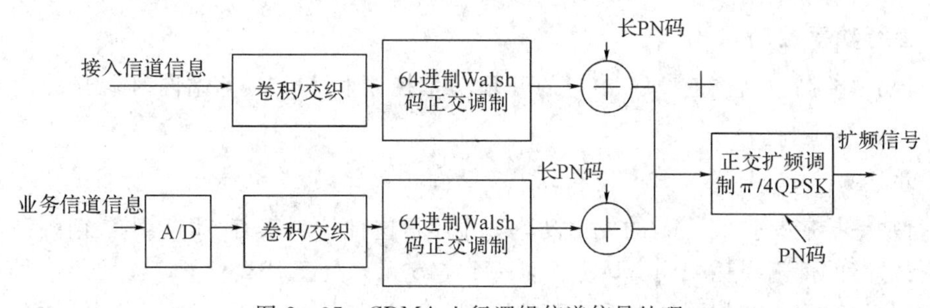

图 2-37　CDMA 上行逻辑信道信号处理

不同用户的下行信道的信号用不同的长 PN 码(表示地址)进行数据扰码后，进入正交扩频和正交调制电路，最后由天线发射出去。基站 BS 接收后，只需对 Walsh 码做相关运算解出码字。由于 MS 独立发射，基台无法获得相干解调的导频信息，运用 Walsh 码可实现正交性相干解调码字，并由 BS 接收机提供相关检测时钟。

2.6 CDMA 系统关键技术

2.6.1 功率控制

在 CDMA 系统中，功率控制被认为是所有关键技术的核心，功率控制是 CDMA 系统对功率资源(含手机和基站)的分配。

如图 2-38 所示，如果小区中的所有用户均以相同功率发射，则因靠近基站的 MS 到达基站的信号强，远离基站的 MS 到达基站的信号弱，导致强信号掩盖弱信号，这就是“远近效应”问题。CDMA 是一个自干扰系统，所有用户共同使用同一频率，系统的通信质量和容量主要受限于所受到的干扰功率的大小。若基站接收到 MS 的信号功率太低，则因误比特率太大而无法保证高质量通信；反之，若基站收到某一 MS 的信号功率太高，虽然保证了该 MS 与基站的通信质量，却对其他 MS 增加了干扰，导致整个系统的通信质量恶化，容量减小。只有当每个 MS 的发射功率控制到基站所需信噪比的最小值时，通信系统的容量才能达到最大值。为了解决“远近效应”问题，必须根据通信距离的不同，实时地调整发射机所需的功率，这就是功率控制。

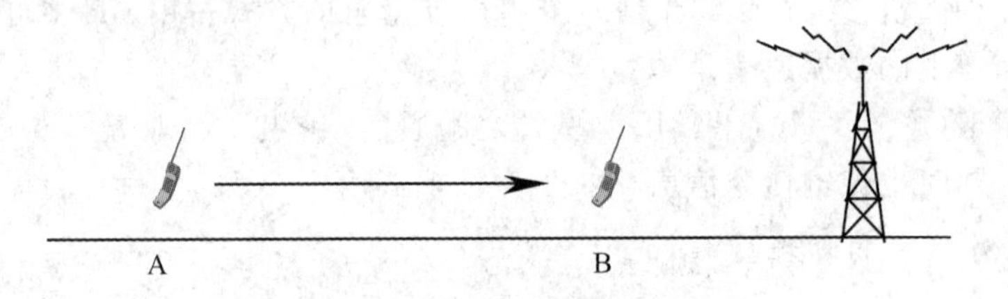

图 2-38　功率控制示意图

对功率控制的要求：当信道的传输条件突然改善时，功率控制应作出快速反应(限制在微秒数量级)，以防止信号突然增强而对其他用户产生附加干扰；相反当信道的传输条件突然变差时，功率调整的速度可以适当慢一些。也就是说，宁愿单个用户的信号质量短时间恶化，也要防止对许多用户都增大背景干扰。

功率控制分为上行功率控制和下行功率控制。

1. 上行功率控制

上行功率控制包括仅有 MS 参与的开环功率控制和 MS 与基站同时参与的闭环功率控制。

1）开环功率控制

上行功率控制是控制 MS 的发射功率，开环是这种控制仅有 MS 参与，前提条件是假设上下行链路的传输损耗相同。要使任何一个 MS 无论处于什么位置，其发射信号在到达基站的接收机时都具有相同的电平，而且恰好达到信噪比要求的门限值，其办法就是 MS

接收并测量基站发来的导频信号强度，并估计下行传输损耗，然后根据这种估计，MS自行调整自己的发射功率。如果接收信号增强，就降低发射功率；如果接收信号减弱，就增加发射功率，这完全是MS自主进行的功率控制。

开环功率控制只是对MS发送电平的粗略估计，因此它的反应不能太快，也不能太慢。如反应太慢，在开机或遇到阴影、拐弯效应时，开环起不到应有的作用；如反应太快，将会由于下行链路的快衰落而浪费功率，因为上、下行衰落是两个相互独立的过程，MS接收的尖峰式功率很可能是由于干扰形成的。根据许多测试结果，响应时间常数选择20～30 ms为佳。

开环功率控制是为了补偿平均路径衰落的变化和阴影、拐弯等效应，它必须有一个很大的动态范围，根据CDMA空中接口标准，至少应达到±32 dB的动态范围。

开环功率控制简单、直接，不需在移动台和基站之间交换控制信息，同时控制速度快并节省成本。但在CDMA系统中，前向和反向传输使用的频率不同(IS-95规定的频差为45 MHz)，频差远远超过信道的相干带宽。因而不能认为上行信道的衰落特性等于下行信道的衰落特性，这是上行开环功率控制的局限之处。开环功率控制由开环功率控制算法来实现，主要利用MS下行接收功率和上行发射功率之和为一常数来进行控制。具体实现中，涉及开环响应时间控制、开环功率估计校正因子等主要技术。

2）闭环功率控制

闭环功率控制是指由基站来检测MS的信号强度或信噪比，根据测试结果与预定值比较的结果，产生功率调整指令，MS根据基站发送的功率调整指令(功率控制比特携带的信息)来调整MS发射功率的过程。在这个过程中基站起着很重要的作用。闭环的设计目标是使基站对MS的开环功率估值迅速作出纠正，以使MS保持最理想的发射功率。这种对开环功率的迅速纠正解决了下行链路和上行链路间增益允许度和传输损耗不一样的问题。具体方法是：基站每隔1.25 ms测量一次移动台的发射功率，与门限电平进行比较后形成功率控制比特，在下行业务信道的功率子信道上连续地进行传输，MS根据这个信令来调整发射功率。每个功率控制比特使移动台增加或降低1 dB功率。在开环控制的基础上移动台将提供±24 dB的动态范围。

2. 下行功率控制

在下行链路中，当MS向小区边缘移动时，MS收到邻区基站的干扰会明显增加；当MS向基站方向移动时，MS受到本区的多径干扰会增加。下行功率控制的要求是调整基站向移动台发射的功率，使任何移动台无论处于小区的任何位置，收到基站的信号电平都刚刚达到信噪比所要求的门限值，以避免基站向距离近的移动台辐射过大的信号功率，同时防止或减少由于移动台进入传输条件恶劣或背景干扰过强的地区而发生误码率增大或通信质量下降的现象。具体方法是：移动台定期或不定期地向基站发射误帧率报告和门限报告，基站根据移动台对下行链路的误帧率报告来决定对其发射功率的大小。它属于闭环功率控制，相对较慢，调整范围为±6 dB。

3. 小区呼吸功率控制

小区呼吸是CDMA系统的一个很重要的功能，它主要用于调节系统中各小区的负载。上行链路边界是指两个基站之间的一个物理位置，当MS处于该位置时，其接收机无论接收哪个基站的信号都有相同的性能；下行链路切换边界是指MS处于该位置时，两个基站的接收机相对于该移动台有相同的性能。基站小区呼吸控制是为了保持下行链路切换边界与上行链路切换边界重合，以使系统容量达到最大，并避免切换发生问题。

小区呼吸算法是根据基站反向接收功率与前向导频发射功率之和为一常数的事实来进行控制。具体手段是通过调整导频信号功率占基站总发射功率的比例，达到控制小区覆盖面积的目的。小区呼吸算法涉及初始状态调整、反向链路监视、前向导频功率增益调整等具体技术。

2.6.2 分集技术

分集技术是指系统能同时接收并有效利用两个或更多个输入信号，这些输入信号的衰落互不相关。系统分别解调这些信号然后将它们相加，这样可以接收到更多的有用信号，克服衰落。

在CDMA调制系统中，不同的路径可以各自独立接收，从而显著地改善多径衰落的严重性。但多径衰落并没有完全消除，因为有时仍会出现解调器无法独立处理的多路径，这种情况会导致某些衰落现象。

衰落具有频率、时间和空间的选择性。分集接收是减少衰落的好方法，采用这种方法，接收机可对多个携有相同信息且衰落特性相互独立的接收信号在合并处理之后进行判定。它充分利用传输中的多径信号能量，把频域、空域、时域中分散的能量收集起来，以改善传输的可靠性。

1. 频域分集

频域分集技术是将待发送的信息，分别调制在不同的载波上发送到信道。根据衰落的频率选择性，当两个频率间隔大于信道的相关带宽时，接收到的此两种频率的衰落信号不相关。市区的相关带宽一般为50 kHz左右，郊区的相关带宽一般为250 kHz左右。而码分多址的一个信道带宽为1.23 MHz，无论在郊区还是在市区都远远大于相关带宽的要求，所以码分多址的宽带传输本身就是频率分集。

频率分集与空间分集相比，其优点是减少了接收天线与相应设备数目，缺点是占用了更多的频谱资源，并且在发送端有可能需要采用多部发射机。

2. 空间分集

在基站间隔一定距离设定几个独立天线独立地接收、发射信号，由于这些信号在传输过程中的地理环境不同，可以保证各信号之间的衰落独立，采用选择性合并技术从中选出信号的一个输出，降低了地形等因素对信号的影响。这是利用不同地点(空间)收到的信号衰落的独立性，实现抗衰落。空间分集的基本结构为发射端一副天线发送，接收端N副天线接收。

3. 时间分集

由于MS的运动，接收信号会产生多普勒频移，在多径环境，这种频移形成多普勒频展。多普勒频展的倒数定义为相干时间，信号衰落发生在传输波形的特定时间上，称为时间选择性衰落。它对数字信号的误码性有明显影响。

若对其振幅进行顺序采样，那么，在时间间隔足够远(大于相干时间)的两个样点是不相关的，因此可以采用时间分集来减少其影响。即将给定的信号在时间上相隔一定的间隔

重复传输 N 次，只要时间间隔大于相干时间即可得到 N 条独立的分集支路。由于多普勒频移与 MS 的运动速度成正比，所以，时间分集对处于静止状态的 MS 是无用的。

时间分集是利用基站和移动台的 Rake 接收机来完成的。对于一个信道带宽为 1.23 MHz 的码分多址系统，当来自两个不同路径的信号的时延差为 1 μs，也就是这两条路径相差大约为 0.3 km 时，Rake 就可以将它们分别提取出来而不互相混淆。

Rake 接收机工作流程如图 2-39 所示。在扩频和调制后，信号被发送，通过多径信道传输。图中列举了三个多径路径，对应的时延是 τ_1、τ_2、τ_3，衰落因子为 a_1、a_2、a_3。Rake 接收机相对于每个多径元件都有一个接收指针，在每个接收指针中，接收到的信号由扩展码进行相关处理，接收到的信号是用多径信号的时延校正的。在去扩展后，信号被加权和合成，使用的是最大速率合成，即每个信号由路径增益(衰落因子)加权。小于一个码片的小范围变化由一个编码追踪环路负责处理，编码追踪环路用于追踪每个信号的时延。

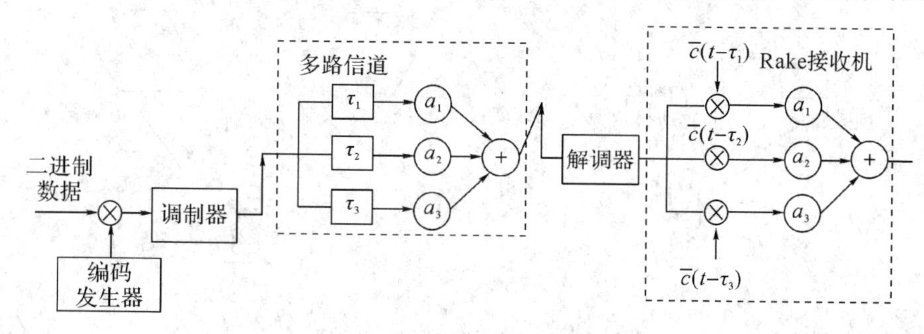

图 2-39　Rake 接收机工作流程图

CDMA 系统对多径的接收能力在基站和移动台是不同的。在基站处，对应于每一个反向信道，都有 4 个数字解调器，而每个数字解调器又包含 2 个搜索单元和 1 个解调单元。搜索单元的作用是在规定的窗口内迅速搜索多径，搜索到之后再交给数字解调单元。这样对于一条反向业务信道，每个基站都同时解调 4 个多径信号，进行矢量合并，再进行数字判决恢复信号。如果移动台处在三方软切换中，3 个基站同时解调同一个反向业务信道(空间分集)，这样最多相当于 12 个解调器同时解调同一反向信道，这在 CDMA 中是不可能实现的。而在移动台里，一般只有 3 个数字解调单元，1 个搜索单元。搜索单元的作用也是迅速搜索可用的多径。当只接收到一个基站的信号时，移动台可同时解调 3 个多径信号进行矢量合并。如果移动台处在三方软切换中，3 个基站同时向该移动台发送信号，移动台最多也只能同时解调 3 个多径信号进行矢量合并，也就是说，在移动台端，对从不同基站来的信号与从不同基站来的多径信号一起解调。但这里也有一定的规则，如果处在三方软切换中，即使从其中一个基站来的第二条路径信号强度大于从另外两个基站来的信号的强度，移动台也不解调这条多径信号，而是尽量多地解调从不同基站来的信号，以便获得来自不同基站的功率控制比特，使自身发射功率总处于最低的状态，以减少对系统的干扰。这样就加强了空间分集的作用。

时间分集与空间分集相比，其优点是减少了接收天线数目，缺点是要占用更多的时隙资源，从而降低了传输效率。

2.6.3　越区切换

CDMA 系统 MS 在通信时可能发生以下切换：同一载频的不同基站的软切换，同一载频同一基站不同扇区间的软切换(又称更软切换)，不同载频间的硬切换。

1. 软切换

软切换是指同一载频两个基站间的切换，就是当移动台需要与一个新的基站通信时，并不需要先中断与原基站的联系，它在两个基站覆盖区的交界处，两个基站同时为它服务，起到了业务信道的分集作用，这样可大大减少由于切换造成的掉话现象，提高了通信的可靠性。其原理如图 2-40 所示。

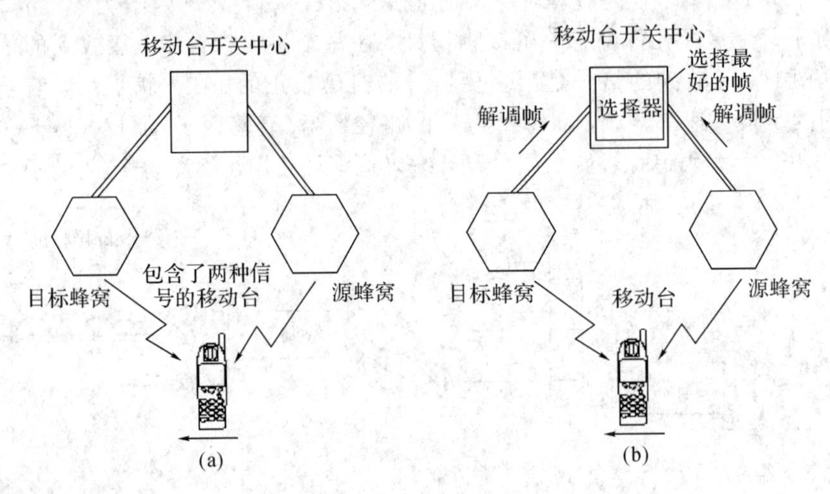

图 2-40　软切换原理示意图

软切换只有在使用相同频率的小区之间才能进行，因此 TDMA 不具有这种功能。它是 CDMA 蜂窝移动通信系统所独有的切换方式。

1）术语

为了方便后面说明软切换实现过程，先介绍几个术语(假设移动台在通信过程中不断地移动，同时可接收到几个基站的导频信号)：

(1) 有效导频集：与正在联系的基站相对应的导频集合。

(2) 候选导频集：当前不在导频集里，但是已有足够的强度表明与该导频相对应基站的下行业务信道可以被成功解调的导频集合。

(3) 相邻导频集：当前不在有效导频集也不在候选导频集里，但根据某种算法被认为很快可以进入候选导频集的导频集合。

(4) 剩余导频集：不被包括在有效导频集、候选导频集、相邻导频集里的所有导频的集合。

2）软切换的实现过程

软切换的实现过程包含以下三个阶段：

(1) MS 与原小区基站保持通信链路。MS 搜索所有导频并测量它们的强度，当测量到某个载频大于一个特定值时，MS 认为此导频的强度已经足够大，能够对其进行解调，但尚未与该导频对应的基站联系，故此时它向原基站发送一条导频强度测量信息，以通知原基站这种情况；原基站再将 MS 的报告送往移动交换中心(MSC)，MSC 则让新的基站安排一个下行业务信道给移动台，并且由原基站发送一条消息指示 MS 开始切换。

(2) MS与原小区基站保持通信链路的同时，与新的目标小区(一个或多个小区)的基站建立通信链路。当MS收到来自原基站的切换指示后，将新基站的导频纳入有效导频集，开始对新基站和原基站的下行业务信道同时进行解调。之后移动台向基站发送一条切换完成消息，通知基站自己已经根据命令开始对两个基站同时进行解调了。

(3) MS只与其中的一个新小区基站保持通信链路。随着MS的移动，两个基站中某一方向的导频强度可能已经低于某一特定值 D，这时MS启动切换去掉计时器，当该切换去掉计时器期满时(在此期间其导频强度始终低于 D)，MS向基站发送导频强度测量消息，然后基站给移动台发切换指示消息，MS将切换去掉计时器到期的导频从有效导频集中去掉，此时MS只与目前有效导频集内的导频所代表的基站保持通信，同时会发出一条切换完成消息告诉基站，表示切换已经完成。切换中的导频信号强度变化过程如图2-41所示。

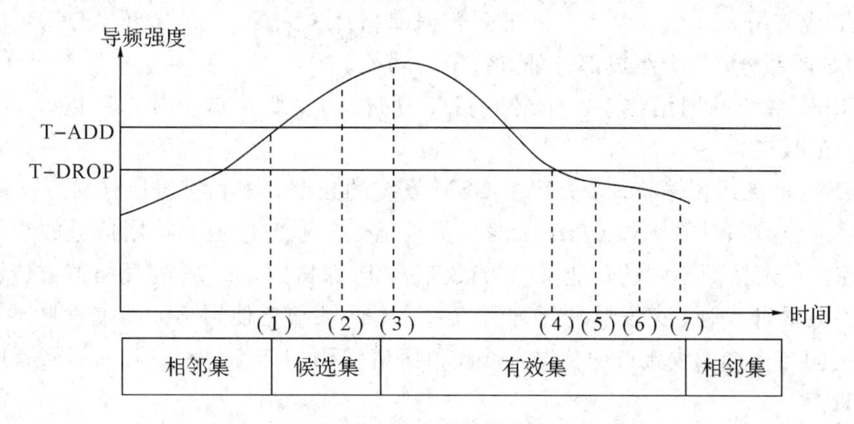

图2-41 切换中的导频信号强度变化过程

2. 更软切换

更软切换是由基站完成的，并不通知MSC。同一移动台不同扇区天线的接收信号对基站来说就相当于不同的多径分量，被合成一个语音帧送至选择器，作为此基站的语音帧进行通信。而软切换是由MSC完成的，将来自不同基站的信号都送至选择器，由选择器选择最好的一路，再进行语音编解码。

在实际通信中，这些切换是组合出现的，可能既有软切换又有更软切换，还可能进行硬切换，不过软切换优先，只有在不能进行软切换时才能进行硬切换。

当然，若相邻基站恰巧处于不同的MSC，这时即使是同一载频，也只能进行硬切换，因为此时要更换声码器。如果以后BSC间使用了IPI接口和ATM，就能实现MSC间的软切换。

3. IS-95A中的空闲切换

当MS在空闲状态下从一个小区移动到另一个小区时，必须切换到新的寻呼信道上，当新的导频比当前服务导频高3 dB时，MS自动进行空闲切换。

导频信道通过相对于零偏置导频信号PN序列的偏置来识别。导频信号偏置可分成几组用于描述其状态，这些状态与导频信号搜索有关。在空闲状态下，存在三种导频集合：有效集、邻区集和剩余集。每个导频信号偏置仅属于一组中的一个。

MS在空闲状态下监视寻呼信道时，它在当前CDMA频率指配中搜索最强的导频信号。如果MS确定邻区集或剩余集的导频强度远大于有效集的导频，那么进行空闲切换。MS在完成空闲切换时，将工作在非分时隙模式，直到MS在新的寻呼信道上收到至少一条有效的消息。在收到消息后，MS可以恢复分时隙模式操作。在完成空闲切换之后，MS将放弃所有在原寻呼信道上收到的未处理的消息。

在IS-95A中，接入过程不允许有空闲切换；在IS-95B中，接入过程可以有空闲切换。

本章小结

(1) GSM系统的组成：由MS、NSS、BSS和OSS四部分组成，其中NSS是最核心、最主要的组成部分，它包含MSC和四个数据库(HLR、VLR、EIR和AUC)；BSS包括BSC和BTS两部分。每个组成部分都有特定的功能。

(2) GSM系统的网络接口：介绍了GSM网内的主要接口及其作用以及GSM网与PSTN之间的接口。

(3) GSM的无线传输特征：介绍了GSM系统的频谱分配和信道划分。

(4) 信道分类和时隙格式：介绍了两大类信道——业务信道和控制信道的功能及其作用，其中控制信道按照不同的功能又分为很多种；时隙格式，GSM物理信道上传输的信息格式称为突发脉冲序列。突发脉冲序列有五种，不同的信道使用不同的突发脉冲序列，构成一定的复帧结构在无线接口中传输；语音和信道编码的详细过程；调频和语音间断传输的结构和特点。

(5) GSM系统的控制与管理。位置更新有两种类型：不同MSC业务区间的位置更新和相同MSC不同位置区的位置更新；越区切换有三种类型：同一BSC内不同小区之间的切换、同一MSC不同BSC间的切换和不同MSC之间的小区切换。鉴权与加密的过程。

(6) CDMA蜂窝移动通信系统主要由网络交换子系统(NSS)、基站子系统(BSS)和移动台(MS)三大部分组成。

(7) CDMA系统采用伪随机序列m序列作为地址码，利用它的不同相位来区分不同的用户。

(8) CDMA功率控制分为上行功率控制和下行功率控制，上行功率控制又可分为仅有MS参与的开环功率控制和MS与基站同时参与的闭环功率控制。

(9) Rake接收机相对于每个多径元件都有一个接收指针，在每个接收指针中，接收到的信号由扩展码进行相关处理，接收到的信号是用多径信号的时延校正的。

(10) 软切换：当移动台需要与一个新的基站通信时，并不先中断与原基站的联系，它在两个基站覆盖区的交界处，两个基站同时为它服务，起到了业务信道的分集作用。

(11) 移动台呼叫处理状态由移动台初始化、移动台空闲、系统接入和业务信道四个状态组成。

习题与思考题

1. 画出GSM系统的组成框图，并简述各部分的主要功能。

2. GSM 网络中 A 接口、Abis 接口和 Um 接口的功能分别是什么?
3. 在 GSM 系统中，语音间断传输技术的目的是什么?
4. 计算第 118 号频道和第 118 号信道的上下行工作频率。
5. GSM 中的逻辑信道如何进行分类?各类信道的作用是什么?
6. 逻辑信道是怎样映射到物理信道上的?
7. 画出 GSM 系统中的时隙帧结构。
8. 位置更新有哪几种类型?简述各自详细的流程。
9. 越区切换有几种类型?简述其主要过程。
10. 简述 CDMA 系统的基本构成。
11. CDMA 系统采用功率控制有何作用?
12. 什么叫开环功率控制?什么叫闭环功率控制?
13. IS-95 上下行链路各使用什么调制方式?两者有什么区别?
14. 请画出 IS-95 网络结构的示意图，并简述各个模块的功能。

第3章 第三代移动通信技术(3G)

【本章导读】

3G网络，是指使用支持高速数据传输的蜂窝移动通信技术的第三代移动通信技术的线路和设备铺设而成的通信网络。3G网络将无线通信与国际互联网等多媒体通信手段相结合，是新一代移动通信系统。国际电信联盟(ITU)在2000年5月确定W-CDMA、CDMA 2000、TD-SCDMA三大主流无线接口标准，并将其写入3G技术指导性文件——《2000年国际移动通信计划》(简称IMT-2000)。其中TD-SCDMA是我国首次提出的国际移动通信标准，在物理层核心技术上拥有自主知识产权。

本章主要介绍了3G移动通信的概念、网络结构、系统接口及其关键技术等，重点介绍了UMTS的网络结构、关键技术、TD-SCDMA的物理层和信道及TD-SCDMA系统设备等。

【本章重点】

- 3G移动通信系统；
- 3G移动通信系统中的关键技术；
- UMTS网络结构；
- TD-SCDMA物理层；
- TD-SCDMA系统中的信道。

3.1 3G系统概述

3.1.1 3G发展概况

3G由模拟向数字的发展如图3-1所示。

第三代移动通信系统的概念最初在1985年由ITU(国际电联)提出，当时称为FPLMTS(未来公众陆地移动通信系统)，1996年正式更名为IMT 2000。2000的含义：工作频段在2000 kHz左右，速率为2 Mb/s，商用时间在2000年，所以最终命名为IMT-2000。

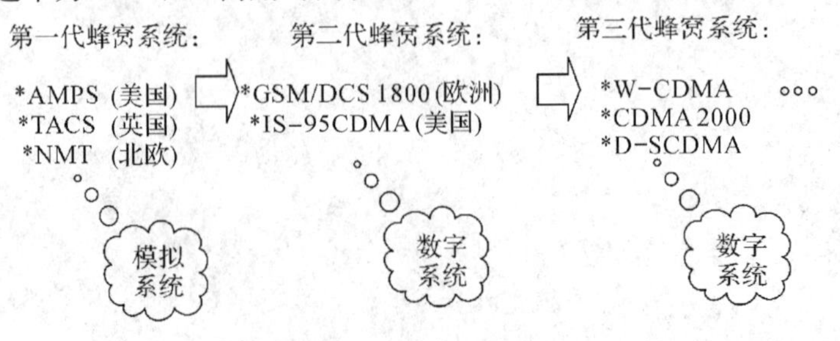

图3-1 3G发展图

第三代移动通信系统是一种能提供多种类型的高质量多媒体业务，能实现全球无缝覆盖，具有全球漫游能力，与固定网络相兼容，并以小型便携式终端在任何时候、任何地点进行任何种类通信的通信系统。系统将使用智能网(IN)技术进行移动性管理和业务控制，能集成蜂窝系统、无绳系统、卫星系统等多种无线网络环境，可以提供广泛的移动电信业务。它具有全球范围高度的兼容性和支持多媒体业务的能力，特别是支持 Internet 业务，其速率有以下三种：

(1) 快速移动环境，最高速率为 144 kb/s；

(2) 步行环境，最高速率为 384 kb/s；

(3) 室内环境，最高速率为 2 Mb/s。

3.1.2　3G 标准简介

3G 三大标准对比如表 3 - 1 所示。

表 3 - 1　3G 三大标准对比

对比项目	W - CDMA	TD - SCDMA	CDMA 2000
双工方式	FDD	TDD	FDD
多址方式	FDMA+CDMA	TDMA+FDMA+CDMA	FDMA+CDMA
载频间隔	5 MHz	1.6 MHz	1.25 MHz
码片速率	3.84 Mc/s	1.28 Mc/s	1.2288 Mc/s
帧长	10 ms	10 ms(两个子帧)	20 ms
基站同步	不需要	需要，GPS	需要，GPS
功率控制	快速功控：上下行 1500 Hz	0～200 Hz 开环、闭环	反向：800 Hz 前向：慢速、快速功控
检测方式	相干解调	相干解调(联合检测)	相干解调

W - CDMA 由欧洲和日本提出，它继承了 GSM 标准化程度高和开放性好的特点。W - CDMA采用 FDD 双工方式，其多址方式采用 FDMA+CDMA，其载频间隔为 5 MHz，码片速率为 3.84 Mc/s，采用 10 ms 的帧长度，不需要和基站同步，功控速率为上下行 1500 Hz；由于接收机可获取的信道信息较多，可以适应更高速的移动信道。上下行频段对称分配，更加适合语音等对称业务。但其上下行信道间隔较大，不利于智能天线的使用。

TD - SCDMA 由中国提出，采用 TDD 双工方式，上下行时隙可灵活配置，适应对称和不对称业务。上下行信道在相同时隙，适合采用智能天线技术，提高了频谱效率。但用户移动速度越高，智能天线的可靠性越低。其多址方式采用 TDMA+CDMA+FDMA，载频间隔为 1.6 MHz，采用 5 ms 的帧长度，需要和基站严格同步，功控采用 200 Hz，要求不高。

TD - SCDMA 能够为网络运营商提供从第二代网络向第三代业务的渐进、无缝的转换，给运营商和终端 OEM 带来了较以往更连贯的经营模式。

CDMA 2000 由美国和韩国提出，采用 FDD 双工方式，多址方式采用 FDMA+CDMA，载频间隔为 1.25 MHz。它继承了 IS - 95 窄带 CDMA 系统的技术特点，无线部分采用前向功率控制、TURBO 码等新技术，电路交换部分采用传统的电路交换方式，分组交换部分采用以 IP 技术为基础的网络结构。

3.2 UMTS 网络结构

通用移动通信系统(Universal Mobile Telecommunications System，UMTS)是 IMT 2000 的一种，它的网络结构由核心网(Core Network，CN)、UMTS 陆地无线接入网(UMTS Terrestrial Radio Access Network，UTRAN)和用户设备(User Equipment，UE)三部分组成。

本节介绍 UMTS 的网络结构及其接口规范，主要包括 CN 和 UTRAN 之间的 Iu 接口、无线网络控制器(Radio Network Controller，RNC)之间的 Iur 接口、RNC 和 Node B 之间的 Iub 接口以及 UTRAN 和 UE 之间的 Uu 接口(也称为无线接口)。同时简要地描述了各接口的结构和功能以及协议栈的分层结构和用户终端设备的主要任务。

3.2.1 网络结构模型

3GPP 制定的 UMTS 网络结构按照功能可分为两个基本域，即用户设备域(User Equipment Domain，UED)和基本结构域(Infrastructure Domain，ID)，如图 3-2 所示。

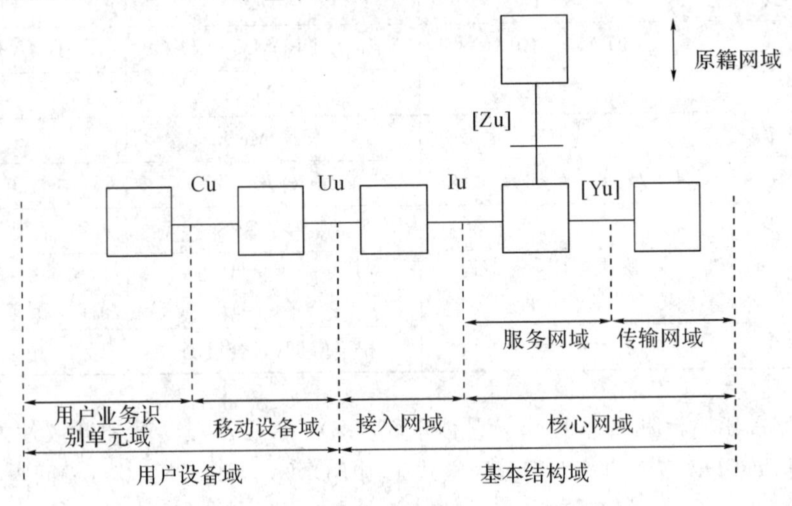

图 3-2 UMTS 域和参考点

1. 用户设备域

用户设备域由具有不同功能的各种类型设备组成，如双模 GSM/UMTS 用户终端、智能卡等，其中，前者能够兼容一种或多种现有的接入(固定或无线)设备。用户设备域可进一步分为移动设备(Mobile Equipment，ME)域和用户业务识别单元(UMTS Subscriber Identity Module，USIM)。

移动设备域主要实现无线传输和应用，其接口和功能与 UMTS 的接入层和核心网结构有关，而与用户无关。用户业务识别单元包含清楚而安全地确定身份的数据和过程。这些功能一般存入智能卡中，它只与特定的用户有关，而与用户所使用的移动设备无关。

2. 基本结构域

基本结构域可进一步分为接入网域和核心网域。接入网域由与接入技术相关的功能模块组成，直接与用户相连接，而核心网域的功能与接入技术无关，两者通过开放接口连接。

从功能方面划分，核心网又可以分为分组交换业务域和电路交换业务域。网络和终端可以只具有分组交换功能或电路交换功能，也可以同时具有两种功能。

1）接入网域

接入网域由一系列的物理实体来管理接入网资源，并向用户提供接入到核心网域的机制。UMTS 的无线接入网(UTRAN)由多个无线网络系统(RNS)组成，这些 RNS 通过 Iu 接口和核心网相连。

UMTS 将支持各种接入方法，以便于用户利用各种固定和移动终端接入 UMTS 核心网和虚拟家用环境(Virtual Home Environment，VHE)业务。此时，不同模式的移动终端对应不同的无线接入环境，用户则依靠用户业务识别单元接入相应的 UMTS 网络。

2）核心网域

核心网域包括支持网络特征和通信业务的物理实体，实现用户位置信息的管理、网络特性和业务的控制、信令和用户信息的传输机制等功能。核心网域又可分为服务网域、原籍网域和传输网域。

服务网域与接入网域相连接，其功能是呼叫的寻路和将用户数据与信息从源传输到目的。它既和原籍网域联系以获得和用户有关的数据与业务，也和传输网域联系以获得与用户无关的数据和业务。

原籍网域管理用户永久的位置信息，用户业务识别单元和原籍网域有关。

传输网域是服务网域和远端用户间的通信路径。

3.2.2　UTRAN 的基本结构

1. UTRAN 的组成

1）UTRAN 的结构

UTRAN 的结构如图 3-3 所示。UTRAN 由一组无线网络子系统(Radio Network Subsystem，RNS)组成，每一个 RNS 包括一个 RNC 和一个或多个 Node B，Node B 和 RNC 之间通过 Iub 接口进行通信，RNC 之间通过 Iur 接口进行通信，RNC 则通过 Iu 接口和核心网相连。

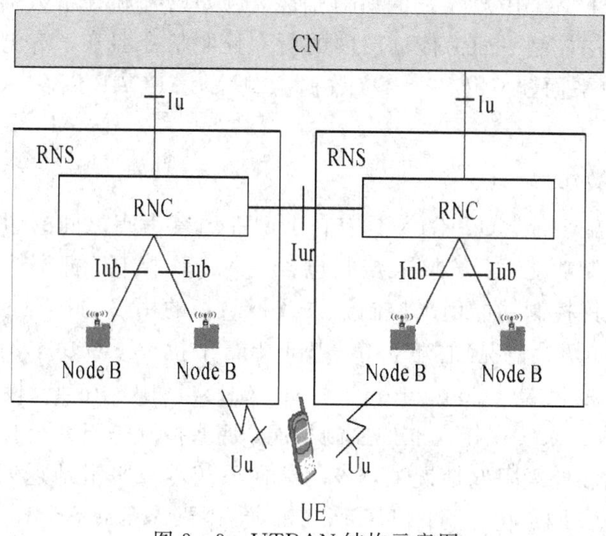

图 3-3　UTRAN 结构示意图

2）UTRAN 接口模型

对于 UTRAN 协议，可以采取一个通用的协议结构模型来描述，如图 3-4 所示。该模型包括两层三面(无线网络层和传输网络层，控制平面、用户平面和传输网络控制平面)。其设计思想是要保证各层几个平面在逻辑上彼此独立，这样便于后续版本的修改，使其影响最小化。

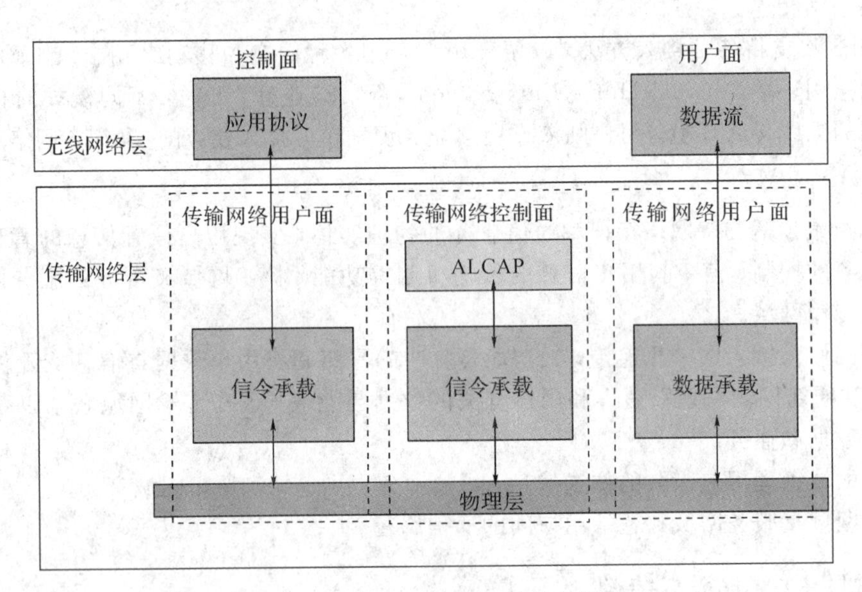

图 3-4　UTRAN 通用协议结构模型

ALCAP(Access Link Control Application Part)表示传输网络层控制平面相应协议的集合。控制平面包含应用层协议，如：无线接入网络应用部分(Radio Access Network Application Part，RANAP)、无线网络子系统应用部分(Radio Network Subsystem Application Part，RNSAP)、节点 B 应用部分(Node B Application Part，NBAP)和传输层应用协议的信令承载。用户平面包括数据流和相应的承载，每个数据流的特征都由一个或多个接口的帧协议来描述。用户收发的所有信息，例如语音和分组数据，都是经过用户平面传输的。传输网络层控制平面为传输层内的所有控制信令服务，不包含任何无线网络层信息。它包括为用户平面建立传输承载(数据承载)的 ALCAP 以及 ALCAP 需要的信令承载。

3）UTRAN 的功能

(1) 用户数据传输功能。UTRAN 具有在 Uu 和 Iu 参考点之间的用户数据传输功能。

(2) 系统接入控制功能。系统接入控制包含接入允许控制、拥塞控制和系统信息广播等功能。其中接入允许控制功能用来控制允许或拒绝新的用户的接入、新的无线接入承载或新的无线连接(例如切换情况)的建立等。基于上行干扰和下行功率的接入准许控制功能位于控制无线网络控制器(Controlling RNC，CRNC)中，在 Iu 接口中由服务 RNC (Serving RNC，SRNC)来实现接入准许控制功能；拥塞控制是当系统接近于满载或已经超载时用来监视、检测和处理阻塞情况的，该功能使系统尽量平滑地返回到稳定的状态；系统信息广播提供了在其网络内运行的 UE 所需的接入层(Access Stratum，AS)或非接入层

(Non Access Stratum，NAS)信息。

(3) 移动性管理功能，包括以下四个方面：

① 切换管理。切换管理用于管理无线接口的移动性。它基于无线测量，用来维持核心网所要求的服务质量。它可以由网络或者 UE 来控制。另外，使用该功能，UE 将可能直接切换到其他的系统，如从 UMTS 切换到 GSM。

② SRNS 重定位。当 SRNS 的功能被另外一个 RNS 替代时，SRNS 重定位用来协调相关的操作和过程，主要是对从一个 RNS 到另一个 RNS 的 Iu 接口的连接移动性进行管理。该功能位于 RNC 和 CN 中。

③ 寻呼功能。寻呼功能在 UE 处于空闲模式、CELL_PCH 或 URA_PCH 状态下提供请求 UE 和 UTRAN 建立连接的能力，并包括在单一 RRC(Radio Resource Control) 连接上的不同 CN 域之间的寻呼协调功能。

④ UE 的定位。UE 的定位功能提供对 UE 所处地理位置的定位能力。

(4) 无线信道的加密和解密功能。无线信道的加密和解密功能通过一定的加、解密操作为发送的无线数据提供保护，加密功能位于 UE 和 UTRAN 中。

(5) 广播和多播功能，包括以下三个方面：

① 广播、多播信息的分配：把接收到的 CBS (Cell Broadcast Service)消息分配到每个小区配置的广播/多播控制(Broadcast/Multicast Control，BMC)实体中，以便进一步处理。该功能是由 RNC 控制和处理的。

② 广播、多播流量控制：通过对数据源的控制来实现对 RNC 信息流量的控制，以防止信息拥塞。

③ CBS 状态的报告：RNC 收集每个小区的状态数据，并对应到各自的服务区。

(6) 跟踪功能。UTRAN 可以跟踪与 UE 的位置及其行为相关的各种事件。

(7) 流量报告功能。UTRAN 可以向 CN 报告非确认数据的流量信息。

2. Iu 接口

Iu 接口是连接 UTRAN 和 CN 之间的接口，它是一个开放的接口。从结构上看，一个 CN 可以和几个 RNC 相连，而任何一个 RNC 和 CN 之间的 Iu 接口可以分成三个域：Iu－CS(电路交换域)、Iu－PS(分组交换域)和 Iu－BC(广播域)，如图 3－5 所示。

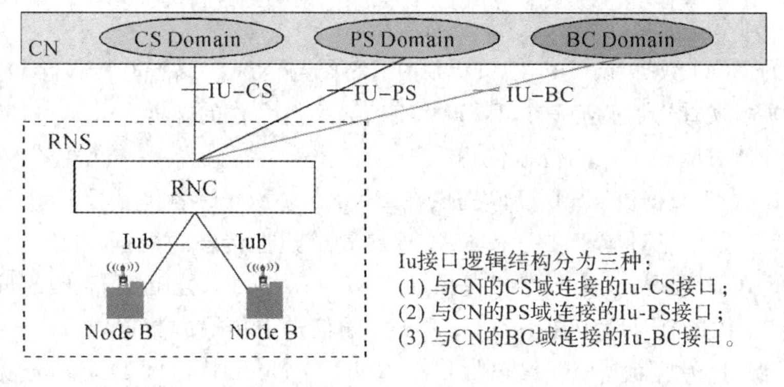

图 3－5　Iu 接口

1) Iu 接口的支持能力

Iu 接口可支持的功能包括：无线接入承载的建立、维护和释放过程；系统内切换、系统间切换和SRNS重定位过程；小区广播服务过程；与特定UE无关的一系列通用过程；为了用户特定信令管理，每个UE在协议等级上的分离过程；UE和CN之间NAS信令消息的传递过程；从CN到UTRAN请求的位置服务和从UTRAN到CN的位置信息的传递过程以及提供单个UE同时接入多个CN域和分组数据流的资源预留机制等。

2）Iu接口协议结构

Iu接口协议栈的所有域可分为无线网络层和传输网络层。在无线网络层中，对于PS域和CS域，Iu接口协议栈分为控制平面和用户平面。对应的协议是RANAP和Iu接口用户平面(Iu User Plane，Iu UP)帧协议。对于BC域，不区分控制平面和用户平面。对应的协议是服务区广播协议(Service Area Broadcast Protocol，SABP)。RANAP包括在CN和UTRAN之间所有过程的处理机制，它能够在CN和UE之间透明地传输消息，而不需要UTRAN进行解释或处理。在Iu接口上，RANAP具有触发来自CN的UTRAN过程(如寻呼)、移动专用信令管理的每个UE协议等级上的分离过程、非接入层信令的透明传输、通过专用的SAP对不同类型的UTRAN无线接入承载的请求和实现SRNS的重定位等功能。而SABP用于BC域的数据和信令传输。在传输网络层上，有不同的底层协议来支撑RANAP、Iu UP和SABP。在传输网络层上的协议都是一些标准协议，本节不作介绍，感兴趣的读者可以参考相应的资料。

3. Iub接口

Iub接口是RNC和Node B之间的接口，用来传输RNC和Node B之间的信令及无线接口的数据。其协议栈包括无线网络层、传输网络层和物理层三个平面(三平面表示法)。在UTRAN中，RNC和Node B之间的逻辑接口叫作Iub接口。标准化的Iub部分包括用户数据传输、用户数据及信令的处理和Node B逻辑上的O&M三部分。

1）Iub接口能力

(1) 与信令相关的无线应用。Iub接口允许RNC和Node B之间协商使用无线资源(如增加或删除Node B控制的小区)，以支持在UE和SRNC之间专用连接上的通信，用于广播信道的控制和在广播信道上传输的信息也属于这个范围。此外，还包括Node B和RNC之间的逻辑O&M。

(2) Iub的DCH数据流。Iub接口提供在RNC与Node B之间上下行DCH帧的传输方法。一个DCH数据流对应一个DCH传输信道上承载的数据。在UTRAN中，一个DCH数据流总是对应一个双向传输信道。

(3) Iub RACH数据流。Iub接口提供在RNC与Node B之间上行RACH帧的传输方法。一个RACH数据流对应于在一条RACH传输信道上传输的数据。

(4) Iub FACH数据流。Iub接口提供在RNC与Node B之间下行FACH帧的传输方法。一个FACH数据流对应于在一条FACH传输信道上传输的数据。

(5) Iub DSCH数据流。Iub接口提供在RNC与Node B之间DSCH数据帧的传送方法。一个Iub DSCH数据流对应于在一个UE的DSCH传输信道上传输的数据，一个UE可以有多个DSCH数据流。

(6) Iub USCH数据流。Iub接口提供在RNC与Node B之间USCH数据帧的传输方法。一个 USCH 数据流对应于在一个 UE 的 USCH 传输信道上传输的数据，一个 UE 可以有多个 USCH 数据流。

(7) Iub PCH 数据流。Iub 接口提供在 RNC 与 Node B 之间 PCH 帧的传输方法。一个 PCH 数据流对应于在一条 PCH 传输信道上传输的数据。

2) Iub 数据流与传输承载的映射

Iub 数据流与传输承载的映射关系如下：

(1) DCH：一个 Iub DCH 数据流由一个传输承载传递，对每个 DCH 数据流，必须从 Iub 上建立一个传输承载，但一个并发 DCH 集可以复用到同一个传输承载上。

(2) RACH：一个 Iub RACH 数据流由一个传输承载传递，对于一个小区中的每个 RACH，必须在 Iub 接口上建立一个传输承载。

(3) FACH：一个 Iub FACH 数据流由一个传输承载传递，对于一个小区中的每个 FACH，必须在 Iub 接口上建立一个传输承载。

(4) DSCH：一个 Iub DSCH 数据流由一个传输承载传递，对于每个 DSCH 数据流，必须在 Iub 接口上建立一个传输承载。

(5) USCH：一个 Iub USCH 数据流由一个传输承载传递，对于每个 USCH 数据流，必须在 Iub 接口上建立一个传输承载。

(6) PCH：一个 Iub PCH 数据流由一个传输承载传递。

3) Iub 接口协议功能

(1) Iub 传输资源的管理。下层的传输资源(AAL2 连接)由 RNC 来建立和控制。

(2) Node B 对逻辑 O&M 的管理。逻辑 O&M 是与控制逻辑资源(信道、小区等)相关的信令。这些逻辑资源由 RNC 管理和控制，但在物理上由 Node B 来实现。其内容主要包括 Iub 链路的管理、小区配置管理、无线网络性能测量、资源事件管理、公共传输信道管理、无线资源的管理和无线网络配置列表等功能。

(3) 实现特定 O&M 传输。Iub 接口应该支持特定 O&M 信息的传输功能。

(4) 系统信息管理。系统信息由 CRNC 发送给 Node B，CRNC 可要求 Node B 自动建立和更新与此 Node B 相关的系统信息。系统广播信息的调度由 CRNC 执行，调度信息总是由 CRNC 发送到 Node B。Node B 根据调度信息把从 CRNC 接收到的系统信息通过无线接口广播出去。

(5) 公共信道的业务管理。公共信道需要由 RNC 控制，典型的如对 RACH、DSCH 和 FACH 信道的控制，以及对在广播控制信道上广播的信息和在寻呼信道上发送的控制和请求信息的控制。

(6) 专用信道的业务管理。该功能包括 Node B 主要执行的对数据流进行组合/分离控制、切换的判定、物理信道资源的分配、上下行链路功率控制、准入控制和功率及干扰报告等。

(7) 共享信道的业务管理。共享信道由 RNC 控制，典型的是 RNC 对 DSCH 和 USCH 的控制，主要包括信道的分配和重分配、功率控制、传输信道的管理、动态物理信道的分配、无线链路的管理和数据传递等功能。

(8) 定时和同步管理。该功能主要包括传输信道的同步、Node B 与 RNC 之间的同步以及不同的RNC之间的同步管理等。

4. Iur接口

Iur接口是两个RNC之间的逻辑接口，用来传输RNC之间的控制信令和用户数据。与Iu接口一样，Iur接口也是一个开放接口。同Iub接口类似，Iur协议栈也是典型的三平面表示法，即无线网络层、传输网络层和物理层。

1）Iur接口规范的一般原则

（1）Iur接口应是开放的，不同厂家生产的RNC设备应能实现互联。

（2）Iur接口应支持两个RNC之间信令信息的交换，另外，该接口还应该支持一个或多个Iur数据流。

（3）从逻辑上看，Iur是两个RNC之间的一个点到点的接口。即使当两个RNC之间没有直接的物理连接时，这种点到点的逻辑接口也能实现。

（4）对使用专用信道的RRC连接，Iur标准应支持PLMN内属于任意RNC小区的无线链路的增加或删除。

（5）Iur接口规范应支持一个RNC寻址同一PLMN内的任意一个RNC，以建立Iur接口上的信令承载或数据承载。

2）Iur接口能力

（1）Iur接口应支持RNS之间无线接口的移动性，包括对切换、无线资源的处理和RNS之间的同步过程。

（2）通过DRNC，Iur接口可实现在SRNC和Node B(DRNS)之间传递携带有用户数据和控制信息的上下行lur DCH帧的传输功能。

（3）Iur接口在DRNC与SRNC之间可实现上行RACH数据流的传输功能。

（4）Iur接口为一个UE的一条或多条DSCH(或USCH)传输信道传递Iur数据流，另外，它也能为SRNC提供排队情况的报告和为DRNC提供将容量分配到SRNC的方法。

（5）Iur接口可实现SRNC与DRNC之间下行FACH数据流的传输功能。

3）Iur接口功能

（1）传输网络的管理。

（2）公共传输信道的业务管理，包含公共传输信道的资源准备和寻呼功能。

（3）专用传输信道的业务管理，包含无线链路的建立、增加、删除和测量报告等功能。

（4）下行共享传输信道和TDD上行共享传输信道的业务管理，包含无线链路的建立、增加、删除和容量分配等功能。

（5）公共和专用测量对象的测量报告。

5. Uu接口

空中接口即Uu接口，指终端和接入网间的接口。无线接口协议主要用来建立、重配置和释放各种3G无线承载业务。不同的空中接口协议使用各自的无线传输技术(RTT)。现行的3G系统主要包括TD-SCDMA、W-CDMA和CDMA 2000，它们的主要区别体现在空中接口的无线传输技术上。空中接口的整体协议结构如图3-6所示。

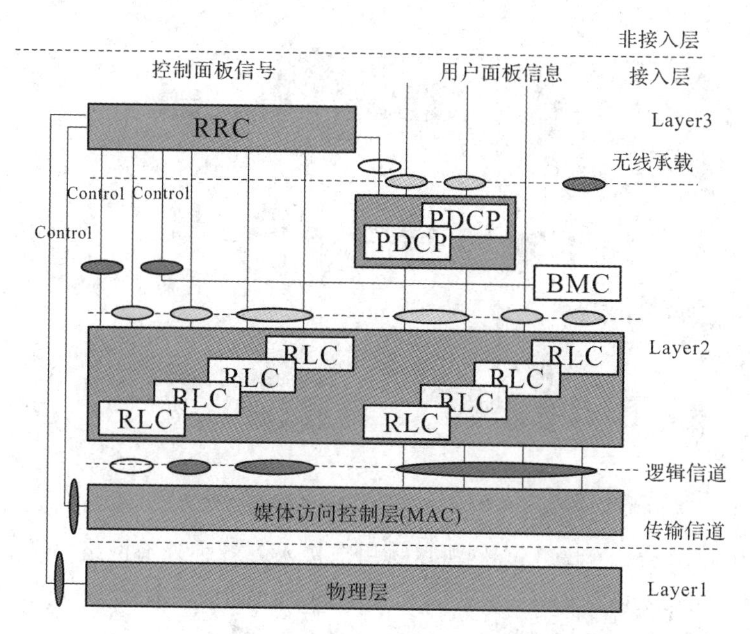

图 3-6　空中接口的整体协议结构

物理层通过传输信道为 MAC 层提供相应的服务，MAC 层通过逻辑信道承载 RLC(Radio Link Control)的业务，RLC 通过业务接入点 SAP 为上层提供业务。分组数据协议汇聚层(PDCP)和用于广播/多播业务的 BMC(Broadcast and Multicast Control)协议子层位于数据链路层(L2)的用户平面，通过 RLC 承载业务。PDCP 只存在于分组域(PS)，主要是对分组数据进行头压缩，以提高空中接口的传输效率，以及使诸如 IPv6 等其他网络协议能够通过 UMTS 网络进行传输而又毫不影响 UMTS 网络协议本身。BMC 用于在空中接口上传递由小区广播中心产生的消息，主要是源于 GSM 系统的短消息小区广播业务。两者所提供的业务都称为无线承载。

RRC(Radio Resource Control)同样也是通过业务接入点为上层提供业务。在 UE 侧，高层非接入层(Non Access Stratum，NAS)通过接入点和 RRC 交互消息；在 UTRAN 侧，Iu RANAP 通过业务接入点和核心网进行交互。所有高层(NAS)指令都被封装成 RRC 消息，UTRAN 透明地在空中接口发送。RRC 层和底层所有协议实体之间都存在控制接口，RRC 通过这些接口对它们进行配置和传输一些控制命令，如命令底层进行特定类型的测量，同时底层也通过此接口报告相应的测量结果和状态。

3.2.3　核心网(CN)网络结构

TD-SCDMA 与 W-CDMA 可以共用核心网。TD-SCDMA 同 W-CDMA 核心网的协议基本一致，唯一区别只是在无线接口协议两处消息中对两个比特分别进行了赋值，以表明系统是支持 TD-SCDMA 还是支持 W-CDMA。

核心网(CN)逻辑上分为 CS 域(电路交换域)、PS 域(分组交换域)，R5 中又引入了 IP 多媒体子系统，包含了支持网络特性和电信业务的物理实体，提供用户位置信息的管理、网络特性和业务的控制、信令和用户产生的信息的传送机制，负责建立终端和相关固定电话网络之间以及终端和终端之间的通信。图 3-7 所示为 TD-SCDMA 系统核心网部分的功能单元。

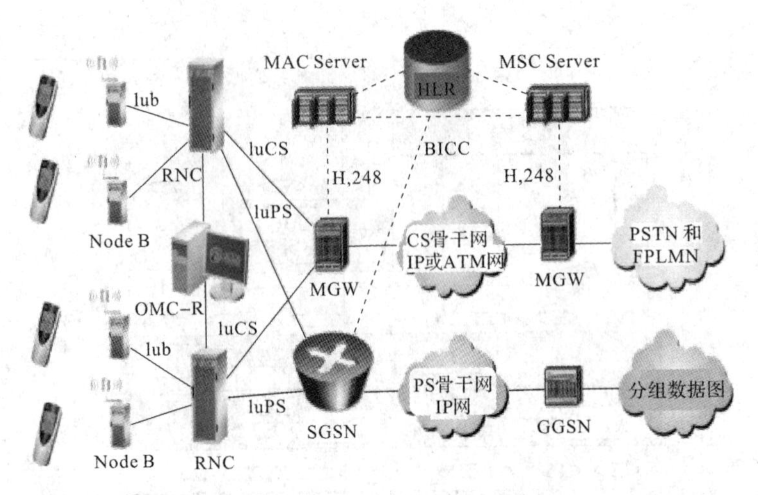

图 3-7　TD-SCDMA 参考网络结构

可以看出，TD-SCDMA 核心网可以将用户接入到各种外部网络以及业务平台，如电路交换语音网、包交换语音网(IP 语音网)、数据网、Internet、Intranet、电子商务、短信中心等，这与 W-CDMA 基本类似。

1. CS 域

CS 域主要完成电路域交换，CS 域的呼叫与承载的分离是将 MSC 分为 MSC 服务器(MSC Server)和媒体网关(MGW)，使呼叫控制和承载完全分开。核心网支持 No.7 信令在两个核心网络功能实体间以基于不同的网络方式进行传输，包括在基于 MTP、IP 和 ATM 的网络上传输。核心网 CS 域的语音业务可选择基于不同的网络方式进行传输，包括在基于 TDM、IP 和 ATM 的网络上传输。由于优化了语音的编解码转换器，改善了 W-CDMA 系统网络内部语音分组包的时延，提高了语音质量，编解码转换有可能只需在与外网互通的网关上实现，同时提高了核心网传输资源的利用率。由于语音采用统计复用的方式传递，相对于 TDM 的 64 kb/s 静态电路带宽分配而言，可提高传输网的效率，实现网络带宽动态分配，避免 TDM 扩容时需反复调配 2 Mb/s 电路的繁琐程序。CS 域网络架构如图 3-8 所示。

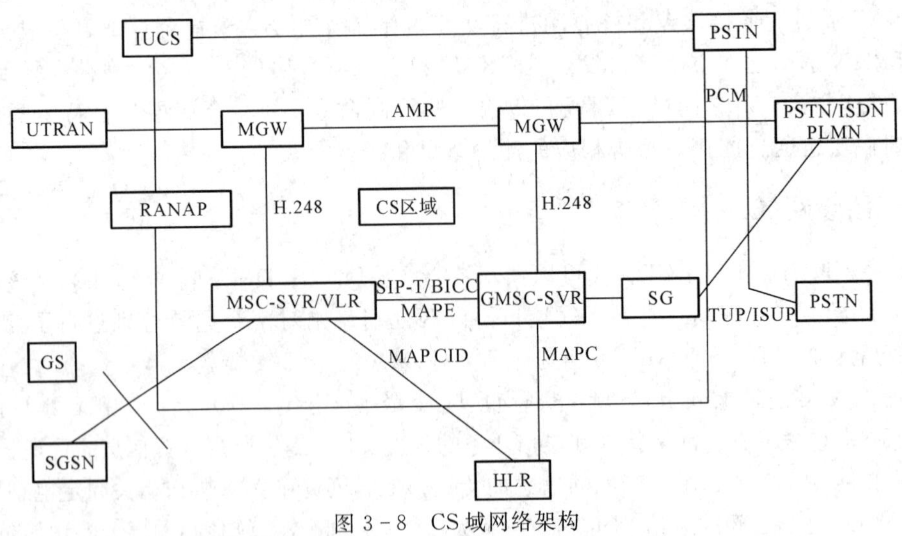

图 3-8　CS 域网络架构

1）网元介绍

(1) 媒体网关(MGW)。MGW 是分层网络的核心设备之一，因此它在移动软交换网络的分层结构中的位置处于传输平面。其主要功能包括：语音处理功能，承载媒体的转换功能，呼叫控制和处理功能，资源管理功能，维护和管理要求，协议处理功能，互通功能，内嵌信令网关功能等。

MGW 负责接入 PSTN/PLMN 网络，并负责提供连接 UTRAN 无线网络的 Iu 接口；同时负责承载用户话务流，支持媒体转换，承载控制和负荷处理(如编码转换、回声抑制等)。针对电路域业务，MGW 可支持基于不同的承载方式的接口，如基于 AAL2/ATM 的 Iu 接口和基于 H.248/IP 的 Mc 接口等。

(2) MSC 服务器(MSC Server)。MSC Server 是多种逻辑功能实体的集合，提供综合业务的呼叫控制、连接以及部分业务功能，是软交换系统核心网中完成电路域实时语音/数据业务呼叫、控制、业务提供的核心设备。其主要功能包括：移动性管理功能，安全保密功能，呼叫控制功能，业务提供功能，用户数据管理功能，SSP 功能，路由、地址解析功能，互通功能，网管功能，计费功能，移动媒体网关上相关 H.248 资源及其他特殊资源的控制和管理功能。

在电路域中，MSC Server 主要负责移动发起和终止呼叫的呼叫控制和移动性管理。MSC Server 还包括了 VLR 功能，控制移动用户的业务数据及相关 Camel 数据。

(3) GMSC 服务器(GMSC Server)。GMSC 服务器主要负责 UMTS 移动网络关口局的呼叫和移动控制。

在某个 PLMN 中，当 MSC Server 无法询问移动终端所属 HLR 时，该呼叫会被路由至一个特定的 MSC Server 处，该 MSC Server 与 HLR 联系并将该呼叫路由至移动终端所属的 MSC Server 处。这种执行路由功能并将移动终端寻址到实际位置的 MSC Server 被称为 GMSC Server。

(4) 归属位置寄存器(HLR)。HLR 是一种数据库，主要用于管理移动用户并存储用户信息，包括签署信息和用于用户呼叫的计费及路由处理的位置信息。

在 HLR 所存储的签约信息中，可包括各种不同的类型，例如：

① 国际移动站证实号码(IMSI)；

② 移动站的国际 ISDN 号码(MSISDN)；

③ 分组数据协议地址等。

该数据库还可包括其他信息，如电信业务及承载业务签约信息、业务限制信息(如漫游限制)、补充业务及相关参数等。

(5) 鉴权中心(AuC)。AuC 是一种存储鉴权数据的实体，当需要对移动用户进行鉴权或加密时，AuC 可通过 HLR 将所需数据传送到核心网络中。

AuC 还负责存储身份证实密钥，用于生成鉴权 IMSI 的数据和加密移动终端与网络间无线通信信道所需的密钥。

(6) 设备识别寄存器(EIR)。EIR 负责存储移动网络中移动设备的身份分类信息，可包括三种分类：白名单、灰名单及黑名单。

(7) 信令网关(SG)。SG 是 No.7 信令网与 IP 网的边缘接收和发送信令消息的信令代理。SG 用在 No.7 信令网与 IP 网的关口，对信令消息进行中继、翻译或终结处理，完成传输层信令的双向转换工作，即完成No.7的传输层MTP与Sigtran的传输层SCTP/IP之间的转换，同时实现在No.7和IP之间的信令互通。SG不对高层信令ISUP/MAP/CAP进行翻译，但对SCCP层之下的消息进行翻译，以保证信令能够被正确传输。

2）接口介绍

(1) Mc(MSC Server-MGW)接口。MSC Server与MGW之间的接口为Mc接口，Mc的应用层协议主要基于H.248及其扩展Q.1950。Mc接口可以基于ATM或IP连接，纯IP连接时，协议栈为H.248/SCTP/IP，也可将M3UA加在SCTP之上，支持二进制(ASN.1)和文本方式两种编码格式。纯ATM连接时，协议栈为H.248/MTP3B/SSCF/SSCOP/AAL5/ATM。Mc接口可动态共享MGW物理节点资源，动态共享不同域间的传输资源，支持不同呼叫模式和媒体处理方式的柔性连接。

(2) Nc(MSC Server-GMSC Server)接口。软交换机之间的接口为Nc接口，此接口用于在TMSC Server间接续呼叫控制信息，支持的协议应包括BICC协议和SIP/SIP-T协议。协议承载协议栈应支持BICC /M3UA/SCTP/IP和BICC/SCTP/IP，使得不同网络间的通话能够顺利进行。Nc的信令承载方式可以有很多种，包括IP方式承载。

(3) Nb(MGW-MGW)接口。MGW之间接口为Nb接口，承载层可以是IP、ATM、TDM这三种之一。当承载是ATM或IP时，应用层协议为NbUP，遵循3GPP 29.414、29.415协议。对于TDM承载方式，无应用层适配协议。Nb接口用于执行承载控制和传输，用户数据传输的方式可以是RTP/UDP/IP或AAL2。

2. PS域

核心网PS域主要为移动用户提供承载数据业务，包括点对点数据业务(PTP)和点对多点数据业务(PTM)，同时还支持补充业务和短消息业务，提供以GPRS承载业务为基础的各种电信业务，如网络应用业务等。其中PTP又包括数据包类型的、无连接的PTP，虚电路类型的、面向连接的PTP业务，而面向连接的PTP为两个用户或多个用户之间传输多路数据分组建立逻辑虚电路(PVC)。

PS域是在现有的GSM移动通信系统基础上发展起来的一种移动分组数据业务。PS域通过在GSM数字移动通信网络中引入分组交换的功能实体，以完成用分组方式进行的数据传输。PS域可以看作是在原有的GSM电路交换系统的基础上进行的业务扩充，以满足移动用户利用分组数据移动终端接入Internet或其他分组数据网络的需求。

以GSM、CDMA为主的数字蜂窝移动通信和以Internet为主的分组数据通信是目前信息领域增长最为迅猛的两大产业，并且正呈现出相互融合的趋势。PS域可以看作是移动通信和分组数据通信融合的第一步。

目前移动通信在语音业务继续保持发展的同时，对IP和高速数据业务的支持已经成为第二代移动通信系统演进的方向，而且也将成为第三代移动通信系统的主要业务特征。PS域包含丰富的数据业务，如：PTP点对点数据业务，PTM-M点对多点广播数据业务，PTM-G点对多点群呼数据业务，IP-M广播业务等。这些业务已具有了一定的调度功能，再加上GSM-phase 2+中定义的语音广播及语音组呼业务，PS域已能完成一些调度功能。PS域主要的应用领域可以是：E-mail电子邮件、WWW浏览、WAP业务、电子商务、信息查询、远程监控等。PS域网络架构如图3-9所示。

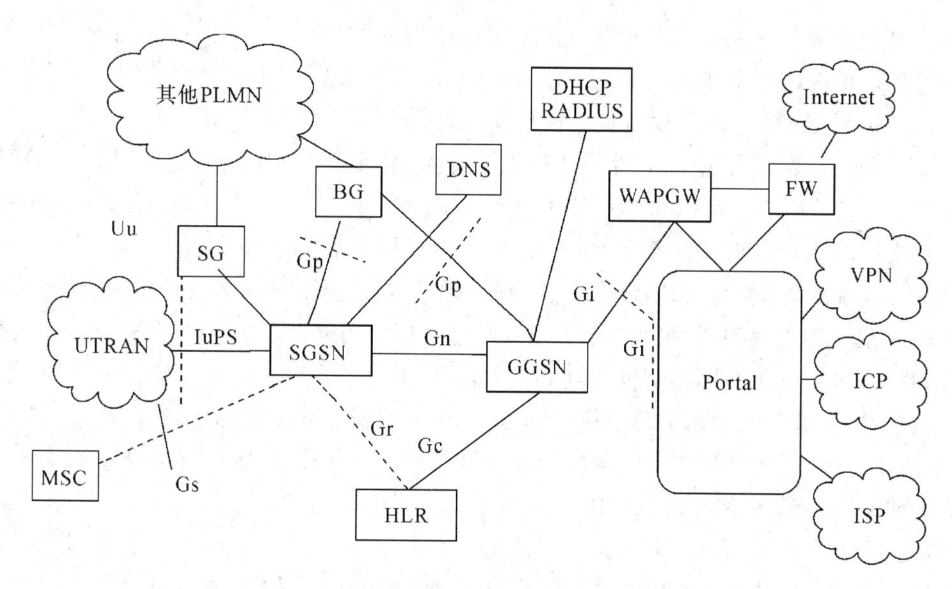

图3-9　PS域网络架构

1）网元介绍

(1) 服务GPRS支持节点(SGSN)。SGSN是GPRS网络的一个基本的组成网元，是为了提供GPRS业务而在GSM网络中引进的一个新的网元设备。其主要的作用就是为本SGSN服务区域的MS转发输入/输出的IP分组，其地位类似于GSM电路网中的VMSC。SGSN具有以下功能：SGSN区域内的分组数据包的路由与转发，为本SGSN区域内的所有GPRS用户提供服务，加密与鉴权，会话管理，移动性管理，逻辑链路管理，同GPRS BSS、GGSN、HLR、MSC、SMS-GMSC、SMS-IWMSC的接口功能，主要收集用户对无线资源的使用情况。

此外，SGSN中还集成了类似于GSM网络中VLR的功能，当用户处于GPRS Attach(GPRS附着)状态时，SGSN中存储了同分组相关的用户信息和位置信息。同VLR相似，SGSN中的大部分用户信息在位置更新过程中从HLR获取。

(2) 网关GPRS支持节点(GGSN)。GGSN也是为了在GSM网络中提供GPRS业务功能而引入的一个新的网元功能实体，提供数据包在GPRS网和外部数据网之间的路由和封装。用户选择哪一个GGSN作为网关，是在PDP上下文激活过程中根据用户的签约信息以及用户请求的接入点名确定的。GGSN主要提供以下功能：

① 同外部IP分组网络的接口，GGSN需要提供MS接入外部分组网络的关口功能，从外部网的观点来看，GGSN就好像是可寻址GPRS网络中所有用户IP的路由器，需要同外部网络交换路由信息；

② GPRS会话管理，完成MS同外部网的通信建立过程；

③ 将移动用户的分组数据发往正确的SGSN；

④ 话单的产生和输出，主要体现用户对外部网络的使用情况。

(3) 计费网关(CG)。CG主要完成各GSN的话单收集、合并、预处理工作，并完成同计费中心之间的通信接口。在GSM原有网络中并没有这样一个设备，GPRS用户一次上网过程的话单会从多个网元实体中产生，而且每一个网元设备中都会产生多张话单。引入CG的目的是在话单送往计费中心之前对话单进行合并与预处理，以减少计费中心的负担；同时SGSN、GGSN这样的网元设备也不需要实现同计费中心的接口功能。

(4) RADIUS服务器功能。在非透明接入的时候，需要对用户的身份进行认证，RADIUS服务器(Remote Authentication Dial In User Service Server，远程接入鉴权与认证服务器)上存储有用户的认证、授权。该功能实体并非GPRS所专有的设备实体。

(5) 域名服务器功能。GPRS网络中存在两种域名服务器，一种是GGSN同外部网之间的DNS，主要功能是对外部网的域名进行解析，其作用完全等同于固定Internet网络上的普通DNS；另一种是GPRS骨干网上的DNS，其作用主要有两点：其一是在PDP上下文激活过程中根据确定的APN(Access Point Name)解析出GGSN的IP地址；其二是在SGSN间的路由区更新过程中，根据旧的路由区号码，解析出老的SGSN的IP地址。该功能实体并非GPRS所专有的设备实体。

(6) 边缘网关(BG)功能。BG实际上就是一个路由器，主要实现分属不同GPRS网络的SGSN、GGSN之间的路由功能以及安全性管理功能。该功能实体并非GPRS所专有的设备实体。

2) 接口介绍

(1) Um接口。Um接口是GPRS MS与GPRS网络侧的接口，通过MS完成与网络侧的通信，实现分组数据传输、移动性管理、会话管理、无线资源管理等多方面的功能。

(2) IuPS接口。IuPS接口是SGSN和RNC间的接口，通过该接口SGSN完成同RNS系统、MS之间的通信，以实现分组数据传输、移动性管理、会话管理方面的功能。该接口是GPRS组网的必选接口。在目前的GPRS标准协议中，指定IuPS接口所有的层面通过ATM传输，并且在物理层也可选用SONET、STM1、E1等传输技术。

(3) Gi接口。Gi接口是GPRS与外部分组数据网之间的接口。GPRS通过Gi接口和各种公众分组网如Internet或ISDN网实现互联，在Gi接口上需要进行协议的封装/解封装、地址转换(如私有网IP地址转换为公有网IP地址)、用户接入时的鉴权和认证等操作。

(4) Gn接口。Gn接口是GRPS支持节点间的接口，即同一个PLMN内部SGSN间、SGSN和GGSN间的接口，该接口采用在TCP/UDP协议之上承载GTP(GPRS隧道协议)的方式进行通信。

(5) Gs接口。Gs接口是SGSN与MSC/VLR之间的接口，Gs接口采用7号信令上承载BSSAP+协议的方式进行通信。SGSN通过Gs接口和MSC配合完成对MS的移动性管理，包括联合的Attach/Detach、联合的路由区/位置区更新等操作。SGSN还将接收从MSC来的电路型寻呼信息，并通过PCU下发到MS。如果不提供Gs接口，则无法进行寻呼协调，网络只能工作在操作模式Ⅱ或Ⅲ，不利于提高系统接通率；如果不提供Gs接口，则无法进行联合位置路由区更新，不利于减轻系统信令负荷。

(6) Gr接口。Gr接口是SGSN与HLR之间的接口，Gr接口采用7号信令上承载MAP+协议的方式进行通信。SGSN通过Gr接口从HLR取得关于MS的数据，HLR保存GPRS用户数据和路由信息。当发生SGSN间的路由区更新时，SGSN将会更新HLR中相应的位置信息；当HLR中数据有变动时，也将通知SGSN，SGSN会进行相关的处理。

(7) Gd 接口。Gd 接口是 SGSN 与 SMS－GMSC、SMS－IWMSC 之间的接口。通过该接口，SGSN 能接收短消息，并将它转发给 MS，SGSN 和 SMS－GMSC、SMS－IWMSC、短消息中心之间通过与 Gd 接口配合完成在 GPRS 上的短消息收发业务。如果不提供 Gd 接口，当 Class C 手机附着在 GPRS 网上时，它将无法收发短消息。

(8) Gp 接口。Gp 接口是 GPRS 网间接口，是不同 PLMN 网的 GSN 之间采用的接口，在通信协议上与 Gn 接口相同，但是增加了边缘网关(Border Gateway，BG)和防火墙，通过 BG 来提供边缘网关路由协议，以完成归属于不同 PLMN 的 GPRS 支持节点之间的通信。

(9) Gc 接口。Gc 接口是 GGSN 与 HLR 之间的接口，主要用于网络侧主动发起对手机的业务请求时，由 GGSN 用 IMSI 向 HLR 请求用户当前 SGSN 地址信息。由于移动数据业务中很少会有网络侧主动向手机发起业务请求的情况，因此 Gc 接口目前作用不大。

(10) Gf 接口。Gf 接口是 SGSN 与 EIR 之间的接口，由于目前网上一般都没有 EIR，因此该接口作用不大。

3.3　TD－SCDMA 物理层

3.3.1　物理层概述

空中接口是指 UE 和网络之间的 Uu 接口，由 L1、L2 和 L3 组成。L1 是基于 TD－SCDMA 技术的，3GPP TS 25.200 系列规范对 L1 进行了详细描述；L2 和 L3 与 UTRA TDD 模式相同，相应的描述见 3GPP TS 25.300 和 3GPP 25.400 系列规范。

图 3－10 描述了 TD－SCDMA 与物理层(L1)有关的 UTRAN 无线接口协议体系结构。物理层连接 L2 的媒质接入控制(MAC)子层和 L3 的无线资源控制(RRC)子层。图中不同层/子层之间的圈表示服务接入点(SAP)。物理层向 MAC 层提供不同的传输信道，信息在无线接口上的传输方式决定了传输信道的特性。MAC 层向 L2 的无线链路控制(RLC)子层提供不同的逻辑信道，传输信息的类型决定了逻辑信道的特性。物理信道在物理层定义，TDD 模式下一个物理信道由码、频率和时隙共同决定。物理层由 RRC 控制。

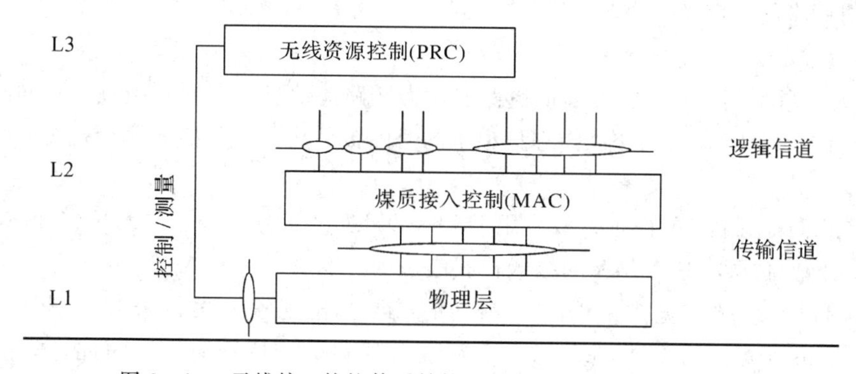

图 3－10　无线接口协议体系结构(图中的圈表示服务接入点)

物理层向高层提供数据传输服务，这些服务的接入是通过使用 MAC 子层的传输信道实现的。为了提供数据传输服务，物理层需要完成以下功能：

- 传输信道的前向纠错码的编译码；
- 传输信道和编码组合传输信道的复用/解复用；
- 编码组合传输信道到物理信道的映射；
- 物理信道的调制/扩频和解调/解扩；
- 频率和时钟（码片、比特、时隙和子帧）同步；
- 开环/闭环功率控制；
- 物理信道的功率加权和合并；
- 射频处理（注：射频处理描述见 3GPP TS25.100 系列规范）；
- 错误检测和控制；
- 速率匹配（复用在 DCH 上的数据）；
- 无线特性测量，包括 FER、SIR、干扰功率等；
- 上行同步控制；
- 上行和下行波束成形（智能天线）；
- UE 定位（智能天线）。

当网络成员（包括 UE 和网络）提供可兼容的承载业务时（如支持语音业务），它们应能成功地交互工作。然而，相同结构的不同实现方案的选项将可能导致 UE 和网络间的互不兼容，因此，应该避免发生这种情况。

物理层过程指的是发生在 UE 和 NodeB 之间的物理层的一些行为。常见的过程有：

- 小区搜索；
- 小区重选；
- 随机接入过程；
- 同步过程；
- 功率控制过程；
- 终端测量过程。

1. 多址接入

物理层的接入方案是直接序列扩频码分多址（DS－CDMA），扩频带宽为 1.6 MHz，采用不需配对频率的 TDD（时分双工）工作方式。

TDD 模式定义如下：

TDD 是一种双工方法，它的前向链路和反向链路的信息是在同一载频的不同时间间隔上进行传输的。在 TDD 模式下，物理信道中的时隙被分成发射和接收两个部分，前向和反向的信息交替传输。

因为在 TD－SCDMA 中，除了采用 DS－CDMA 接入方式外，它还具有 TDMA 的特点，因此，经常将 TD－SCDMA 的接入模式表示为 TDMA/CDMA。

1.6 MHz 的载频带宽是根据 200 kHz 的载波光栅配置方案得来的。一个 10 ms 帧分成两个 5 ms 子帧，每个子帧中有 7 个常规时隙和 3 个特殊时隙。因此，一个基本物理信道的特性由频率、码和时隙决定。TD－SCDMA 使用的帧号（0～4095）与 UTRAN

建议相同。

信道的信息速率与符号速率有关，符号速率可以根据 1.28 M 符号/秒的码速率和扩频因子得到。上下行的扩频因子都在 1～16 之间，因此各自调制符号速率的变化范围为 80.0 k符号/秒～1.28 M 符号/秒。

2. 信道编码和交织

TD－SCDMA 支持卷积编码、Turbo 编码、不编码三种信道编码方式。信道编码方式由高层选择，为了使传输错误随机化，需要进一步进行比特交织。

3. 调制和扩频

TD－SCDMA 采用 QPSK 和 8PSK 或 16QAM，成形滤波器采用滚降系数为 0.22 的根升余弦滤波器。

CDMA 的本质是扩频(和加扰)过程与调制过程紧密关联，TD－SCDMA 采用的多种不同的扩频码如下：

(1) 采用信道码区分相同资源的不同信道；

(2) 为区分相同资源的不同信道，采用由 3GPP 25.223 给出的码树结构得到的信道化码，CDMA 中码树的概念如图 3－11 所示；

(3) 使用 3GPP 25.223 定义的长度为 16 的扰码来区分不同的小区；

(4) 采用周期为 16 码片的码和长度为 144 码片的 Midamble 序列来区分不同的 UE。

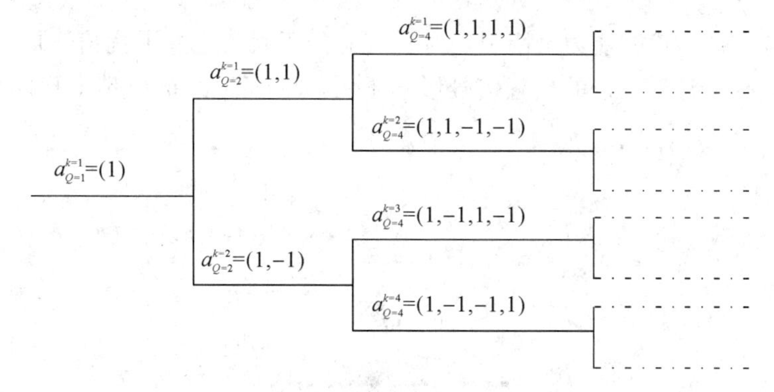

图 3－11　CDMA 中码树的概念

4. 物理层过程

在 TD－SCDMA 中，有几个物理层过程。与物理层有关的过程是：上行的开环和上下行的闭环功率控制、小区搜索、开环和闭环上行同步控制、随机接入等。

3.3.2　TD－SCDMA 扩频通信

1. 扩频通信技术

1) 扩展频谱(Spread－Spectrum，SS)

扩展频谱技术最早应用于军事导航和通信系统中，通常所说的扩频系统需要满足以下条件：

（1）信号占用的带宽远远超出发送信息所需要的最小带宽；

（2）扩频是由扩频信号实现的，扩频信号与要传输的数据无关。

接收端解扩(恢复原始信号)是将接收到的扩频信号与扩频信号的同步副本通过相关完成。

2）扩频目的

CDMA扩频系统通信模型如图3-12所示，采用扩频的目的主要有以下几点：

（1）提高信号抗多径传输效应的能力。由于扩谱调制采用的扩谱码可以用来分离多径信号，所以有可能提高抗多径传输的能力。

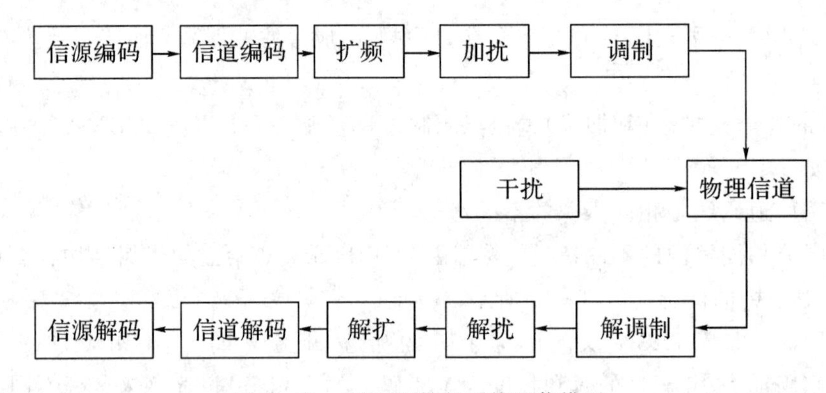

图3-12 CDMA扩频系统通信模型

（2）提高抗窄带干扰的能力，特别是对付有意的干扰。这些干扰信道的功率都集中在较窄的频带内，所以对于宽带的扩频信号影响不大。CDMA的抗窄带干扰能力如图3-13所示。

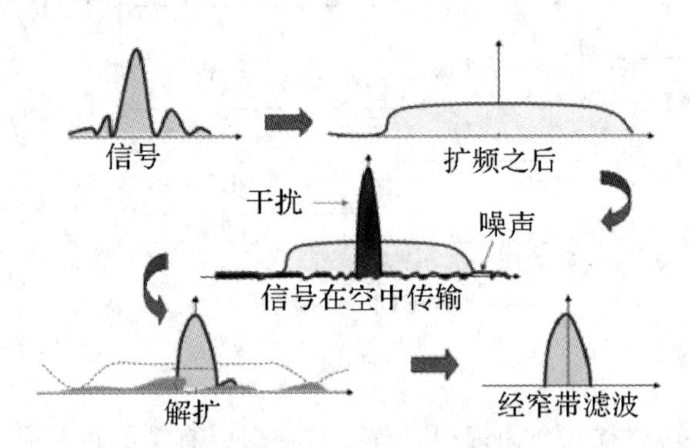

图3-13 CDMA抗窄带干扰能力

（3）提高信号隐藏能力。将发射信号掩藏在背景噪声中，可以有效地防止窃听。扩频信号的发射功率虽然不是很小，但是功率谱密度可以很小，使之低于噪声的功率谱密度，所以侦听者很难发现。

（4）提供多个用户共用同一频带的能力。在一个很宽的频带中，可以容纳多个用户的扩频信号，这些信号采用不同的扩频码，因此可以用码分多址的原理区分各个用户的信号，如图3-14所示。

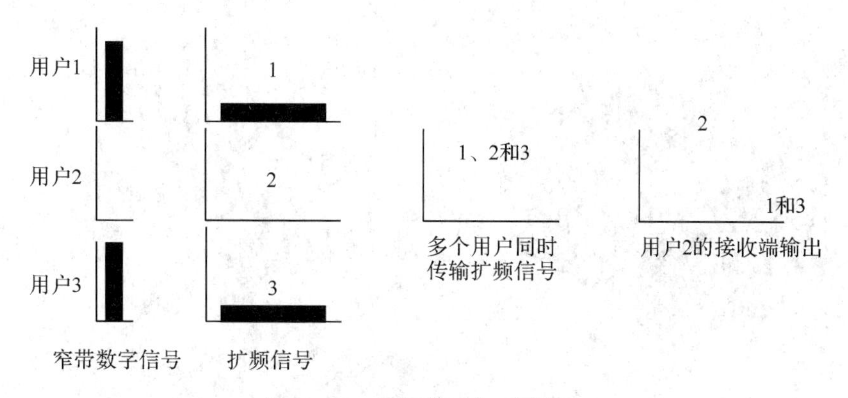

图 3-14　扩频码区分不同用户

2. 扩频通信常用术语

(1) 比特(bit)：经过信源编码的含有信息的数据称为比特。

(2) 符号(Symbol)：经过信道编码、交织和数字调制后的复值数据称为符号。

(3) 码片(Chip)：用于和符号相乘的一比特码信号称为码片。

(4) 码片速率(Chip Rate)：码片传输速率称为码片速率。对于 TD-SCDMA 系统而言，码片速率为 1.28Mc/s。

(5) 扩频因子(Spreading Factor)：每个数据符号内的码片数称为扩频因子。

(6) 扩频码和扰码 OVSF(Orthogonal Variable Spreading Factor)：正交可变扩频因子。

(7) 扰码(Scrambling code)：在扩频通信系统中，一般采用两种类型的序列，一种用于区分用户或基站，另一种用于区分每个用户占用的信道。

CDMA 系统所使用的扩频码和扰码分别具有以下特性：

(1) 扩频码：码长是 2 的整数次幂，对于定长的 OVSF 码，包含的码字总数与其码长度相等，即共有 SF 个长为 SF 的 OVSF 码字；长度相同的不同码字之间相互正交，其互相关值为零。

(2) 扰码：128 个扰码分成 32 组，每组 4 个。扰码码组由基站使用的 SYNC_DL 序列确定，与基本 Midamble 码一一对应；扰码长度 16 位，$v=(v_1, v_2, \cdots, v_{16})$；复数扰码为 $v_i=(j)^i v_i (i=1, 2, \cdots, 16)$；加扰前可以通过级联 16/SF 个扩频数据来实现长度匹配；扰码在业务上标识了小区。

可见，在 CDMA 系统中，扰码具有良好的自相关特性而被用于区分用户或基站，而互相关性良好(正交性)的 OVSF 码被用于区分每个用户占用的信道。

3. TD-SCDMA 系统中的扩频码和扰码

因扰码具有良好的自相关特性，在 TD-SCDMA 系统中常用来标识小区属性。在 TD-SCDMA 中，扰码长度固定为 16 bit，共有 128 个扰码序列。

因扩频码具有良好的互相关性(正交性)，在 TD-SCDMA 系统中被用于区分每个用户占用的信道。即在 TD-SCDMA 系统中，扩频码的作用是用来区分同一时隙中的不同用户，如图 3-15 所示。在 TD-SCDMA 系统中使用 Walsh 码作为扩频码，在系统同步时，码之间完全正交，正交的目的是减少用户之间的干扰。

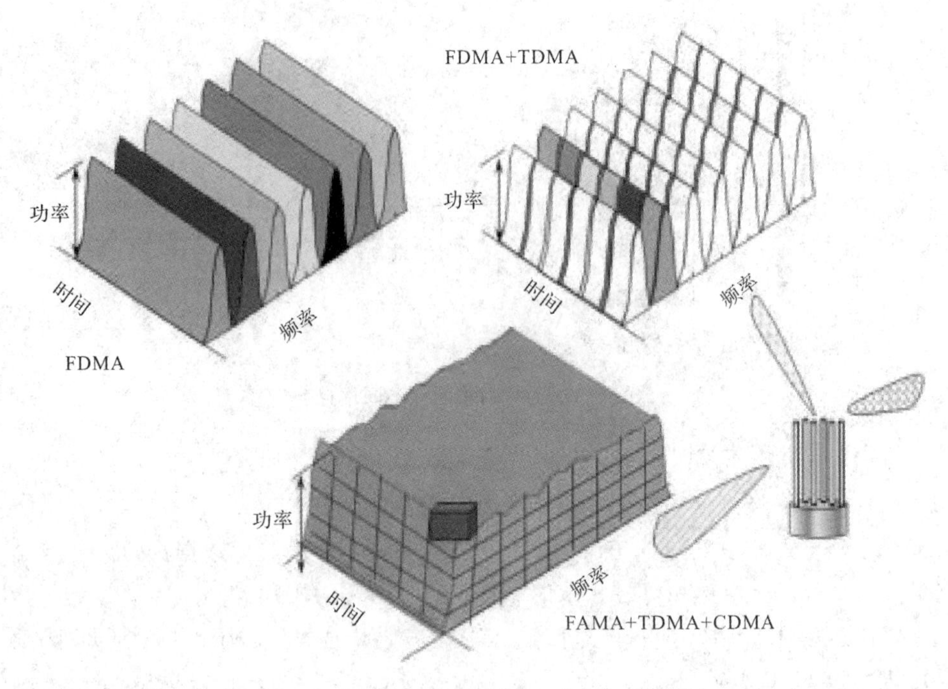

图 3-15　扩频码可以区分同一时隙内不同用户

在 TD-SCDMA 系统中，OVSF 码定义了 SF=1，2，4，8，16 共五种。其中：上行用到 SF=1，2，4，8，16 五种；下行用到 SF=1，16 两种。

4. TD-SCDMA 系统中的资源单元(Resource Unit)

TD-SCDMA 系统中的基本资源单元(Basic RU)由时隙、频率、信道化码和扩频因子 SF=16 组成。除基本资源单元外，TD-SCDMA 系统中还有其他类型的资源单元，如图 3-16 所示。

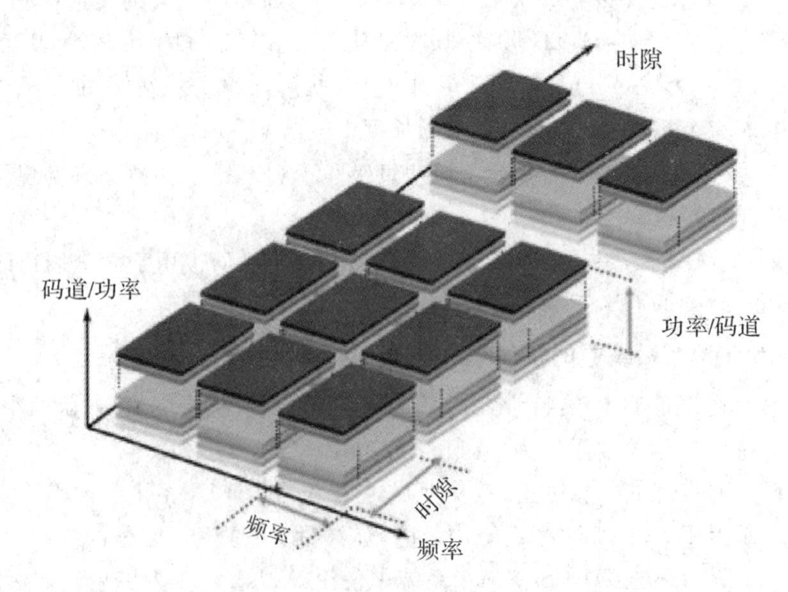

图 3-16　TD-SCDMA 系统中的资源单元

3.3.3 TD-SCDMA 时隙结构

TD-SCDMA 的物理信道采用系统帧、无线帧、子帧和时隙/码四层结构。依据不同的资源分配方案，子帧或时隙/码的配置结构可能有所不同。所有物理信道在每个时隙中需要有保护符号。时隙用于在时域和码域上区分不同的用户信号，它具有 TDMA 特性。图 3-17 给出了 TD-SCDMA 的物理信道的信号格式。

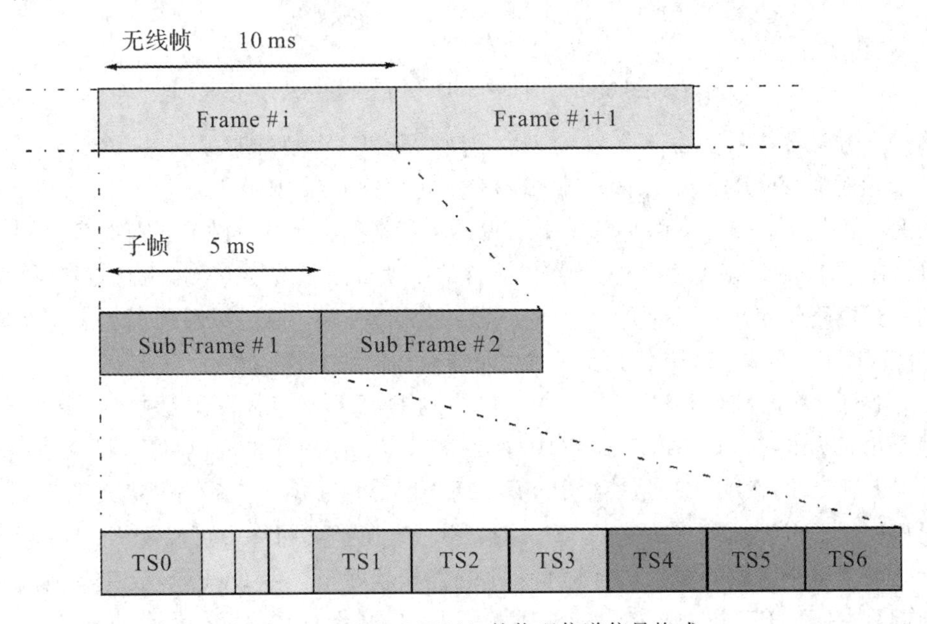

图 3-17 TD-SCDMA 的物理信道信号格式

TDD 模式下的物理信道是一个突发，在分配到的无线帧中的特定时隙发射。无线帧的分配可以是连续的，即每一帧的时隙都可以分配给物理信道；也可以是不连续的分配，即仅有无线帧中的部分时隙分配给物理信道。一个突发由数据部分、Midamble 部分和一个保护时隙组成。一个突发的持续时间就是一个时隙。一个发射机可以同时发射几个突发，在这种情况下，几个突发的数据部分必须使用不同 OVSF 的信道码，但应使用相同的扰码。Midamble 码部分必须使用同一个基本 Midamble 码，但可使用不同的 Midamble 码偏移。对于支持多载频的小区，不同载频需要使用相同的基本 Midamble 码。

突发的数据部分由信道码和扰码共同扩频。信道码是一个 OVSF 码，扩频因子可以取 1，2，4，8 或 16，物理信道的数据速率取决于所用的 OVSF 码采用的扩频因子。突发的 Midamble 部分是一个长为 144 Chips 的 Midamble 码。因此，一个物理信道是由频率、时隙、信道码和无线帧分配来定义的。

3GPP 定义的一个 TDMA 帧长度为 10 ms。TD-SCDMA 系统为了实现快速功率控制和定时提前校准以及对一些新技术的支持(如智能天线、上行同步等)，将一个 10 ms 的帧分成两个结构完全相同的子帧，每个子帧的时长为 5 ms。

1. 帧结构及突发结构

TD-SCDMA 的子帧结构如图 3-18 所示。

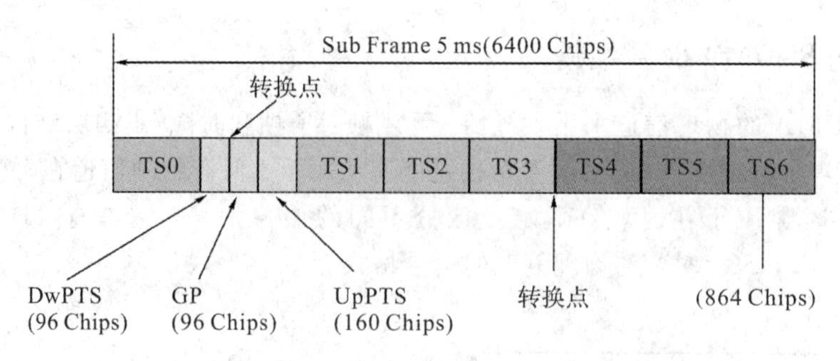

图 3-18　TD-SCDMA 的子帧结构

每一子帧又分成长度为 675 μs 的 7 个常规时隙和 3 个特殊时隙。这 3 个特殊时隙分别为下行导频时隙(DwPTS)、保护时隙(GP)和上行导频时隙(UpPTS)。在 7 个常规时隙中，TS0 总是分配给下行链路，而 TS1 总是分配给上行链路。上行时隙和下行时隙之间由转换点分开。在 TD-SCDMA 系统中，每个 5 ms 的子帧有两个转换点，即上行链路(Up Link，UL)到下行链路(Down Link，DL)和下行链路到上行链路。通过灵活地配置上下行时隙的个数，使 TD-SCDMA 适用于上下行对称及非对称的业务模式。

(1) 下行导频时隙(DwPTS)：每个子帧中的 DwPTS 是为下行导频和同步而设计的。该时隙是由长为 64 Chips 的 SYNC_DL 序列和 32 Chips 的保护间隔(GP)组成的，其结构如图3-19 所示。SYNC_DL 是一组 PN 码，用于区分相邻小区，系统中定义了 32 个码组，每组对应一个 SYNC_DL 序列，SYNC_DL PN 码集在蜂窝网络中可以复用。DwPTS 的发射要满足覆盖整个区域的要求，因此不采用智能天线赋形。将 DwPTS 放在单独的时隙有两个原因：一是便于下行同步的迅速获取；二是可以减小对其他下行信号的干扰。

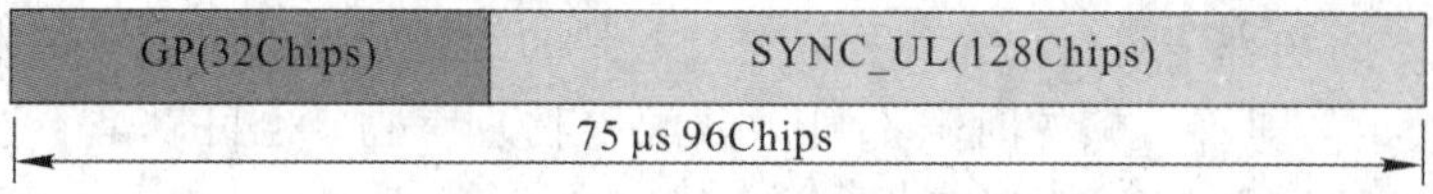

GP(32Chips)　SYNC_UL(128Chips)
75 μs 96Chips

图 3-19　TD-WCDMA 的下行导频时隙

(2) 上行导频时隙(UpPTS)：每个子帧中的 UpPTS 是为建立上行同步而设计的，当 UE(User Equipment)处于空中登记和随机接入状态时，它将首先发射 UpPTS，当得到网络的应答后，发送 RACH(Random Access Channel)。这个时隙由长为 128 Chips 的 SYNC_UL 序列和 32 Chips 的保护间隔(GP)组成，其结构如图 3-20 所示。

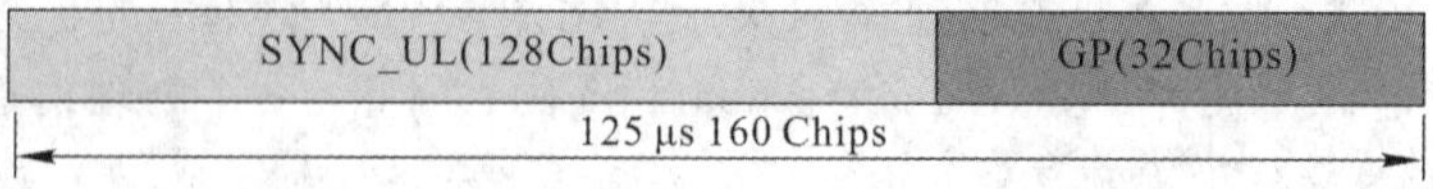

SYNC_UL(128Chips)　GP(32Chips)
125 μs 160 Chips

图 3-20　TD-SCDMA 的上行导频时隙

SYNC_UL 是一组 PN 码，用于在接入过程中区分不同的 UE。

(3) 保护时隙(GP)：即在 Node B 侧，由发射向接收转换的保护间隔，时长为 75 μs (96 Chips)，可用于确定基本的小区覆盖半径约为 11.25 km。同时，较大的保护时隙，可以防止上下行信号之间互相干扰，还允许终端提前发出上行同步信号。

(4) 突发结构：TD-SCDMA 采用的突发格式如图 3-21 所示，突发由两个长度分别为 352 Chips 的数据块、一个长为 144 Chips 的 Midamble 码和一个长为 16 Chips 的保护间隔(GP)组成。数据块的总长度为 704 Chips，所包含的符号数与扩频因子有关。

图 3-21　TD-SCDMA 的突发格式

突发结构中的训练序列(Midamble 码)，用于进行信道估计、测量，如上行同步的保持以及功率测量等。TD-SCDMA 系统中，基本 Midamble 码长度为 128 Chips，个数为 128 个，分成 32 组，每组 4 个，以对应 32 个 SYNC_DL。由 Nobe B 决定采用 4 个基本 Midamble 码的哪一个。在同一小区内，同一时隙中的不同用户所采用的 Midamble 码由一个基本的 Midambe 码经循环移位后而产生。一个时隙中各部分的发射功率必须一致，即 Midamble 部分的发射功率和数据的发射功率必须一致。

2. TD-SCDMA 系统中的码表

TD-SCDMA 系统中码表如表 3-2 所示。注意码表中的码是横向绑定的关系。

表 3-2　TD-SCDMA 系统中的码表

码组	关联码			
	下行同步码	上行同步码 ID (Coding Criteria)	扰码 ID (Coding Criteria)	基本训练序列码 ID ID (Coding Criteria)
Group 1	0	0～7 (000～111)	0(00)	0(00)
			1(01)	1(01)
			2(10)	2(10)
			3(11)	3(11)
Group 2	1	8～15 (000～111)	4(00)	4(00)
			5(01)	5(01)
			6(10)	6(10)
			7(11)	7(11)
⋮	⋮	⋮	⋮	⋮
Group 32	31	248～255 (000～111)	124(00)	124(00)
			125(01)	125(01)
			126(10)	126(10)
			127(11)	127(11)

在 TD-SCDMA 系统中，系统定义以下码组：

(1)下行同步码：一共用 32 个，分成 32 组，每个下行同步码由 96 个 Chips 组成，可用于同步和小区初搜，SYNC_DL 也可以区分相邻小区。

(2) 上行同步码：一共 256 个，分成 32 组，每组 8 个，每个上行导频码由 160 个 Chips 组成，用于手机随机接入时选用。

(3) 扰码：一共128个，分成32组，每组4个，扰码长度为16 bit，扰码用于标识小区。

(4) 基本训练序列(Midamble)：一共128个，分成32组，每组4个，训练序列长度为144 Chips，训练序列用于联合检测时信道估计、上行同步保持、测量等。

3. 特殊时隙

在TD-SCDMA的子帧中，有DwPTS、UpPTS 、GP三个特殊时隙。

1) DwPTS特殊时隙名词解释

(1) DwPTS下行导频时隙，如图3-22所示。

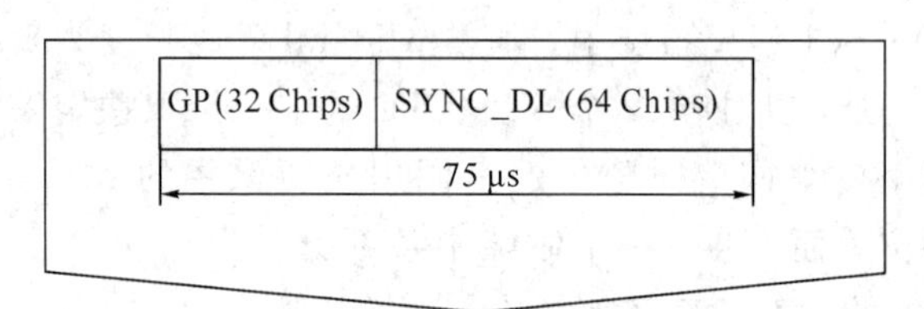

图3-22　下行导频时隙结构

在TD-SCDMA系统中，标识小区的码称为SYNC_DL序列，在下行导频时隙(DwPTS)发射。SYNC_DL用来区分相邻小区，与之相关的过程是下行同步、码识别和P-CCPCH信道的确定。基站将在小区的全方向或在固定波束方向发送DwPTS，它同时起到了导频和下行同步的作用。DwPTS由长为64 Chips的SYNC_DL码和长为32 Chips的GP组成，整个系统有32组长度为64 Chips的基本SYNC_DL码，一个SYNC_DL码唯一标识一个基站和一个码组，每个码组包含4个特定的扰码，每个扰码对应一个特定的基本Midamble码。在TD-SCDMA系统中使用独立的DwPTS的原因是在蜂窝和移动环境下解决TDD系统的小区搜索问题。在邻近小区使用相同的载波频率，用户终端在一个小区交汇区域移动状态下开机的条件下，因为DwPTS的特殊设计，即存在于没有其他信号干扰的单独时隙，因而能够保证用户终端快速捕获下行导频信号，完成小区搜索过程。

(2) 小区初搜过程：在初试小区搜索中，UE搜索到一个小区，并检测其所发射的DwPTS，建立下行同步，获得小区扰码和基本Midamble码，控制复帧同步，然后读广播信息，如图3-23所示，具体步骤如下。

· 步骤1：搜索DwPTS。

根据TD-SCDMA的帧结构，在DwPTS中，SYNC_DL段的长度为64 Chips，SYNC_DL段的左边有48 Chips的GP，右边有96 Chips的GP。由于GP段接收到的功率很小，而SYNC_DL段是全功率发射的，故从功率谱的角度来看，与两边的GP段相比，SYNC_DL段会出现峰值。为此，可以取128 Chips长度的特征窗，由中间64 Chips的SYNC_DL段和两边各32 Chips的GP组成，当用两边各32 Chips的GP段的功率和除以SYNC_DL段的功率和时，得到的值应当很小，遍历整个接收数据时(此时5 ms帧结构未知)，比值最小的位置即是DwPTS的位置，由此亦判断出SYNC_DL的大致位置。

· 步骤2：扰码和基本Midamble码识别。

SYNC_DL位置确定后，就可以确定码组，根据SYNC_DL码与Midamble码的对应关系，则可以确定基本 Midamble 码为 4 个码之一。用 4 个码轮流与接收到的 Midamble 段数据做信道冲激响应估算，比较这 4 组信道冲激响应值，当码型正确时，得到的信道冲击值最大，由此找到本小区的基本 Midamble 码。

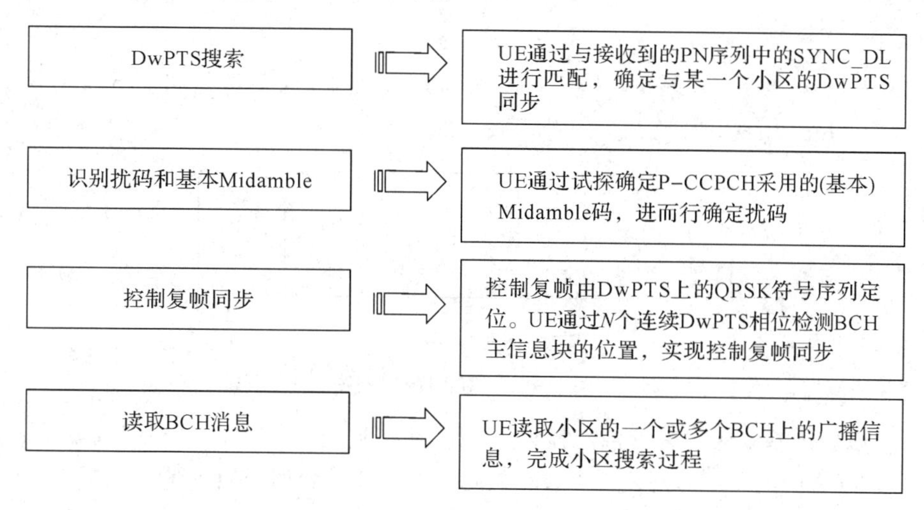

图 3-23　利用下行导频做小区初搜

实现：

由多用户冲激响应矢量 $\boldsymbol{H}$ 计算，我们知道接收到的 Midamble_R 是由基本的 Midamble 与信道冲激响应卷积得到，可表示为

$$\text{Midamble\_}R(1:128)=\text{Midamble}*h+n$$

其中：Midamble 是本小区的训练序列；Midamble_R 是接收到的 Midamble 数据；h 为信道冲击响应；n 为白噪声。

当训练序列的抗干扰性能很好时，白噪声的影响可以忽略不计，所以

$$h=\text{Midamble}^{-1}*\text{Midamble\_}R(1:128)$$

通过该方法，就得到信道冲击响应，从而确定本小区的训练序列。

· 步骤 3：控制复帧同步。

系统广播信息映射在 P-CCPCH 物理信道上，为了便于终端识别 P-CCPCH 的交织帧号的起点，TD-SCDMA 系统用不同的相位来调制 DwPTS 时隙的 SYNC_DL 同步码。在 QPSK 调制方式下，可调制的相位共有 4 个：45，135，225，315，将连续的 4 个子帧的调制相位组合起来，可以得到一个相位序列，TD-SCDMA 系统定义了两个这样的序列。

具体的定义和说明见表 3-3，只要在物理信道上找到标识 P-PCCPCH 的相位序列，也就找到了 P-CCPCH。

表 3-3　TD-SCDMA 系统相位序列及说明

相位序列	说　明
135，45，225，135	其后的 4 个子帧是 P-CCPCH 起点
315，225，315，45	其后的 4 个子帧不是 P-CCPCH 起点

· 步骤 4：读取 BCH。

根据 P－CCPCH 完整的系统信息，UE 决定是否以该小区作为服务小区。至此，小区选择过程结束。

2）GP

在 DwPTS 和 UpPTS 之间，有一个保护间隔，它是 Node B 下行和上行的一个转换点。GP 由 96 个 Chips 组成，时长 75 μs，如图 3－24 所示。

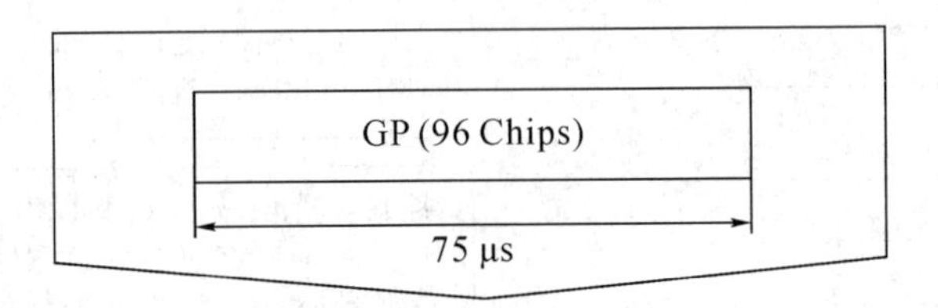

图 3－24　GP 时隙结构图

GP 可以确定基本的小区覆盖半径为 11.25 km，同时有较大的保护带宽，可以防止上下行信号相互之间的干扰，还允许 UE 在发送上行同步信号时进行一些时间提前。

GP 的特点如下：

（1）96 Chips 保护时隙，时长 75 μs；

（2）用于下行到上行转换的保护；

（3）在小区搜索时，确保 DwPTS 可靠接收，防止干扰 UL 工作；

（4）在随机接入时，确保 UpPTS 可以提前发射，防止干扰 DL 工作。

3）UpPTS

每个子帧中的 UpPTS 时隙在 UE 初试接入中用来发送上行同步码（SYNC_UL），以建立和 Node B 的上行同步。UpPTS 时隙长度为 160 Chips，其中同步码长为 128 Chips，另有 32 Chips 用作拖尾保护，如图 3－25 所示。多个 UE 可以在同一时刻发起上行同步建立。Node B 可以在同一子帧的 UpPTS 时隙识别多达 8 个不同的上行同步码。按物理信道的划分，用于上行同步建立的信道叫作上行导频信道（UpPCH），一个小区中最多可有 8 个 UpPCH 同时存在。

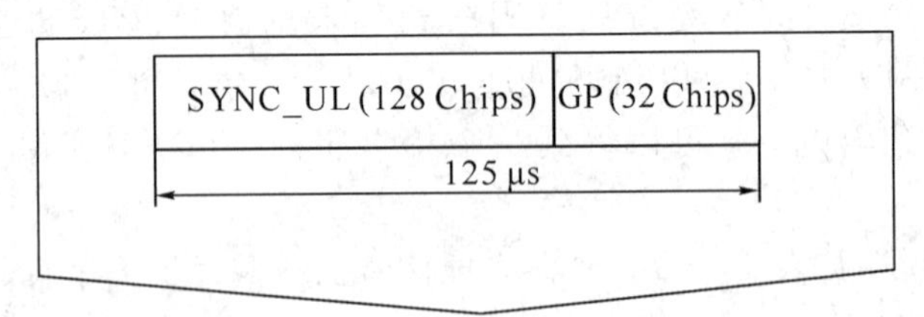

图 3－25　UpPTS 时隙结构图

在 TD－SCDMA 系统中，随机接入的特征信号为 SYNC_UL，在上行导频时隙发射。与 SYNC_UL 有关的过程有上行同步的建立和初始波束赋形测量。每一子帧中的 UpPTS 在随机接入和切换过程中用于建立 UE 和基站之间的初始同步，当 UE 准备进行空中登记和随机接入时，将发射 UpPTS。UpPTS 由长度为 128 Chips 的 SYNC_UL 和长度为 32 Chips 的 GP 组成。UE 随机接入过程如图 3－26 所示。

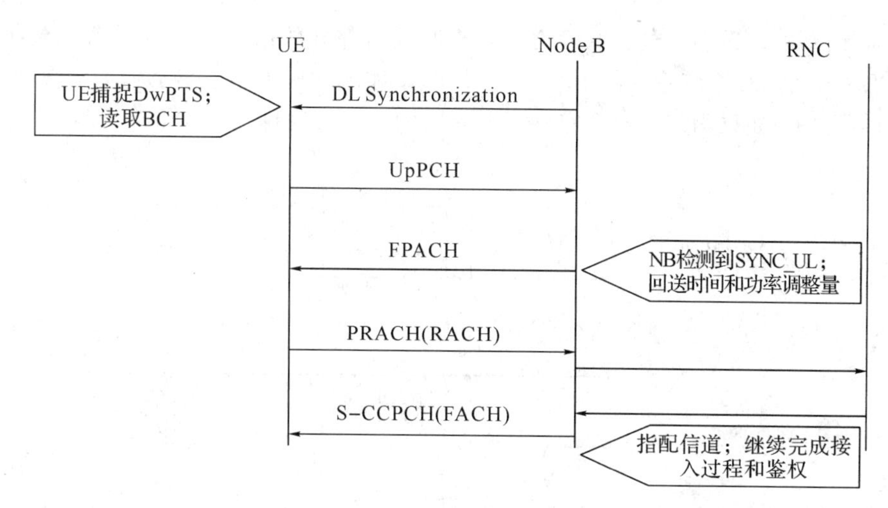

图 3-26　UE 随机接入过程

整个系统有 256 个不同的 SYNC_UL，分成 32 组，每组 8 个。码组是由基站确定，因此，8 个 SYNC_UL 对基站和已获得下行同步的 UE 来说都是已知的。当 UE 要建立上行同步时，将从 8 个已知的 SYNC_UL 中随机选择 1 个，并根据估计的定时和功率值在 UpPTS 中发射。

在 TD-SCDMA 系统中，UpPTS 处于单独时隙的原因是当用户终端在初始发射信号时，其初始发射功率是用开环控制确定的，而且初始发射时间是估算的，因而同步和功控都比较粗略。如果此接入信号和其他业务码道混在一起，会对工作中的业务码道带来较大干扰。同时由于 UpPTS 的使用，基站通过检测到的 UpPTS，可以给出定时提前和功率调整的反馈信息。

4. 常规时隙(TS0～TS6)

TS0～TS6 共 7 个常规时隙被用作用户数据或控制信息传输，它们具有相同的时隙结构，每个时隙被分为 4 个区域：2 个数据区，1 个训练序列(Midamble)区和 1 个时隙保护(GP)区，如图 3-27 所示。

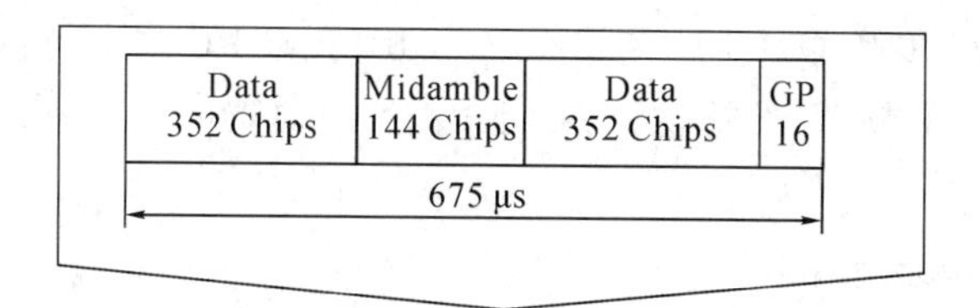

图 3-27　常规时隙结构图

1）数据域

数据域对称地分布于 Midamble 码的两端，每域的长度为 352 Chips，所能承载的数据符号(Symbole)数取决于所用的扩频因子。每一数据域所能容纳的数据符号数 S 与扩频因子 SF 的关系为 S×SF ＝ 352。在 TD-SCDMA 系统中，上行方向 SF 可取的值为 1，2，4，8，16，其对应的 S 值为 352，176，88，44，22；而在下行方向，SF 可取的值仅为 1 和 16 两种，对应的 S 值为 352 和 22。数据域用于承载来自传输信道的用户数据或高层控制信息，除此之外，在专有信道和部分公共信道上，数据域的部分数据符号还被用来承载物理层信令。在 TD-SCDMA 系统中，存在着 TFCI、TPC 和 SS 三种类型的物理层信令。在一个常规时隙的突发中，如果物理层信令存在，则它们的位置被安排在紧靠 Midamble 序列，如图 3-28 所示。

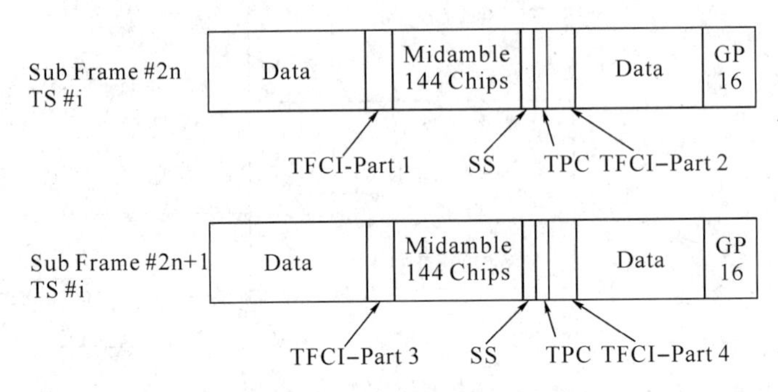

图 3-28　TFCI（传输格式组合指示）

10 ms 无线帧内的两个（相同时隙的）5 ms 子帧内的 TFCI 组合起来才能构成一个完整的 TFCI。对 MAC 层而言，10 ms 无线帧为基本的传输单位，此即 TTI（Transmission Time Interval）以 10 ms 为单位的原因。传输格式组合指示用于指示信道的传输格式，通知接收方当前激活的传输格式组合。接收一个突发中是否存在 TFCI，由通信双方的高层在呼叫建立时通过磋商确定并由高层对物理层进行配置。在多资源配置的情况下，即一个用户被分配了多条物理信道，如果物理信道所在的时隙包含 TFCI 信息，则它总位于所配置的物理信道中信道化码编号最低的信道上。若分配的物理信道存在于多个时隙之中，每一时隙是否存在 TFCI 将由高层分别配置。TFCI 的信道编码独立于时隙中的数据部分，TFCI 的扩频与相应信道的数据部分相同。

2）TPC（传输功率控制）

TPC 被通信的双方（网络和 UE）用来请求对方增加或减少传输功率，用于上行对下行或下行对上行的功率控制。TPC 的传输紧跟在 SS 之后，这两种物理层信令总是共存的。TPC 调整步长是 1 dB、2 dB 或 3 dB（由 RRC 层指示），功控频率最高为 200 Hz，即每 5 ms 子帧发送一次，这使得 TD-SCDMA 系统可以进行快速功率控制。

3）SS（同步偏移控制符号）

SS 被网络端用来对 UE 的传输时延进行控制，该符号仅在下行信道中有意义，在上行方向，SS 符号没有意义，主要是留待将来扩展和保持上下行信道的对称性。

与 TPC 的控制相同，SS 的控制也是每子帧进行一次，这使得 TD-SCDMA 系统可以进行快速同步调整。如果配置的物理信道中存在 TFCI，则 SS 命令将使用与 TFCI 相同的信道化码和相同的时隙发送；如果信道中没有 TFCI，则 SS 将被高层配置在分配到的第一个时隙的最低编号信道化码上。SS 命令符号的扩频和扰码与所在物理信道的数据部分相同。另外，SS 的调整步长为 1/8 个 Chip。SS 命令控制字如表 3-4 所示。

表 3-4　SS 命令控制字

SS Bits	SS 命令	含　义
00	'Down'	减小 $k/8\ T_c$ 个同步偏移
11	'Up'	增加 $k/8\ T_c$ 个同步偏移
01	'Do nothing'	保持不变

注：T_c 为码片周期，k 为 1～8。

4）训练序列(Midamble)

Midamble 也称作训练序列域(Training Sequence)，在信道解码时被用来作为信道估计，不携带用户信息。其作用为上下行信道估计、功率测量和上行同步保持。

Midamble 码长 144 Chips，112.5 μs；(太短，不利于 JD；太长，不利于高传输率)，由长度为 128 Chips 的基本 Midamble 码生成。传输时不进行基带处理和扩频，直接与经基带处理和扩频的数据一起发送。基本 Midamble 码由网络规划分配，整个系统共有 128 个不同的基本 Midamble 码，分成 32 组，以对应 32 个 SYNC_DL 码；每组包含 4 个不同的基本 Midamble 码；但一般仅使用其中的 1 个，其余 3 个留给不同的运营商使用。同一时隙不同信道所使用的 Midamble 码都由这个基本码经循环移位而产生。基本 Midamble 码与扰码一一对应；相同小区、相同时隙内的用户，采用相同的基本 Midamble 码；每个基本 Midamble 码对应 16 个不同的(位移)Midamble 码，即 1 个时隙内最多可有 16 个用户。

3.4　TD-SCDMA 系统中的信道

在 TD-SCDMA 系统中，存在逻辑信道、传输信道和物理信道三种信道模式。逻辑信道是 MAC 子层向上层(RLC 子层)提供的服务，它描述的是传输什么类型的信息；传输信道是物理层向高层提供的服务，它描述的是信息如何在空中接口上传输。TD-SCDMA 通过物理信道直接把需要传输的信息发送出去，也就是说在空中传输的都是物理信道承载的信息。

3.4.1　逻辑信道

MAC 层在逻辑信道上提供数据传输业务。根据 MAC 提供数据传输业务的不同，定义了一系列逻辑信道类型。逻辑信道可分为两大类：传输控制平面信息的控制信道和传输用户平面信息的业务信道，如图 3-29 所示。

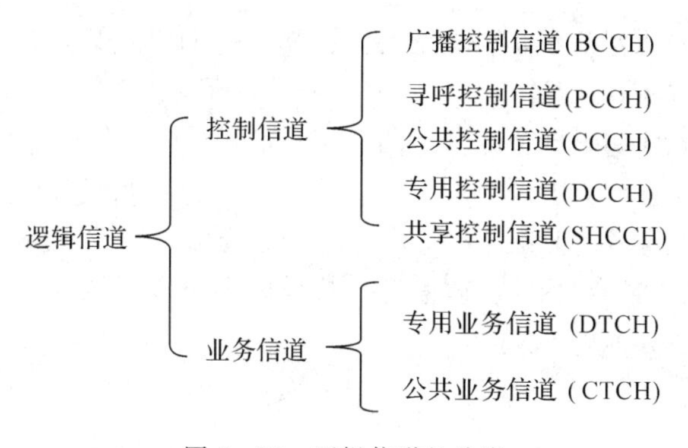

图 3-29　逻辑信道的分类

图3-29中各信道说明如下：

广播控制信道(BCCH)：广播系统控制消息的下行信道。

寻呼控制信道(PCCH)：传输寻呼信息的下行信道。

公共控制信道(CCCH)：在网络和UE之间发送控制信息的双向信道，当没有RRC连接或当小区重选后接入一个新的小区时使用该信道。

专用控制信道(DCCH)：在UE和网络之间发送专用控制信息的点对点双向信道，通过RRC连接建立过程，建立该信道。

共享控制信道(SHCCH)：在网络和UE之间发送上行链路和下行链路的控制信息的双向信道。

专用业务信道(DTCH)：UE专用的传输用户信息的点对点的双向信道。

公共业务信道(CTCH)：UTRAN对全部或一组特定的UE传输专用用户信息的点对多点的单向信道。

3.4.2 传输信道

传输信道是由L1提供给高层的服务，它是根据在空中接口上如何传输及传输什么特性的数据来定义的。传输信道一般可分为以下几种。

(1) 公共信道：在这类信道中，当消息是发给某一特定的UE时，需要有内识别信息。

(2) 专用信道：在这类信道中，UE是通过物理信道来识别的。

(3) 专用传输信道(DCH)：用户携带归用户专有的实时数据和非实时数据，信道一经配置，就由用户独占使用。

(4) 公共传输信道有RACH、FACH、BCH、PCH几种类型。

① 随机接入信道(RACH)：UE使用RACH来完成上行同步的建立或传输一些数据有限的用户数据。RACH传输信道的典型特征是信道所映射的物理信道是一个竞争信道。由于竞争性的存在，RACH上的数据不存在物理复用。

② 前向接入信道(FACH)：一般用于网络响应从RACH信道上接收到的信息。该信道也可用来传输一些短的用户数据。

③ 广播信道(BCH)：用于承载系统广播消息。

④ 寻呼信道(PCH)：用于携带用户的寻呼信息。

3.4.3 物理信道

所有的物理信道都采用系统帧号、无线帧、子帧和时隙/码四层结构，依据不同的资源分配方案，子帧或时隙/码的配置结构可能有所不同。所有物理信道在每个时隙中需要有保护符号。时隙用于在时域和码域上区分不同的用户信号，它具有TDMA特性。图3-30所示为TD-SCDMA物理信道的帧格式。

一个物理信道是由频率、时隙、信道码和无线帧分配来定义的。建立一个物理信道的同时，也就给出了它的初始结构。物理信道的持续时间可以无限长，也可以是分配所定义的持续时间。物理信道分为以下几种。

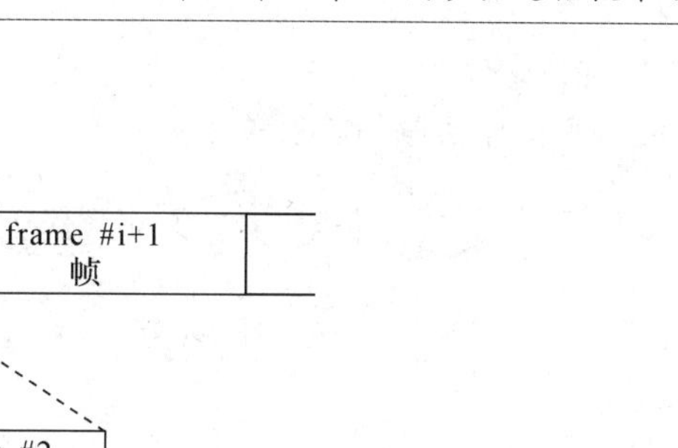

图3-30 TD-SCDMA物理信道帧格式

(1) 专用物理信道(DPCH)：用于承载来自专用传输信道(DCH)的数据。

(2) 公共物理信道：一类物理信道的总称，根据所承载传输信道的类型，它们又可进一步划分为一系列的控制信道和业务信道。在3GPP的定义中，所有的公共物理信道都是单向的(上行或下行)。

(3) 主公共控制物理信道(P-CCPCH)：仅用于承载来自传输信道BCH的数据，提供全小区覆盖模式下的系统消息广播。

(4) 辅公共控制物理信道(S-CCPCH)：用于承载来自传输信道FACH和PCH的数据。

(5) 快速物理接入信道(FPACH)：它不承载传输信道消息，因而与传输信道不存在映射关系。Node B使用FPACH来响应在UpPTS时隙收到的UE接入请求，调整UE的发送功率和同步偏移。

(6) 物理随机接入信道(PRACH)：用于承载来自传输信道RACH的数据。

(7) 寻呼指示信道(PICH)：不承载传输信道的数据，但与传输信道PCH配对使用，用以指示特定的UE是否需要解读其后跟随的PCH信道(映射在S-CCPCH上)。

3.4.4 逻辑信道、传输信道、物理信道的映射关系

逻辑信道和传输信道的映射关系如图3-31所示。

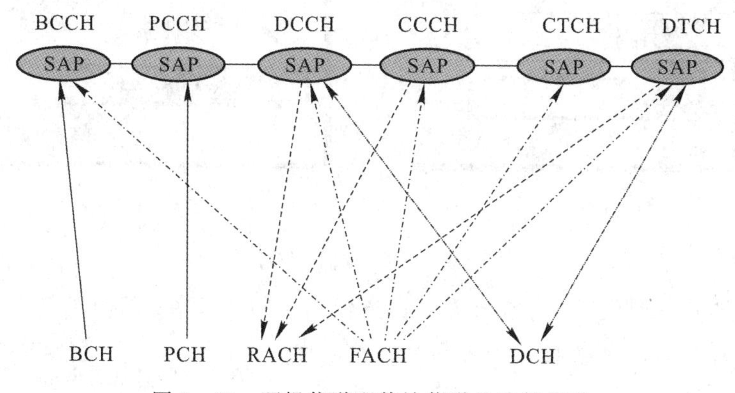

图3-31 逻辑信道和传输信道的映射关系

物理信道和传输信道的映射关系如图 3－32 所示。

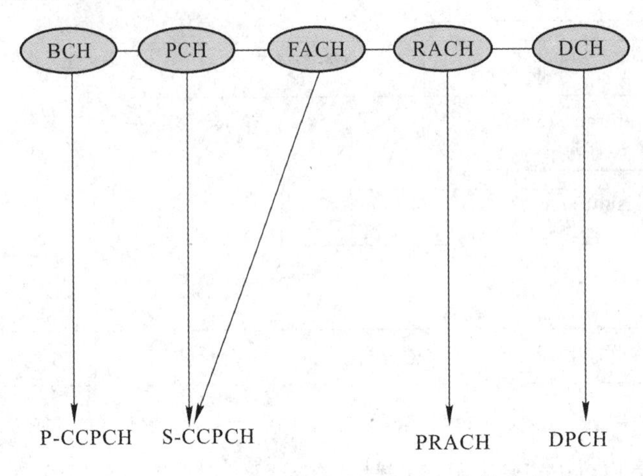

图 3－32　物理信道和传输信道的映射关系

3.5　UMTS 系统关键技术

第三代移动通信系统是在综合以前各种移动通信系统优点的基础上发展的一个新的移动通信系统。由于对第三代移动通信系统提出了更高的通信要求，为了实现这些要求，它将采用各种各样的先进通信技术，有些技术虽然在以前的一些系统中使用过，但鉴于它们的优点，在第三代移动通信系统中再次被提出并作为研究的重点。

3.5.1　时分双工

TD－SCDMA 系统采用 TDD(Time Division Duplex，时分双工)模式。TDD 在移动通信系统中用于分离接收与传送信道(或上下行链路)。在 TDD 模式的移动通信系统中，接收和传送在同一频率信道进行，采用载波的不同时隙，用保护时间来分离接收与传送信道；而 FDD 模式的移动通信系统的接收和传送是在分离的两个对称的频率信道上，用保护频段来分离接收信道与传送信道的。TDD 与 FDD 的原理如图3－33所示。

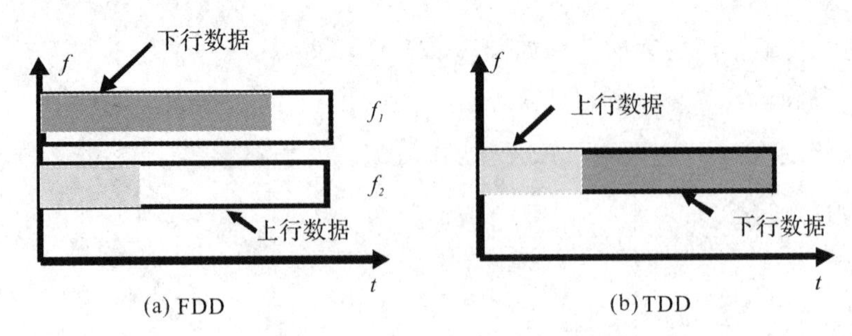

图 3－33　TDD 和 FDD 原理

TDD 模式的移动通信系统中，上下行信道使用相同的频率，因而具有上下行信道的互惠性，这给 TDD 模式的移动通信系统带来许多好处。

1. TDD 模式的优点分析

在同样满足 IMT－2000 要求的前提下，TDD 系统有其他系统不可比拟的优势，主要体现在以下几个方面。

1）降低对功率控制的要求

对于 TDD 模式的 CDMA 移动通信系统，上下行链路的衰落因子是相关的，仅需开环功率控制即可；而且上下行链路采用相同的发射频率，系统的开环功率也可以做得比较准确。这样的系统设计使系统的发射功率可以更迅速有效地收敛到理想的功率点。在 FDD 模式的 CDMA 移动通信系统中，为减少同频干扰，每个终端必须在保证可接收性能的前提下以最低功率传输信息，这需要很精确的功率控制；同时为克服“远近效应”，需要快速高效的功率控制。另外，上下行链路的衰落因子是不相关的，这需要用闭环功率来控制。所以 FDD 模式的 CDMA 移动通信系统对功率控制极其敏感，功率控制的失败会导致十分严重的系统容量下降。

2）灵活的频率资源利用

TDD 能使用各种频率资源，不需要成对的频率，它能有效地使用零碎的频率资源。在提供同样速率的业务时，TDD 模式占用的带宽较 FDD 模式少，从而提高了系统的频谱利用率。TDD 的时隙按照上下行链路所需的数据量动态分配，这不仅适用于对称业务，如传统的语音业务，也适用于日益增长的非对称的实时和非实时的数据业务，如多媒体、因特网所需要的 IP 业务等。动态地按需分配时隙，可以最大、最优地利用频谱资源。

3）适合采用智能天线技术

智能天线是一种安装在基站现场的双向天线，通过一组带有可编程电子相位关系的固定天线单元获取方向性，并可以同时获取基站和移动台之间各个链路的方向特性。智能天线的原理是将无线电的信号导向具体的方向，产生空间定向波束，使天线主波束对准用户信号到达方向 DOA(Direction of Arrival)，旁瓣或零陷对准干扰信号到达方向，达到充分高效利用移动用户信号并删除或抑制干扰信号的目的。同时，智能天线技术利用各个移动用户间信号空间特征的差异，通过阵列天线技术在同一信道上接收和发射多个移动用户信号而不发生相互干扰，使无线电频谱的利用和信号的传输更为有效。在不增加系统复杂度的情况下，使用智能天线可满足服务质量和网络扩容的需要。

4）更容易实现低功耗的多模小终端

TDD 模式系统具有上下行信道的互惠性，对功率控制的要求相对较低，适合采用智能天线等新技术，这使得 TDD 模式的终端可以配置比 FDD 模式终端更少的功能单元，从而更容易实现低功耗、小尺寸的多模终端。低功耗多模式的小终端不仅给移动用户带来通信与携带的方便，也使购买与使用的成本降低，这是未来移动通信系统必然追求的目标。

5）提高终端的接收性能

在移动通信系统中广泛采用分集接收技术来减少信道的衰落。对于选择性分集，接收机通过测量相互独立的路径来选择最好的路径接收信号电平，以提高接收性能，但接收机的复杂性也相应提高了。在这种情况下，基站能容忍复杂性的提高，而终端则不行，此时天线(空间)分集是为终端提供分集接收仅有的一种方法。

根据TDD模式原理，基于TDD模式的系统在上下行链路上的衰落是相同的，基站通过测量它从每个天线接收到的上行链路信号功率估计最强的路径，从而估计和选择最好的天线用于下行链路下一帧的传输。这样终端可在不增加复杂性的情况下，借助基站的天线分集设备实现天线选择分集，使接收性能得以改进。

2. TDD模式的缺点分析

当然，任何系统在具备优点的同时，也会存在劣势。和FDD系统比较，TDD系统的主要问题在于终端的移动速度和覆盖距离等方面，主要表现在以下几点。

1）对系统覆盖的影响

TDD系统平均功率与峰值功率之比随时隙数的增加而增加，考虑到耗电和成本因素，用户终端的发射功率不可能很大，故通信距离(小区半径)较小，而FDD系统的小区半径可达到几十公里。另外，在TDD模式中，上下行保护时隙宽度决定覆盖半径的大小，从而限制了小区的覆盖范围。

2）移动速度目前难以与FDD模式相比

目前ITU要求TDD系统的移动速度达到120 km/h，而FDD系统则要求达到500 km/h。这主要是因为FDD系统是连续控制，而TDD系统是时间分隔控制的。在高速移动时，多普勒效应将导致快衰落，速度越高，衰落变换频率就越高，衰落深度越深。

3）干扰问题

TDD模式的CDMA移动通信系统的干扰问题主要包括上下行链路之间的干扰、不同运营商之间的干扰和来自功率脉冲的干扰。

上下行链路之间的干扰分为小区内上下行链路之间的干扰和小区间上下行链路之间的干扰。前者是因为在一个小区内用户间的同步受到破坏或上下行链路的时间分配不平衡；对于后者，则是因为非对称的TDD时隙影响邻近小区的无线资源并导致小区间的上下行链路干扰。另外，大功率的基站会阻塞邻近小区的基站接收本小区的终端，处于小区边界的大功率终端也会阻塞邻近小区的具有不同时隙分配的终端。

不同运营商之间的干扰主要来自邻频干扰，而且TDD系统中的邻频干扰比FDD系统更大，因为TDD系统对同步要求很高，干扰产生的失步会严重影响TDD系统。

来自功率脉冲的干扰则缘于两方面的原因：短TDD帧的短传输时间；在小型终端内部设备之间的脉冲传输。

4）同步要求高

如果同一小区内的用户间发生不同步行为，则会导致小区内的用户干扰；而如果用户与基站间不同步，则可能发生通信阻塞，这是FDD的CDMA移动通信系统所没有的问题。由于基站不能同时接收和发送，移动终端的传输必须在基站停止发送时开始，这意味着同一小区内的不同用户之间、用户与基站之间须严格同步。

另外，因为小区之间和不同终端之间的干扰问题，邻近小区的基站之间要求同步，并且一般是符号级的精确同步。这样的同步要求在基站内有 GPS 接收机或公共的分布式时钟，这些都增加了移动网的建设和运行维护费用。

总而言之，在第三代移动通信系统中，TDD 模式比 FDD 模式能更有效地利用频谱，节省运营投资，更适合传输非对称业务。随着新技术和新业务的发展及应用，TDD 模式必将日益受到重视；而且，通过采用时分双工、联合检测、智能天线、接力切换等关键技术，TD-SCDMA系统也必将呈现出越来越大的技术优势。

3.5.2 软件无线电

软件无线电(Soft Ware Radio，SWR)的基本思想是以一个通用、标准、模块化的硬件平台为依托，通过软件编程来实现无线电台的各种功能，从基于硬件、面向用途的电台设计方法中解放出来。实现功能的软件化势必要求减少功能单一、灵活性差的硬件电路，尤其是减少模拟环节，使数字化处理(A/D 和 D/A 变换)尽量靠近天线。软件无线电强调体系结构的开放性和全面可编程性，通过软件更新改变硬件配置结构，实现新的功能。软件无线电采用标准的、高性能的开放式总线结构，以利于硬件模块的不断升级和扩展。

软件无线电在一个开放的公共硬件平台上利用不同可编程的软件方法实现所需要的无线电系统，简称 SWR。理想的软件无线电应当是一种全部可软件编程的无线电，并以无线电平台具有最大的灵活性为特征。全部可编程包括可编程射频(RF)波段、信道接入方式和信道调制。

一般来说，SWR 就是由宽带模数及数模变换器(A/D 及 D/A)、大量专用/通用处理器、数字信号处理器(Digital Signal Processor，DSP)构成尽可能靠近射频天线的一个硬件平台。在硬件平台上尽量利用软件技术来实现无线电的各种功能并将功能模块按需要组合成无线电系统。例如：利用宽带模数变换器(Analog Digital Converter，ADC)，通过可编程数字滤波器对信道进行分离；利用数字信号处理技术在数字信号处理器(DSP)上通过软件编程实现频段(如短波、超短波等)的选择，完成信息的抽样、量化、编码/解码、运算处理和变换，实现不同的信道调制方式及选择(如调幅、调频、单边带、跳频和扩频等)；实现不同的保密结构、网络协议和控制终端功能等。

在目前的条件下可实现的软件无线电，称作软件定义的无线电(Software Defined Radio,SDR)。SDR 被认为仅具有中频可编程数字接入功能。

无线电的技术演化过程是由模拟电路发展到数字电路，由分立器件发展到集成器件，由小规模集成器件发展到超大规模集成器件，由固定集成器件发展到可编程器件，由单模式、单波段、单功能，发展到多模式、多波段、多功能，由各自独立的专用硬件的实现发展到利用通用的硬件平台和个性的编程软件的实现。

20 世纪 70～80 年代，无线电由模拟向数字全面发展，从无编程向可编程发展，由少可编程向中等可编程发展，出现了可编程数字无线电(PDR)。由于无线电系统，特别是移动通信系统领域的扩大和技术复杂度的不断提高，投入的成本越来越大，硬件系统也越来越庞大。为了克服技术复杂度带来的问题和满足应用多样性的需求，特别是军事通信对宽带技术的需求，提出了在通用硬件基础上利用不同软件编程的方法，20 世纪 80 年代初开始的软件无线电的革命，把无线电的功能和业务从硬件的束缚中解放出来。

1992 年 5 月在美国通信系统会议上，Jeseph Mitola(约瑟夫·米托拉)首次提出了软件无线电（Software Radio，SWR）的概念。1995年IEEE通信杂志（Communication Magazine，CM）出版了软件无线电专集。当时，涉及软件无线电的计划有军用的SpeakEasy（易通话），以及为第三代移动通信（3G）开发的基于软件的空中接口计划，即灵活可互操作无线电系统与技术（FIRST）。

1996年3月发起“模块化多功能信息变换系统”（MMITS）论坛，1999年6月改名为“软件定义的无线电”（SDR）论坛。

1996年至1998年间，国际电信联盟（ITU）制定第三代移动通信标准的研究组对软件无线电技术进行了讨论，SDR也成为3G系统实现的技术基础。

从1999年开始，由理想的SWR转向与当前技术发展相适应的软件无线电，即软件定义的无线电（Software Defined Radio，SDR）。1999年4月IEEE JSAC杂志出版一期关于软件无线电的选集；同年，无线电科学家国际联合会在日本举行软件无线电会议；当年还成立了亚洲SDR论坛。1999年以后，集中关注使SDR的3G成为可能。

3.5.3 智能天线

智能天线是一种安装在基站现场的双向天线，通过一组带有可编程电子相位关系的固定天线单元获取方向性，并可以同时获取基站和移动台之间各个链路的方向特性。

智能天线可以分为交换波束和适应阵列两种类型。

交换波束使用许多窄波束天线，每个指向一个方向，各方向间略有不同，可覆盖整个120°扇区。当扇区内的移动用户移动时，系统内的智能天线从一个天线变换到另一个天线。

适应阵列使用一个阵列天线和成熟的数字信号处理技术来从一个位置到下一个位置转换天线束。

1. 发展历程

20世纪90年代以来，阵列处理技术被引入移动通信领域，很快便形成了一个新的研究热点——智能天线（Smart Antennas，SA）。智能天线应用广泛，它在提高系统通信质量、缓解无线通信日益发展的需求与频谱资源不足的矛盾以及降低系统整体造价和改善系统管理等方面，都具有独特的优点。

最初的智能天线技术主要用于雷达、声呐、军事抗干扰通信，用来完成空间滤波和定位等。近年来，随着移动通信的发展及对移动通信电波传播、组网技术、天线理论等方面的研究逐渐深入，现代数字信号处理技术发展迅速，数字信号处理芯片的处理能力不断提高，利用数字技术在基带形成天线波束成为可能，从而可提高天线系统的可靠性与灵活程度。智能天线技术因此用于具有复杂电波传播环境的移动通信。此外，随着移动通信用户数的迅速增长和人们对通话质量要求的不断提高，要求移动通信网在大容量下仍具有较高的话音质量。经研究发现，智能天线可将无线电的信号导向具体的方向，产生空间定向波束，使天线主波束对准用户信号到达方向DOA（Direction of Arrival），旁瓣或零陷对准干扰信号到达方向，达到充分高效利用移动用户信号并删除或抑制干扰信号的目的。同时，利用各个移动用户间信号空间特征的差异，通过阵列天线技术在同一信道上接收和发射多个移动用户信号而不发生相互干扰，使无线电频谱的利用和信号的传输更为有效。在不增加系统复杂度的情况下，使用智能天线可满足服务质量和网络扩容的需要。实际上它使通信资源不再局限于时间域（TDMA）、频率域（FDMA）或码域（CDMA），而拓展到了空间域，属于空分多址(SDMA)体制。

2. 技术分类

智能天线技术有两个主要分支，即波束转换技术(Switched Beam Technology，SBT)和自适应空间数字处理技术(Adaptive Spatial Digital Processing Technology，ASDPT)，或简称波束转换天线和自适应天线阵。天线以多个高增益的动态窄波束分别跟踪多个期望信号，来自窄波束以外的信号被抑制。但智能天线的波束跟踪并不意味着一定要将高增益的窄波束指向期望用户的物理方向，事实上，在随机多径信道上，移动用户的物理方向是难以确定的，特别是在发射台至接收机的直射路径上存在阻挡物时，用户的物理方向并不一定是理想的波束方向。智能天线波束跟踪的真正含义是在最佳路径方向形成高增益窄波束并跟踪最佳路径的变化，充分利用信号的有效发送功率以减小电磁干扰。

1) 波束转换天线

波束转换天线具有有限数目、固定、预定义的方向图，通过阵列天线技术在同一信道中利用多个波束同时给多个用户发送不同的信号，它从几个预定义的固定波束中选择其一，检测信号强度，当移动台越过扇区时，从一个波束切换到另一个波束，在特定的方向上提高灵敏度，从而提高通信容量和质量。

为保证与波束转换天线共享同一信道的各移动用户只接收发给自己的信号而不发生串话，要求基站天线阵产生多个波束来分别辐射不同的用户，特别是在每个波束中发送的信息不同而且要互不干扰。

每个波束的方向是固定的，并且其宽度随着天线阵元数而变化。对于移动用户，基站选择不同的对应波束，使接收的信号强度最大。但用户信号未必在固定波束中心，当其在波束边缘而干扰信号在波束的中央时，接收效果最差。因此，与自适应天线阵相比，波束转换天线不能实现最佳的信号接收。由于扇形失真，波束转换天线增益在方位角上分布不均匀，但波束转换天线有结构简单和不需要判断用户信号方向(DOA)的优势，故主要用于模拟通信系统。

2) 自适应天线阵

融入自适应数字处理技术的智能天线利用数字信号处理的算法去测量不同波束的信号强度，因而能动态地改变波束使天线的传输功率集中。应用空间处理技术(Spatial Processing Technology，SPT)可以增强信号能力，使多个用户共同使用一个信道。

自适应天线阵是由天线阵和实时自适应信号接收处理器所组成的一个闭环反馈控制系统，它用反馈控制方法自动调准天线阵的方向图，使它在干扰方向形成零陷，将干扰信号抵消，而且可以使有用信号得到加强，从而达到抗干扰的目的。

由自适应天线阵接收的信号被加权和合并，取得最佳的信噪比系数。如采用 M 个阵元自适应天线，理论上，自适应天线阵的价值能产生 $M-1$ 倍天线放大，可带来 $10\lg M$ 的 SNR 改善，消除扇形失真的影响，并且它的 $M-1$ 倍分集增益相关性是足够低的。对相同的通信质量要求，移动台的发射功率可减小 $10\lg M$。这不但表明可以延长移动台电池寿命或可采用体积更小的电池，也意味着基站可以和信号微弱的用户建立正常的通信链路。对基站发射而言，总功率被分配到 M 个阵元，又由于采用 DBF(Digital Beam-Forming，DBF)可以使所需总功率下降，因此，每个阵元通道的发射功率大大降低，进而可使用低功率器件。采用自适应抽头时延线天线阵对信号接收、均衡和测试很有帮助。对每一接收天线加上若干抽头延时线，然后送入智能处理器，则可以对多径信号进行最佳接收，减少多径干扰的影响，从而使基站的接收信号的信噪比得到很大程度的提高，降低了系统的误码率。

线阵元配置方式包含直线型、环型和平面型三种，自适应天线是智能天线的主要形式。自适应天线完成用户信号接收和发送可认为是全向天线。它采用数字信号处理技术识别用户信号的DOA，或者是主波束方向，根据不同空间用户信号传播方向，提供不同空间通道，有效克服系统干扰。自适应天线主要用于数字通信系统。

3. 智能天线对系统的改善和主要用途

智能天线潜在的性能效益表现在多方面，例如抗多径衰落，减小时延扩展，支持高数据速率，抑制干扰，减少远近效应，减小中断概率，改善BER(Bit Error Rate，BER)性能，增加系统容量，提高频谱效率，支持灵活有效的越区切换，扩大小区覆盖范围，具有灵活的小区管理，可延长移动台电池寿命以及维护和运营成本较低等。

1）改善系统性能

采用智能天线技术可提高第三代移动通信系统的容量及服务质量，WCDMA系统采用自适应天线阵列技术，增加了系统容量。我国SCDMA系统是应用智能天线技术的典型范例。SCDMA系统采用TDD方式，使上下射频信道完全对称，可同时解决诸如天线上下行波束赋形、抗多径干扰和抗多址干扰等问题。该系统具有精确定位功能，可实现接力切换，减少信道资源浪费。

欧洲在DECT基站中进行智能天线实验时，采用和评估了多种自适应算法，并验证了智能天线的功能。日本在PHS系统中的测试表明，采用智能天线可减少基站数量。由于PHS等系统的通信距离有限，需要建立很多基站，若采用智能天线技术，则可降低成本。无线本地环路系统的基站对收到的上行信号进行处理，获得该信号的空间特征矢量，进行上行波束赋形，达到最佳接收效果。

天线波束赋形等效于提高天线增益，改善了接收灵敏度和基站发射功率，扩大了通信距离，并在一定程度上减少了多径传播的影响。FDMA系统采用智能天线技术，与通常的三扇区基站相比，C/I值平均提高约8 dB，大大改善了基站覆盖效果；频率复用系数由7改善为4，增加了系统容量。在网络优化时，采用智能天线技术可降低无线掉话率和切换失败率。TDMA系统采用智能天线技术可提高C/I指标，据研究，用4个30°天线代替传统的120°天线，C/I可提高6 dB，从而提高了服务质量；在满足GSM系统C/I最小的前提下，提高频率复用系数，增加了系统容量。CDMA系统采用智能天线技术，可进行话务均衡，将高话务扇区的部分话务量转移到容量资源未充分利用的扇区；通过智能天线灵活的辐射模式和定向性，可进行软/硬切换控制；智能天线的空间域滤波可改善远近效应，简化功率控制，降低系统成本，也可减少多址干扰，提高系统性能。

2）提高频谱利用效率

容量和频谱利用率的问题是发展移动通信根本性的问题。智能天线通过空分多址，将基站天线的收发限定在一定的方向角范围内，其实质是分配移动通信系统工作的空间区域，使空间资源之间的交叠最小，干扰最小，合理利用无线资源。

对于给定的频谱带宽，系统容量越大，频谱利用率越高。因此，增加系统容量与提高频谱效率是一致的。为了满足移动通信业务的巨大需求，应尽量扩大现有基站容量和覆盖范围。要尽量减少新建网络所需的基站数量，必须通过各种方式提高频谱利用效率。方法之一是采用智能天线技术，用自适应天线代替普通天线。由于天线波束变窄，提高了天线增益及 C/I 指标，减少了移动通信系统的同频干扰，降低了频率复用系数，提高了频谱利用效率。使用智能天线后，无须增加新的基站就可改善系统覆盖质量，扩大系统容量，增强现有移动通信网络基础设施的性能。

未来的智能天线应能允许任一无线信道与任一波束配对，这样就可按需分配信道，保证呼叫阻塞严重的地区获得较多信道资源，等效于增加了此类地区的无线网容量。采用智能天线是解决稠密市区容量难题既经济又高效的方案，可在不影响通话质量的情况下，将基站配置成全向连接，大幅度提高基站容量。

3.5.4 多用户检测

CDMA 系统中多个用户的信号在时域和频域上是混叠的，接收时需要在数字域上用一定的信号分离方法把各个用户的信号分离开来。信号分离的方法大致分为单用户检测(Single -User Detection)和多用户检测(Multi-User Detection)两种。

在传统的 CDMA 接收机中，各个用户的接收是相互独立进行的。在多径衰落环境下，由于各个用户之间所用的扩频码通常难以保持正交，因而造成多个用户之间产生相互干扰，并限制了系统容量的提高。解决此问题的一个有效方法是使用多用户检测技术，通过测量各个用户扩频码之间的非正交性，用矩阵求逆的方法或迭代的方法消除多用户之间的相互干扰。从理论上讲，使用多用户检测技术能够在很大程度上提高系统容量。但有一个较为困难的问题是对于基站接收端的等效干扰用户数等于正在通话的移动用户数乘以基站端可观测到的多径数，这就意味着在实际系统中等效干扰用户数将多达数百个，这样即使采用与干扰用户数呈线性关系的多用户抵消算法，仍使得其硬件实现过于复杂。如何把多用户干扰抵消算法的复杂度降低到可接受的程度，是多用户检测技术能否实用的关键，也是多用户检测技术在第三代移动通信系统中能否成功使用的关键。

1. 多用户检测的基本原理

多用户检测主要是指利用多个用户的码元、时间、信号幅度以及相位等信息来联合检测单个用户的信号，以达到较好的接收效果。最佳多用户检测的目标是找出使输出序列最大的输入序列；对于同步系统，是找出使似然函数最大的输入序列。1986 年，Verdu 以匹配滤波器加维特比算法来实现最大似然序列检测(MLSD 检测)，它适用于受符号间干扰(ISI)影响的信道。不过维特比算法的复杂度仍然是用户数的指数幂级，而且 MLSD 检测器需要知道接收用户信号的幅度、相位、定时、PN 码特征等，这些都要通过估计来得到。由于 MLSD 检测器过于复杂，不实用，人们一直在寻找易于实现的次优多用户检测器。次优多用户检测技术分为线性多用户检测和非线性多用户检测两类。前者对传统检测器的输出进行解相关或其他的线性变换，以利于接收判决；后者利用可靠的已知信息对干扰进行估计，然后从原信号中减去估计干扰，以利于接收判决。

2. 联合检测技术

联合检测(Joint Detection，JD)是多用户检测的一种。在实际的 CDMA 移动通信系统中，存在多址干扰(MAI)，这是由于各个用户信号之间存在一定的相关性。由个别用户产生的MAI固然很小，可是随着用户数的增加或信号功率的增大，MAI就成为宽带CDMA通信系统的一个主要干扰。传统的CDMA系统信号分离方法中把MAI看作热噪声一样的干扰，其导致信噪比严重恶化，系统容量也随之下降。这种将单个用户的信号分离看作是各自独立的过程的信号分离技术称为单用户检测。而联合检测则充分利用MAI，一步之内将所有用户的信号都分离出来，如图3-34所示。图中，$e=\boldsymbol{A}d+n$，$\boldsymbol{A}$是系统矩阵，由扩频码C和信道冲激响应h决定，d是发射的数据符号序列，e是接收的数据序列，n是噪声。

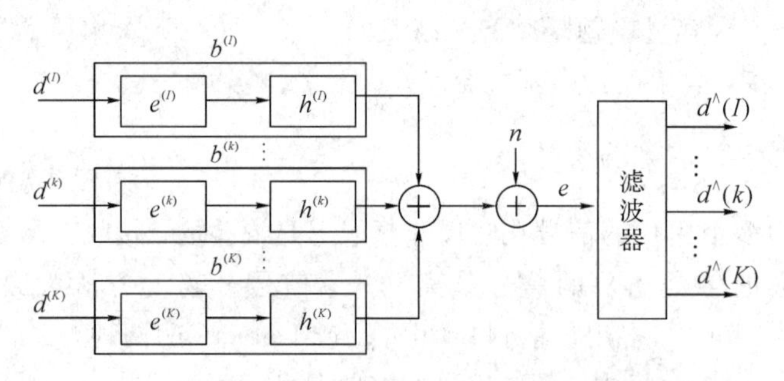

图3-34　*TD-SCDMA*联合检测示意图

联合检测的目的是根据$\boldsymbol{A}$和e估计出用户发送的原始信号d。$\boldsymbol{A}$由所有用户的扩频码以及信道冲激响应决定，因此联合检测算法的前提是能得到所有用户的扩频码和信道冲激响应。TD-SCDMA系统在帧结构中设置了用来进行信道估计的训练Midamble序列，根据接收到的训练序列信号和已知的训练序列可以估算出信道冲激响应，扩频码也是已知的，那么就可以达到估计用户原始信号d的目的。

联合检测算法的具体实现方法有多种，大致分为非线性算法、线性算法和判决反馈算法三大类。根据目前的情况，TD-SCDMA系统中采用了线性算法中的一种，即迫零块线性均衡(ZF-BLE)法。

CDMA系统的主要干扰是同频干扰，包括由于无线通信信道的时变性和多径效应形成的小区内部干扰和其他同频小区间信号造成的小区间干扰。联合检测充分利用MAI，把所有用户信号当作有用的信号来对待，而不是看作干扰信号，从而都分离出来。基于这种理论和技术基础，联合检测可以为移动通信系统带来以下几方面的好处。

(1) 不再将本小区内的多址干扰作为噪声，而是看作有用信息用于信息检测之中，其效果优于传统的Rake接收机。

(2) 提高系统容量，增加用户数量。联合检测技术充分利用了MAI的所有用户信息，使得在相同误码率的前提下，所需的接收信号SNR(Signal to Noise Ratio)可以大大降低，这样就极大地提高了接收机性能并增加了系统容量。在理想情况下可以使系统容量提高2.8倍，这意味着具有更高的频谱利用率。

(3) 降低用户设备(UE)的发射功率，增加UE的待机及通话时间，同时降低了设备成本和故障率。

(4) 具有克服“远近效应”的能力，对功率控制的要求比用Rake接收机的方法低。

由于联合检测技术能消除MAI干扰，因此产生的噪声量将与干扰信号的接收功率无关，从而大大削弱了“远近效应”对信号接收的影响。

与此同时，联合检测也存在着以下缺点。

(1) 由于算法对噪声有扩散作用，故抗白噪声能力较差。

(2) 抗多址干扰能力不强，尤其在训练序列较短的情况下干扰较大，不能满码道工作，所以应该与智能天线技术联合使用。

只要合理使用联合检测技术，比如结合智能天线，选择适当的联合检测算法，将会对提升 TD-SCDMA 系统的容量和质量有相当大的作用。

联合检测技术在改善系统性能的同时还对降低无线网络成本起到很大的作用，这主要体现在以下几个方面。

(1) 由于联合检测技术可以降低干扰，因而提高了系统的容量。特别是对于容量受限的系统来讲，将减少基站设备的个数，因此大大降低了整个网络的成本。

(2) 联合检测技术可以削弱“远近效应”的影响，从而降低功率控制的复杂度。这种复杂度的降低从某种程度上也可以减少对该模块的投入，从而降低整个网络的成本。

总之，联合检测技术的优越性在于它充分利用了所有和 MAI 相关的先验信息，通过与其他先进技术如智能天线技术相结合，达到相辅相成的效果。它不仅提高了频率的利用率，改善了系统性能，同时还降低了网络成本。作为 TD-SCDMA 系统的一个重要组成部分，联合检测技术必将给运营商带来极佳的经济效益。

3.5.5　同步技术

同步技术在数字蜂窝网中是必不可少的，在 CDMA 码分多址系统中，同步技术除了关系到网络运行和通信连接的基本要求外，还与网络性能息息相关，即同步的好坏直接关系到系统的容量及服务质量(QoS)。

TD-SCDMA 的同步技术包括网络同步、初始化同步、节点同步、传输信道同步、无线接口同步、Iu 接口时间校准、上行同步等，其中网络同步选择高稳定度、高精度的时钟作为网络时间基准，以确保整个网络的时间稳定，它是其他同步的基础；初始化同步使终端成功接入网络；节点同步、传输信道同步、无线接口同步和 Iu 接口时间校准等，使终端能正常进行符合 QoS 要求的业务传输；而上行同步则是 TD-SCDMA 中最关键的。

1. 节点同步

节点同步用来估计和补偿 UTRAN 节点(Node B)之间的定时误差。FDD 和 TDD 模式对定时误差估计及补偿的精度要求不同。节点同步分为两种：RNC 到 Node B 的节点同步和 Node B 间的节点同步。前者用来获得 RNC 与各个 Node B 间的定时误差，后者用于 TDD 模式下补偿 Node B 之间的定时误差，目的是得到统一定时参考，降低小区间干扰。

TDD 模式下的 Node B 间节点同步有两种方式：一种是通过标准同步端口获得，此时 Node B 有标准同步的输入和输出端口，只要有一个 Node B 同步输入口连接到外部参考时钟上，它的输出端就会产生同步信号，其余的 Node B 同步口串联起来即可获得所有 Node B 的同步；另一种方式是通过空中接口获得，TD-SCDMA 利用空中接口中的 DwPTS，通过主小区接收外部参考同步，如全球定位系统(Global Positioning System，GPS)，并发送参考时钟给 RNC，经由下行同步码 SYNC－DL 完成和保持 Node B 间的同步。

TD－SCDMA 在节点同步处于稳态时可以在一个同步周期内对多个 SYNC－DL 相关值进行平均，小区可以基于测量值进行自适应定时，并且向 RNC 报告累积的调整值，相应地提高了同步准确性。

2. 初始化同步

移动终端开机建立下行同步过程被称作初始化小区同步过程，即小区搜索。小区搜索的最终目的就是读取小区的系统广播消息，获得进行业务传输的参数。这里的同步不仅是指时间上的同步，还包括频率、码字和广播信道的同步，要分 4 步进行，分别是 DwPTS 同步、扰码和基本中间码的识别、控制复帧的同步和读取广播信道。

(1) DwPTS 同步。终端首先对系统中 32 个 SYNC_DL 码字进行相关搜索，峰值最大的码字被认为是当前接入小区的 SYNC_DL。同时，根据相关峰值的时间位置可以初步确定系统下行的定时。一般使用一个或多个匹配滤波器完成。

(2) 扰码和基本中间码的识别。在第一步识别出 SYNC_DL 码字后，也就知道了对应的中间码组。终端只需要用相关方法逐一测试这 4 个基本码的不同相位即可找到当前系统所用的 Midamble 码，从而也知道了对应的扰码，同时估计出当前无线信道的参数。

(3) 控制复帧的同步。终端通过检测 DwPTS 相对于 PCCPCH 中间码的 QPSK 调制相位偏移来得到广播信道控制复帧的主信息块在 PCCPCH 中的位置。

(4) 读取广播信道。通过第三步的检测，接下来的子帧就是广播信道交织周期的第一个子帧。根据检测的无线信道参数来读取广播信道的信息，了解了完整的小区信息，初始化小区同步完成。

3. 上行同步

同步 CDMA 是指 CDMA 系统中所有的无线基站收发同步。CDMA 移动通信系统中的下行链路总是同步的，故同步 CDMA 主要是指上行同步，即要求来自不同位置、不同距离的不同用户终端的上行信号能够同步到达基站。由于各个用户终端的信号码片到达基站解调器的输入端时是同步的，同步 CDMA 充分运用了扩频码之间的正交性，大大降低了同一射频信道中来自其他码道的多址干扰影响，因而系统容量随之增加。TD－SCDMA 上行同步过程包括同步的建立和保持。

(1) 上行同步的建立。当用户终端开机时，首先要和小区建立下行同步。只有当用户建立并保持下行同步时，才能开始上行同步过程。在接入过程中开始建立上行同步时，终端将从 SYNC_UL 集合中选择一个。这样做的好处是当终端进行随机接入时，可以减小 PRACH 信道对其他业务信道的干扰；同时其他业务信道对 PRACH 的干扰也会降低。一旦在搜索窗口检测到 SYNC_UL，Node B 将估计接收功率电平和定时，并向终端发送调整信息来修改它的定时和功率，从而完成上行同步过程。在其后的 4 个子帧中，Node B 将发送调整信息通知终端进行调整。上行同步过程常用于随机接入，也可以用于上行失步后重新建立上行同步。

(2) 上行同步的保持。保持上行同步要利用每个上行突发的中间码。在每个上行时隙中，每个终端的中间码都是不同的。Node B 可以通过测量每个终端在同一个时隙的中间码来估计功率电平和时间漂移。然后，在下一个可用的下行时隙里，Node B 将发送同步偏移

(SS)和功率控制(PC)指令，从而使终端能够正确地调整发射定时和功率电平，保证了上行同步的可靠性。

另外，上行同步的步长可以配置，范围从 1/8 码片到 1 个码片，系统可以在每一子帧中检测一次上行同步。同步精度的大小与系统性能好坏密切相关，上行同步精度与基带信号处理能力以及检测的能力相关。

4. 三种 3G 系统同步技术的差别

同步技术历来是数字通信系统中的关键技术。同步电路如果失效，将严重影响系统的误码性能，甚至导致整个系统瘫痪。

CDMA 2000 系统采用与 IS－95 系统相类似的初始同步技术，即通过对导频信道的捕获建立 PN 码的同步和符号同步，通过对同步信道的接收建立帧同步和扰码同步。PN 码的同步过程分为两个阶段：PN 码的捕获(粗同步)和 PN 码的跟踪(细同步)。

(1) PN 码捕获本地 PN 码的频率和相位，使本地产生的 PN 码与接收到的 PN 码之间的定时误差小于一个码片的间隔，可以采用基于滑动相关的串行捕获方案或者基于时延估计问题的并行捕获方案。

(2) PN 码跟踪和自动调整本地码相位，进一步缩小定时误差，使之小于码片间隔的几分之一，达到本地码与接收 PN 码频率和相位精确同步。典型的 PN 码跟踪环路分基于延迟锁定环和 τ 抖动跟踪环两种。接收信号经宽带滤波器后，在乘法器中与本地 PN 码进行相关运算。捕获器件调整压控时钟源，用以调整 PN 码发生器产生的本地 PN 码序列的频率和相位，捕获有用信号。一旦捕获到有用信号，启动跟踪器件，用以调整压控时钟源，使本地 PN 码发生器与外来信号保持精确同步。如果由于某种原因引起失步，则需重新开始新一轮捕获和跟踪。

TD－SCDMA 中的同步技术一般指上行同步，即要求来自不同位置和不同距离的用户终端的上行信号能同步到达基站，包括上行同步的建立和维持。对于 TDD 的系统，上行同步能够给系统带来很大的好处。由于移动通信系统是工作在具有严重干扰、多径传播和多普勒效应的实际环境中，要实现理想的同步几乎是不可能的。但是让每个上行信号的主径达到同步，对改善系统性能、简化基站接收机的设计都有明显的好处。

对 WCDMA 而言，基站间的同步技术是可选的。但在 WCDMA 物理层过程时需要用到相关同步过程，如小区搜索时的时隙同步、帧同步，公共信道同步和专用信道同步等。小区搜索时，UE 使用 SCH 的基本同步码获得该小区的时隙同步，然后使用 SCH 的辅助同步码找到帧同步，并对前面找到的小区码组进行识别。而公共信道同步则在小区搜索完成后再进行，主要为了得到公共物理信道的无线帧定时。在公共信道同步完成后，在业务建立及其他相关过程中，UE 可以根据相应的协议规则，完成上行和下行的专用信道同步。

从实现方式上讲，CDMA 2000 基站间的同步需要 GPS 的精确定时，而且目前也只有 GPS 定时一种实现途径，小区之间需要保持同步，系统对定时的要求较高。TD－SCDMA 在初期应用可以采用类似 CDMA 2000 的 GPS 同步方式，也可以采取网络同步方式，如小区利用其他小区的下行导频信号来实现同步。目前 TD－SCDMA 系统采用 GPS 同步方式。

3.5.6 动态信道分配

DCA 是动态信道分配的简称，其作用是通过信道质量准则和业务量参数对信道资源进行优化配置。DCA 的测量由 UTRAN 执行，并由 UE 向 UTRAN 报告测量结果。为了使空闲模式下的 DCA 测量最小化，应区分两种情况：与 TD-SCDMA 系统建立连接时的初始 DCA 测量和连接模式下的 DCA 测量。

为了提高系统容量，减少干扰，更有效地利用有限的信道资源，蜂窝移动通信系统普遍采用信道分配技术，即根据移动通信的实际情况及约束条件而设法使更多用户接入的技术。信道分配有固定信道分配(FCA)、动态信道分配(DCA)和混合信道分配(HCA)三种。

TD-SCDMA 系统采用 RNC 集中控制的 DCA 技术，在一定区域内，将几个小区的可用信道资源集中起来，由 RNC 统一管理，按小区呼叫阻塞率、候选信道使用频率、信道再用距离等诸多因素，将信道动态分配给呼叫用户。

信道动态分配分为两个阶段：第一阶段是呼叫接入的信道选择，采用慢速 DCA；第二阶段是呼叫接入后为保证业务传输质量而进行的信道重选，采用快速 DCA。RNC 根据各相邻小区占用的时隙，计算或测量时隙的干扰情况，动态地在 RNC 所管辖的各小区间、工作载波间及上下行链路之间进行时隙分配。

3.5.7 接力切换

接力切换(Baton Handover，BH)是 TD-SCDMA 移动通信系统的核心技术之一，其设计思想是利用智能天线和上行同步等技术，在对 UE 的距离和方位进行定位的基础上，以 UE 方位和距离信息作为辅助信息来判断目前 UE 是否移动到了可进行切换的相邻基站的临近区域。如果 UE 进入切换区，则 RNC 通知该基站做好切换的准备，从而达到快速、可靠和高效切换的目的。这个过程就像是田径比赛中的接力赛跑传递接力棒一样，因而形象地称之为接力切换。接力切换通过与智能天线和上行同步等技术的有机结合，巧妙地将软切换的高成功率和硬切换的高信道利用率结合起来，是一种具有较好系统性能优化的切换方法。

实现接力切换的必要条件是网络要准确获得 UE 的位置信息，包括 UE 的信号到达方向(DOA)和 UE 与基站之间的距离。在 TD-SCDMA 系统中，由于采用了智能天线和上行同步技术，因此系统可以较为容易地获得 UE 的位置信息。

具体过程如下：利用智能天线和基带数字信号处理技术，可以使天线阵根据每个 UE 的 DOA 为其进行自适应的波束赋形。对每个 UE 来讲，仿佛始终都有一个高增益的天线在自动地跟踪它。基站根据智能天线的计算结果就能够确定 UE 的 DOA，从而获得 UE 的方向信息。在 TD-SCDMA 系统中，有一个专门用于上行同步的时隙 UpPTS。利用上行同步技术，系统可以获得 UE 信号传输的时间偏移，进而可以计算得到 UE 与基站之间的距离。在以上过程完成之后，系统就可以准确获得 UE 的位置信息。

因此，上行同步、智能天线和数字信号处理等先进技术，是 TD-SCDMA 移动通信系统实现接力切换的关键技术基础。

1. 接力切换的过程

接力切换分三个过程，即测量过程、判决过程和执行过程。

1）接力切换中的测量过程

在 UE 和基站通信过程中，UE 需要对本小区基站和相邻小区基站的导频信号强度进行测量。UE 的测量可以周期性地进行，也可以由事件触发进行，还可以是由 RNC 指定执行的测量。由于接力切换在与目标基站建立通信的同时要断开与原基站的连接，因此接力切换的判决相对于软切换来说较为严格。也就是说，在满足正常通信质量要求的情况下，要尽可能地降低系统的切换率。基于这一考虑，接力切换的测量与其他两种切换的测量有所不同，如测量的范围和对象较少，进行切换申请的目标小区信号强度滞后较大等。

首先，是否进行接力切换主要是根据当前小区能否满足终端的通信要求来判定。因此，对当前小区的内部测量和质量测量特别重要，而对相邻小区的测量结果报告要求相对稍低一些。UE 测量报告的门限值设置基本上是以满足业务质量为基准，并有一定的滞后。若当前服务小区的导频信号强度在一段时间 T1 内持续低于某一个门限值 T_DROP，UE 则向 RNC 发送由接收信号强度下降事件触发的测量报告，从而可启动系统的接力切换测量过程。由于 TD-SCDMA 采用 TDD 方式，上下行工作频率相同，故其环境参数可互为估计，这是优于 FDD 的一大特点，并在接力切换测量中得到了充分运用。如果 Node B 的测量处于基准值，则可发送报告请求切换，这样可以防止 UE 的测量报告处理不当或延迟较大而造成掉话现象。

接力切换测量开始后，当前服务小区不断地检测 UE 的位置信息，并将它发送到 RNC。RNC 可以根据这些测量信息分析判断 UE 可能进入哪些相邻小区，即确定哪些相邻小区最有可能成为 UE 切换的目标小区，并作为切换候选小区。在确定了候选小区后，RNC 通知 UE 对它们进行监控和测量，并把测量结果报告给 RNC。RNC 根据确定的切换算法判断是否进行切换。如果判决应该进行切换，则 RNC 可根据 UE 对候选小区的测量结果确定切换的目标小区，然后系统向 UE 发送切换指令，开始实行切换过程。

2）接力切换的判决过程

接力切换的判决过程是根据各种测量信息，并综合系统信息，依据一定的准则和算法，来判决 UE 是否应当切换和如何进行切换。UE 或 Node B 测量报告触发一个测量报告到 RNC，切换模块对测量结果进行处理。首先处理当前小区的测量结果，如果其服务质量足够好，则判决不对其他监测小区的测量报告进行处理；如果服务质量介于业务需求门限和设定质量门限之间，则激活切换算法对所有的测量报告进行整体评估；如果评估结果表明，监测小区中存在比当前服务小区信号更好的小区，则判决进行切换；如果当前小区的服务质量已低于业务需求门限，则立即对监测小区进行评估，选择最强的小区进行切换。一旦判决切换，则 RNC 立即执行接纳控制算法，判断目标基站是否可以接受该切换申请。如果允许接入，则 RNC 通知目标小区对 UE 进行扫描，确定信号最强的方向，做好建立信道的准备并反馈给 RNC。RNC 还要通过原基站通知 UE 无线资源重配置的信息，并通知 UE 向目标基站发 SYNC_UL，获得上行同步的相关信息。然后，RNC 发信令给原基站拆除信道，同时与目标小区建立通信。

3）接力切换中的执行过程

接力切换的执行过程，就是当系统收到 UE 发出的切换申请，并且通过算法模块的分析判决已经同意 UE 可以进行切换的时候(满足切换条件)，执行将通信链路由当前服务小区切换到目标小区的过程。由于当前服务小区已经检测到了UE的位置信息，因此，当前服务小区可以将UE的位置信息及其他相关信息传送到RNC。RNC再将这些信息传送给目标小区，目标小区根据得到的信息对UE进行精确定位和波束赋形。UE在与当前服务小区保持业务信道连接的同时，网络通过当前服务小区的广播信道或前向接入信道通知UE有关目标小区的相关系统信息(同步信息、目标小区使用的扰码、传输时间和帧偏移等)，这样就使UE在接入目标小区时，能够缩短上行同步的过程(这也意味着切换所需要的执行时间较短)。当UE的切换准备就绪时，由RNC通过当前服务小区向UE发送切换命令。UE在收到切换命令之后开始执行切换过程，即释放与原小区的链路连接。UE根据已得到的目标小区的相应信息，接入目标小区，同时网络侧释放原有链路。

4）接力切换的完整过程

TD-SCDMA系统接力切换的三个过程并不孤立，而是紧密联系在一起的。对于接力切换的完整过程，可以用下列示意图来表示。

第一步：UE与当前服务基站Node B1进行正常通信，如图3-35所示。

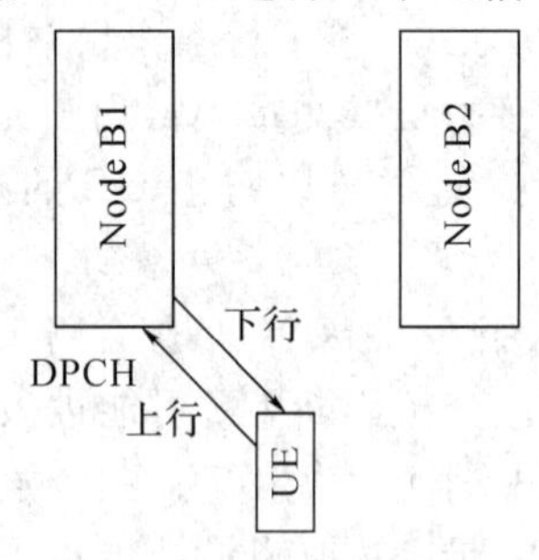

图3-35　UE与当前服务基站正常通信

第二步：当UE需要切换并且网络通过对UE候选小区的测量找到切换目标小区时，网络向UE发送切换命令，UE就与目标小区建立上行同步，然后UE在与Node B1保持信令和业务连接的同时，与Node B2建立信令连接，如图3-36所示。

第三步：当UE与Node B2信令连接建立后，UE就删除与Node B1的业务连接，如3-37所示。

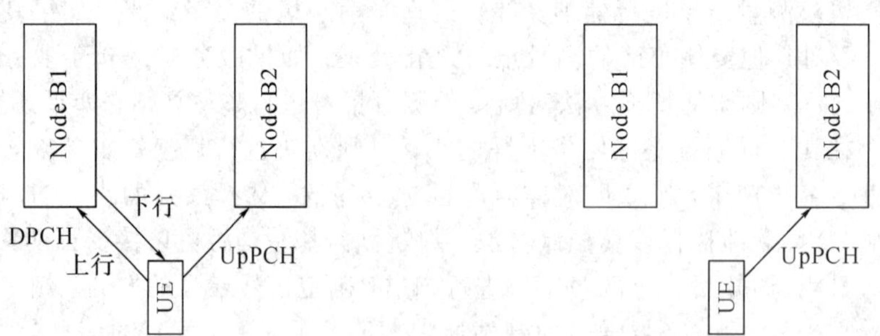

图3-36　UE与目标基站建立信令连接　　图3-37　UE删除与原基站的业务连接

第四步：UE尝试建立与Node B2的业务连接，假设UE与Node B2的业务连接成功建立，如图3-38所示。

第五步：UE删除与Node B1的信令连接，如图3-39所示。这时UE与Node B1之间的业务和信令连接全部断开，而只与Node B2保持了信令和业务的连接，切换完成。

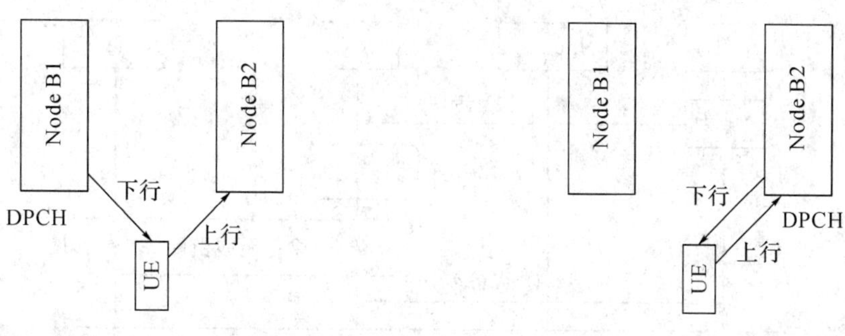

图 3-38　UE 建立与目标基站的业务连接　　图 3-39　接力切换完成

上面各图以及过程描述都只是针对切换成功的情况，而切换失败的情况几乎与上面过程类似，只是当 UE 尝试建立与 Node B2 的业务连接失败以后，UE 就恢复与 Node B1 之间的业务连接，之后 UE 删除与 Node B2 的信令连接，这时 UE 与 Node B2 之间的业务和信令连接全部断开，而仍只与 Node B1 保持信令和业务的连接，完成了整个接力切换过程。

2. 接力切换的信令流程

TD-SCDMA 系统接力切换的信令过程与其他系统大致相同，而不同之处主要表现为由于接力切换的前提是精确定位，因此接力切换对同步精度要求很高，对于接力切换而言，即使在同步小区之间进行切换的时候同样需要通过 TD-SCDMA 特有的上行同步来实现。

结合以上 TD-SCDMA 接力切换三大过程，图 3-40、图 3-41 给出了 RNC 内部的接力切换过程(采用的是终端辅助切换方式)。接力切换成功的情况可参见图 3-40。接力切换失败的情况可参见图 3-41。

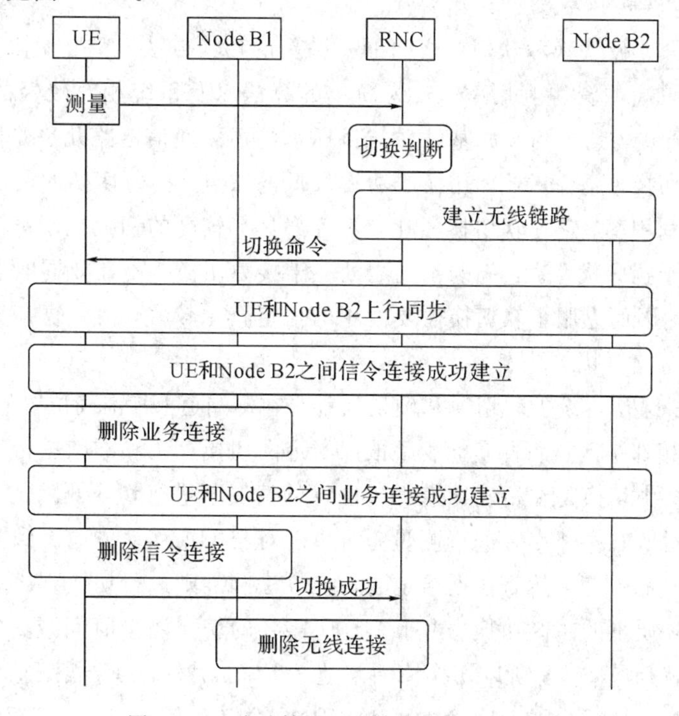

图 3-40　成功情况下的接力切换信令流程

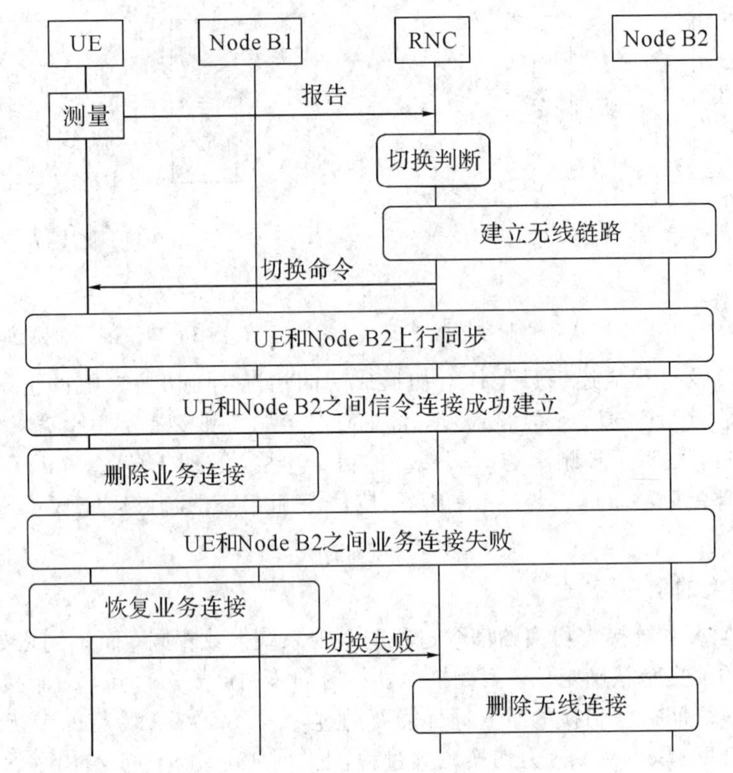

图 3－41 失败情况下的接力切换信令流程

3. 接力切换性能简要分析

接力切换是介于硬切换和软切换之间的一种新的切换方法。它与硬切换相比，相同之处是两者都具有较高的资源利用率，较为简单的算法以及系统相对较轻的信令负荷等优点；不同之处在于接力切换断开原基站并与目标基站建立通信链路几乎是同时进行的，因而克服了传统硬切换掉话率较高、切换成功率较低的缺点。接力切换的突出优点是切换高成功率和信道高利用率。它与软切换相比，两者都具有较高的切换成功率、较低的掉话率以及较小的上行干扰等优点。它们的不同之处在于接力切换并不需要同时有多个基站为一个终端提供服务，因而克服了软切换需要占用的信道资源较多，信令复杂导致系统负荷加重以及增加下行链路干扰等缺点。

从测量过程来看，传统的软切换和硬切换都是在不知道 UE 准确位置的情况下进行的，因此需要对所有相邻小区进行测量，然后根据给定的切换算法和准则进行切换判决和目标小区的选择。而接力切换是在精确知道 UE 位置的情况下进行切换测量的，因此一般情况下，它没有必要对所有相邻小区进行测量，而只需对与 UE 移动方向一致的靠近 UE 一侧的少数几个小区进行测量，然后根据给定的切换算法和准则进行切换判决和目标小区的选择，就可以实现高质量的越区切换。由于 UE 所需要的切换测量时间减少，测量工作量减少，切换时延也就相应减少，所以切换掉话率随之下降。另外，由于需要监测的相邻小区数目减少，因而也相应地减少了 UE、Node B 和 RNC 之间的信令交互，缩短了 UE 测量的时间，减轻了网络的负荷，进而使系统性能得到优化。

3.6　TD－SCDMA 系统设备简介

3.6.1　TD－SCDMA 系统结构

一个完整的 TD－SCDMA 系统的构成如图 3－42 所示。

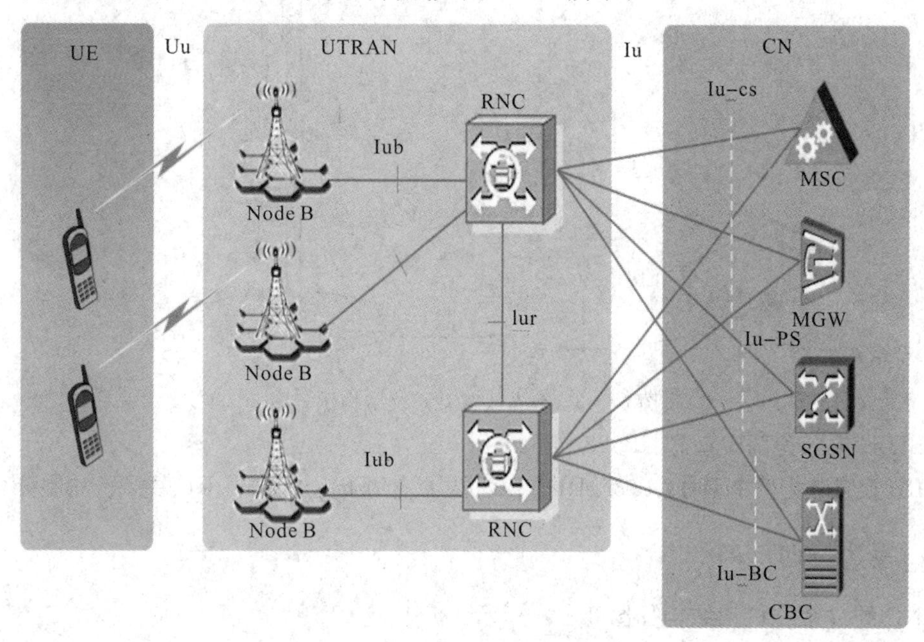

图 3－42　TD－SCDMA 系统构成

图 3－42 中各设备的功能如下：

UE：手机。

Node B：基站，主要完成 Uu 接口物理层协议和 Iub 接口协议的处理。

RNC：无线网络控制，提供移动性管理、呼叫处理、链接管理和切换机制。

MSC：移动交换中心，提供交换和呼叫路由选择、计费、与 HLR\VLR 通信等。

MGW：Media GateWay（媒体网关），主要功能是提供承载控制和传输资源。

SGSN：GPRS 服务支持节点，主要实现分组数据包的路由转发、移动性管理、会话管理、逻辑链路管理、鉴权和加密、话单产生和输出等功能。

CBC：小区短消息广播中心，相当于 GSM 的 CBCH 信道支持短信中心。

中兴通讯针对不同移动通信运营商的需求并结合移动通信网络的特点推出了系列化分布式基站，将 Node B 分为基带池 BBU 和远端射频单元 RRU 两个部分，分别实现 Node B 系统中的基带处理和射频处理功能。

RRU 必须和 BBU 配合使用才能实现传统基站的功能，RRU 和 BBU 之间的接口为光接口，两者之间通过光纤传输 IQ 数据和 OAM 信令数据。

BBU 和 RRU 以及天馈系统组成分布式的基站系统，其结构示意图如图 3－43 所示。BBU 放在室内，通过光纤连接到 RRU(一般在室外)。

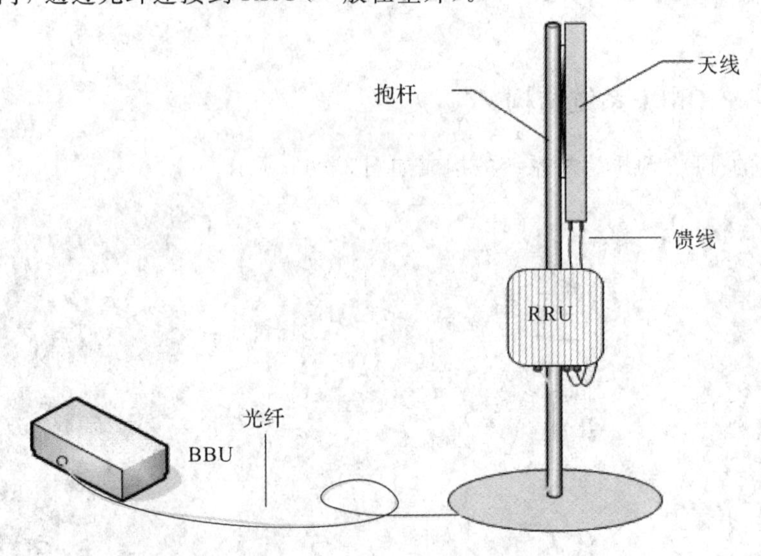

图 3－43　分布式基站系统结构示意图

BBU 设备分为两个型号：B328、B326。

RRU 设备分为两个型号：R08i、R11。R08i 主要应用于室外宏站；R11 主要应用室分系统。

3.6.2　RNC 硬件系统

RNC 硬件系统机架结构如图 3－44 所示。

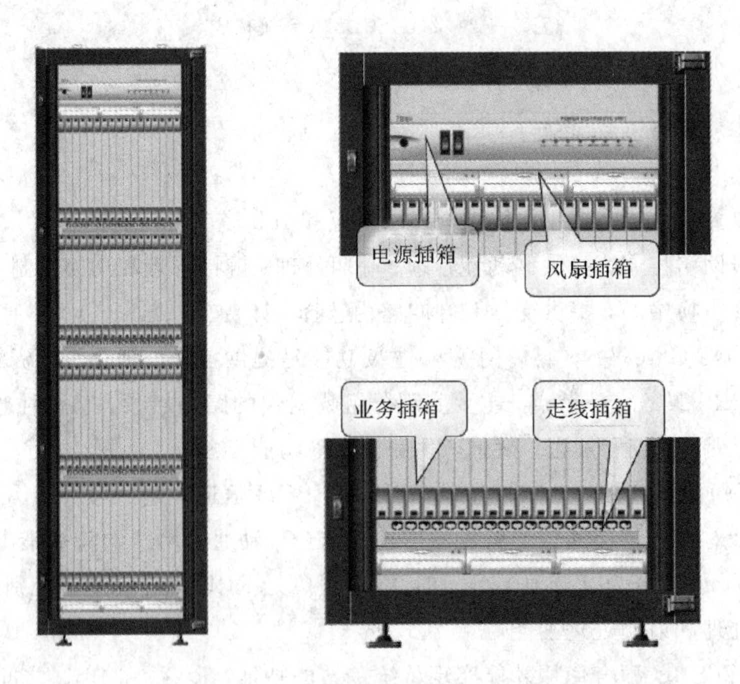

图 3－44　RNC 硬件系统机架结构

RNC 硬件系统机框示意图如图 3 - 45 所示。

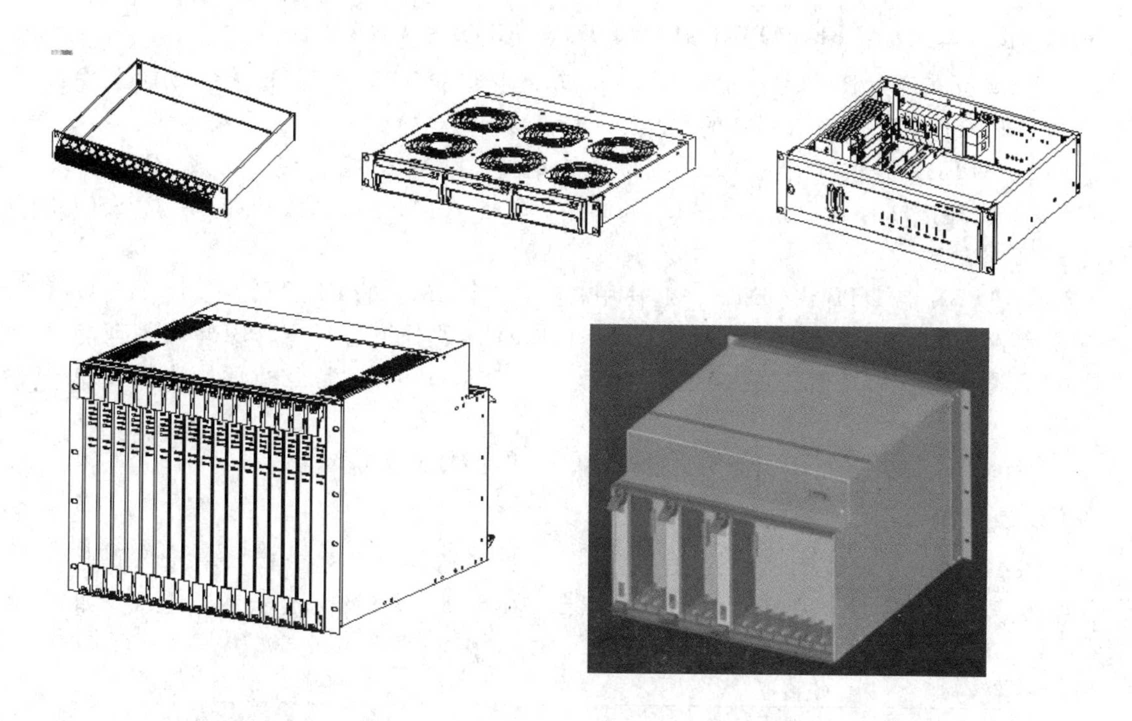

图 3 - 45　RNC 硬件系统机框示意图

ZSTR RNC 硬件系统总体框图如图 3 - 46 所示。

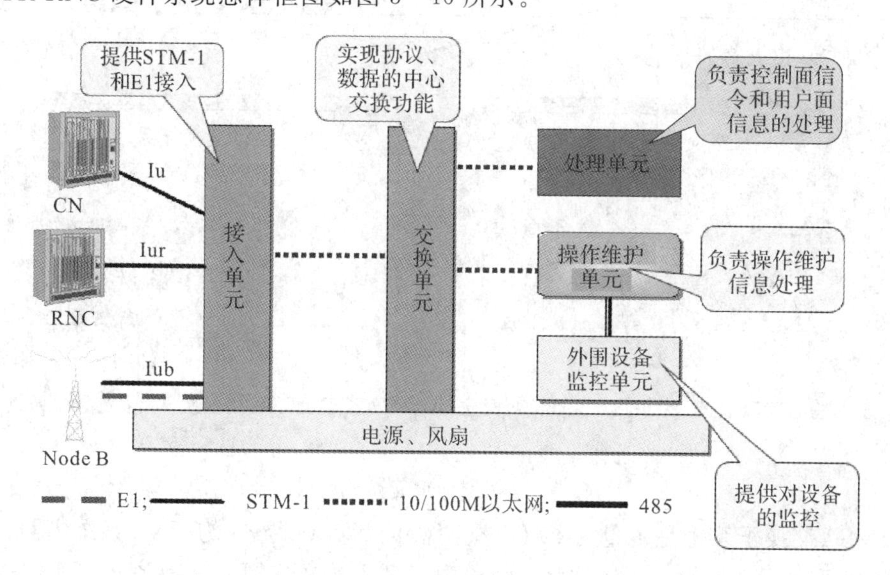

图 3 - 46　ZSTR RNC 硬件系统总体框图

1. 操作维护单元(包括 ROMB 和 CLKG 单板)

(1) CLKG 板实现系统的时钟供给和外部同步功能。

(2) ROMB 单板完成 RNC 系统的全局过程处理；完成整个 RNC 的操作维护代理，各单板状态的管理和信息的搜集，维护整个 RNC 的全局性的静态数据；ROMB 上还可能跑

RPU 模块，完成路由协议处理。

2. 接入单元（APBE、APBI(IMAB)、DTB、SDTB 和 GIPI 单板）

接入单元实现为 RNC 系统提供 Iu、Iub 和 Iur 接口的 STM－1 和 E1 接入功能。

(1) SDTB：提供 1 个 155M 的 STM－1 标准接口，支持 63 个 E1。

(2) APBE：提供 4 个 STM－1 接入，支持 622M 交换容量。完成 RNC 系统 STM－1 物理接口的 AAL2 和 AAL5 的终结，实现 ATM 的 OAM 功能，完成 SSCOP 和 SSCF 的处理。

(3) APBI：与 DTB 或 SDTB 一起使用，提供支持 IMA 的 E1 接入。每个 DTB 单板提供 32 路 E1 接口，每个 APBI 板实现 30 个 IMA 组的分组功能。APBI 单板处理能力是 622M(处理 AAL2 能力是 310M，处理 AAL5 是 620M，混合处理能力是 400～500M)。

(4) GIPI：提供一个 IP 传输方式的光接口和实现 OMCB 功能。

3. 交换单元

交换单元主要为系统控制管理和业务处理板间通信以及多个接入单元之间业务流连接等提供大容量、无阻塞的交换功能。交换单元由两级交换子系统组成，如图 3－47所示。

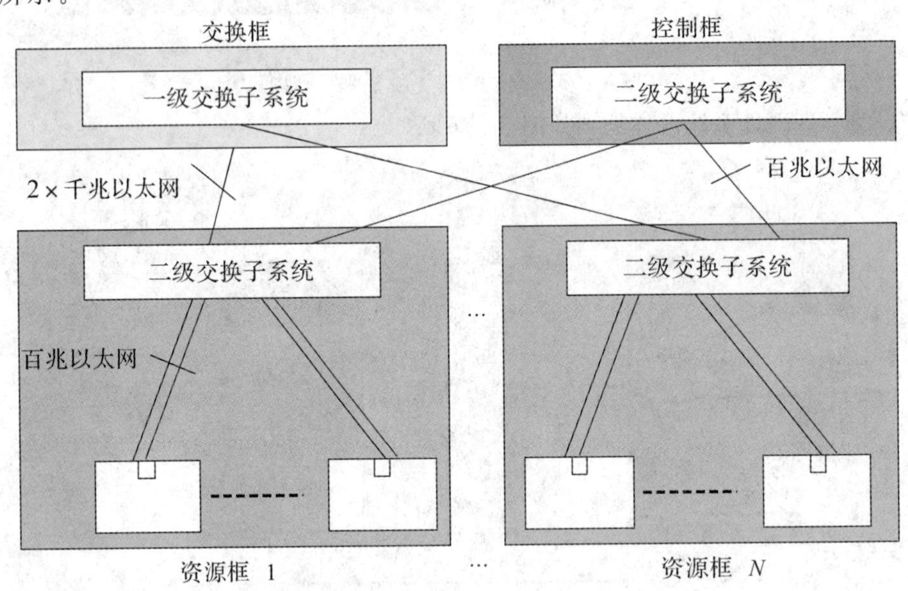

图 3－47 交换单元系统组成

(1) 一级交换子系统是容量为 40 Gb/s 的核心交换子系统，为 RNC 系统内部各个功能实体之间以及系统之外的功能实体间提供必要的消息传递通道，用于完成包括定时、信令、语音业务、数据业务等在内的多种数据的交互以及根据业务的要求实现为不同的用户提供相应的 QOS 功能，包括交换网 PSN 和线卡 GLI 单板，分别实现管理、核心交换网板和线卡功能。

(2) 二级交换子系统由以太网交换芯片提供，一般情况下支持 2 层以太网交换，根据需要也可以支持 3 层交换；负责系统内部用户面和控制面数据流的交换和汇聚，包括

UIMC、UIMU(GUIM)和 CHUB 单板。

(3) RNC 系统内部提供两套独立的交换平面、控制面和用户面。对于控制面数据，因数据流量较小，采用二级交换子系统进行集中汇聚，无须通过一级交换子系统实现交换。对于用户面数据，因数据流量较大，同时为了对业务实现 QoS，需要通过一级交换子系统来实现交换和扩展。

(4) 在只有两个资源框的配置下，用户面可以采用二级交换子系统，如图 3-48 所示。

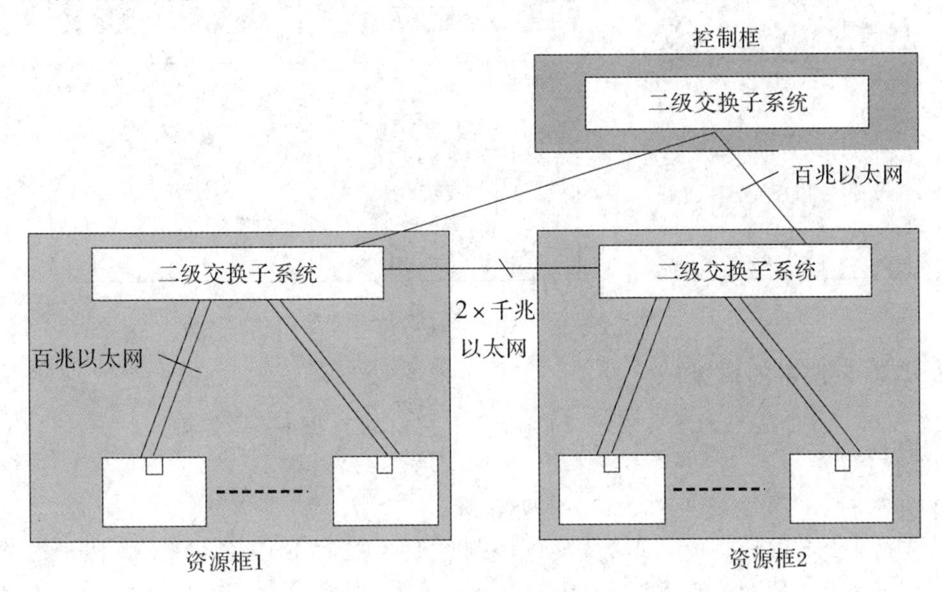

图 3-48　二级交换子系统

4. 处理单元(包括 RCB、RUB 单板)

(1) 处理单元完成控制面和用户面上层协议处理。

(2) 每块 RUB 板提供以太网端口和交换单元的二级交换子系统相连，完成对于 CS 业务 FP/MAC/RLC/UP 协议栈的处理和 PS 业务 FP/MAC/RLC/UP/PDCP/GTP-U 的处理。

(3) RCB(控制面)连接在交换单元上，完成 RNC 系统 Iu/Iur/Iub/Uu 接口控制面 RANAP/RNSAP/NBAP/RRC 标准协议信令处理和 NO.7 信令处理。

5. 外围设备监控单元(包括 PWRD 单板和告警箱 ALB)

(1) PWRD 完成机柜里一些外围单板和环境单板信息的收集，包括电源分配器和风机的状态以及温湿度、烟雾、水浸和红外等环境告警信息。PWRD 通过 RS-485 总线接受 ROMB 的监控和管理。每个机柜有一块 PWRD 板。

(2) 告警箱 ALB 根据系统出现的故障情况进行不同级别的系统报警，以便设备管理人员及时干预和处理。

ZXTR RNC 系统的关键部件均提供硬件 1+1 备份，如 ROMB、RCB、UIMC、CHUB、PSN、GLI 等，如图 3-49 所示。而 RUB 采用负荷分担的方式。接入单元根据需要可以提供硬件主备。

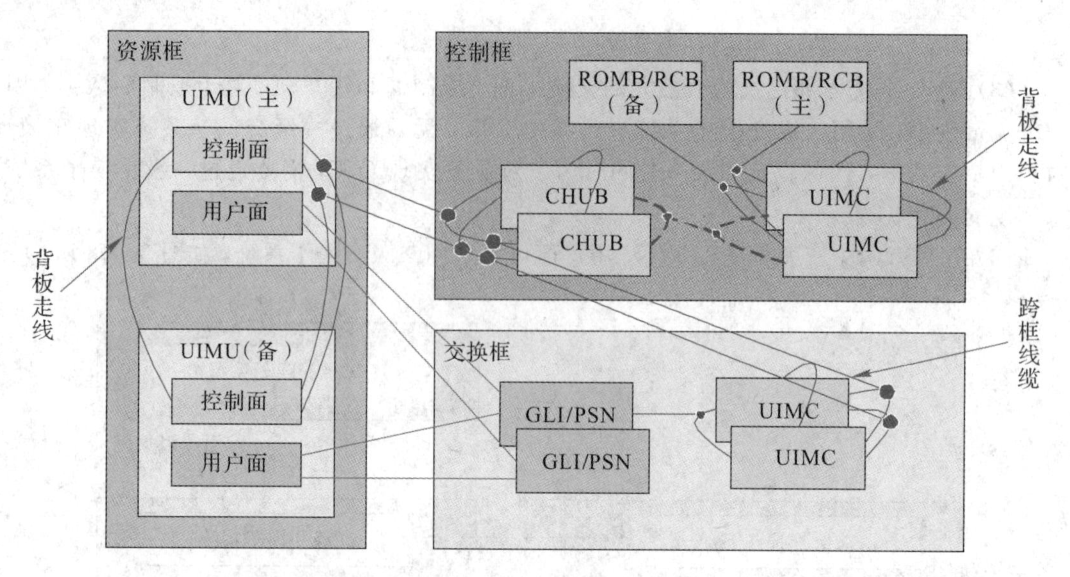

图 3-49　RNC 系统硬件 1+1 备份

6. RNC 系统中的单板

(1) ATM 处理板(APBE)：用于 Iu/Iur/Iub 接口的 ATM 接入处理。

功能描述：

① 实现 STM-1 的接入和 ATM 处理功能。

② 支持 4 个 STM-1 的 ATM 光接口，提供 64 路 E1 的 IMA 的接入，支持 1∶1 备份。

③ 实现 ATM 的 OAM 功能。

APBE 在资源框中的位置如表 3-5 所示。

表 3-5　APBE 在资源框中的位置

1	2	3	4	5	6	7	8	9	10	11	12	13	14	15	16	17
APBE	APBE	APBE	APBE	APBE	APBE	APBE	APBE	UIMU	UIMU	APBE	APBE	APBE	APBE	APBE		

(2) 反向复用板(IMAB)。

功能描述：

① 提供 1 个 100M 控制面以太网口，最大 4 个用户面以太网口。

② 支持 30 个 IMA 组，提供 16 个 8MHW 的电路接口。

③ 实现 155M 线速的 ATMAAL2 和 AAL5 的 SAR。

IMAB 在资源框中的位置如表 3-6 所示。

表 3-6　IMAB 在资源框中的位置

1	2	3	4	5	6	7	8	9	10	11	12	13	14	15	16	17
				IMAB	IMAB	IMAB	IMAB	UIMU	UIMU	IMAB	IMAB	IMAB	IMAB			

(3) 光数字中继板(SDTB)。

功能描述：提供 1 路 155M 的 STM－1 的接入，支持 63 路 E1，为 RNC 系统提供线路接口。

SDTB 板在资源框中的位置如表 3－7 所示。

表 3－7　SDTB 板在资源框中的位置

1	2	3	4	5	6	7	8	9	10	11	12	13	14	15	16	17
SDTB	SDTB	SDTB	SDTB	SDTB	SDTB	SDTB	SDTB	UIMU	UIMU	SDTB	SDTB	SDTB	SDTB			SDTB

(4) 千兆以太网接口板(GIPI)。

功能描述：实现各种 IP 接口和 OMMB 网管功能。

GIPI 板在资源框中的位置如表 3－8 所示。

表 3－8　GIPI 板在资源框中的位置

1	2	3	4	5	6	7	8	9	10	11	12	13	14	15	16	17
GIPI	GIPI	GIPI	GIPI	GIPI	GIPI	GIPI	GIPI	UIMU	UIMU	GIPI	GIPI	GIPI	GIPI	GIPI	GIPI	GIPI

(5) 通用媒体接入模块(UIMU)。

功能描述：

① 单板能够为资源框内部提供 16K 电路交换功能。

② 提供两个 24＋2 交换式 HUB，一个是控制面以太网 HUB，对内提供 20 个控制面 FE 接口与资源框内部单板互连，对外提供 4 个控制面 FE 接口用于资源框之间或资源框与 CHUB 之间互连；另一个是用户面以太网 HUB，对内提供 23 个 FE，用于资源框互连，对外提供 1 个 FE，可用于 R4 的 MP 数据传输。

③ 实现资源框管理功能，对资源框内提供 RS－485 接口，同时实现资源框单板复位和复位信号采集功能。

④ 实现资源框内时钟驱动功能，输入 8K、16M 信号，经过锁相、驱动后分发给资源框的各个槽位，为资源单板提供 16M 和 8K 时钟。

⑤ 实现机架号、机框号、槽位号、设备号、背板版本号、背板类型号的读取功能。实现 MAC 配置、VLAN、广播包控制功能。

⑥ 提供两个 100M 以太网口，分别用作调试口和主备单板互联口。

UIMU 在资源框中的位置如表 3－9 所示。

表 3－9　UIMU 在资源框中的位置

1	2	3	4	5	6	7	8	9	10	11	12	13	14	15	16	17
								UIMU	UIMU							

(6) 通用控制接口模块(UIMC)。

功能描述：同 UIMU 功能类似。

UIMC在控制框中的位置如表3-10所示。UIMC在交换框中的位置如表3-11所示。

表3-10　UIMC在控制框中的位置

1	2	3	4	5	6	7	8	9	10	11	12	13	14	15	16	17
								UIMC	UIMC							

表3-11　UIMC在交换框中的位置

1	2	3	4	5	6	7	8	9	10	11	12	13	14	15	16	17
														UIMC	UIMC	

(7) 控制面集线器(CHUB)。

功能描述:提供两个24+2交换式HUB,对外部提供46个FE接口与资源框互连。

CHUB在控制框中的位置如表3-12所示。

表3-12　CHUB在控制框中的位置

1	2	3	4	5	6	7	8	9	10	11	12	13	14	15	16	17
								UIMC	UIMC					CHUB	CHUB	

当有多个控制框时,CHUB只在第一个配置。

(8) 千兆线路接口板(GLI)。

功能描述:

① 提供8个GE端口,其中4个主用、4个备用。

② 提供1个100M以太网口作为控制面,1个100M以太网口用于与GLI板主备通信。

③ 提供背板调试口RS232。

④ GLI单板硬件上配备看门狗电路,在软件跑飞时能实现自复位操作。

⑤ 实现GLI本板所在物理位置读取功能,24 bit的单板在系统中唯一标识及子卡类型。

GLI单板在控制框中的位置如表3-13所示。

表3-13　GLI单板在控制框中的位置

1	2	3	4	5	6	7	8	9	10	11	12	13	14	15	16	17
GLI	GLI	GLI	GLI					UIMC	UIMC							

(9) 分组交换网板(PSN)。

功能描述:

① 实现双向各40 Gb/s用户数据交换功能。

② 支持 1+1 负荷分担，可以人工倒换，实现负荷分担。

③ 提供 1 个 100M 以太网作为控制通道，连接 UIMC。

④ 提供 1 个 100M 以太网作为主备通信，连接对板。

PSN 在交换框中的位置如表 3-14 所示。

表 3-14　PSN 在交换框中的位置

1	2	3	4	5	6	7	8	9	10	11	12	13	14	15	16	17
								PSN	PSN					UIMC	UIMC	

(10) 控制面处理板(RCB)。

功能描述：

① 完成 Iu、Iur、Iub 和 Uu 接口对应的 RNC 侧控制面信令和相关 7 号信令及 GPS 定位信息处理。

② 完成 Iu、Iur、Iub 和 Uu 接口上 IP 信令协议的处理。

RCB 在控制框中的位置如表 3-15 所示。

表 3-15　RCB 在控制框中的位置

1	2	3	4	5	6	7	8	9	10	11	12	13	14	15	16	17
RCB	RCB	RCB	RCB	RCB	RCB	RCB	RCB	UIMC	UIMC	RCB	RCB	RCB	RCB	RCB	RCB	RCB

(11) 用户面处理板(RUB)。

功能描述：

① 提供 14 片 DSP 组成的阵列，实现用户协议处理功能。

② 提供最大两个 100M 用户面以太网口，作为业务数据通道。

③ 提供 1 个 100M 控制面以太网口，作为与控制面交互的数据通道。

④ 提供 1 个 485 接口，作为控制面备用通信链路。

RUB 在资源框中的位置如表 3-16 所示。

表 3-16　RUB 在资源框中的位置

1	2	3	4	5	6	7	8	9	10	11	12	13	14	15	16	17
RUB	RUB	RUB	RUB	RUB	RUB	RUB	RUB	UIMC	UIMC	RUB	RUB	RUB	RUB	RUB	RUB	RUB

7. RNC 系统配置与组网

RNC 的系统配置如图 3-50 所示(大容量 1 号机框)和图 3-51 所示(大容量 2 号机框)。

#1号机架前插板

PWRD																
1	2	3	4	5	6	7	8	9	#	#	#	#	#	#	#	#
FAN																
SBCX 1		GIPI 1	GIPI 1	RUB 1	RUB 1	RUB 1	RUB 1	GUIM	GUIM	GIPI 1	GIPI 1	RUB 1	RUB 1	APBE 1	APBE 1	
RCB 3 4	RCB 3 4	RCB 20 21	RCB 20 21	RCB 24 25	RCB 24 25	RCB 28 29	RCB 28 29	UIMC 1	UIMC 1	ROMB 1 2	ROMB 1 2	CLKG 1	CLKG 1	CHUB 1	CHUB 1	
FAN																
SDTB 3		SDTB 3		SDTB 4		SDTB 4		GUIM 1	GUIM 1	SDTB 20		APBI 3	APBI 3	APBI 4	APBI 4	APBI 20
SDTB 20		SDTB 21		SDTB 21		SDTB 24		GUIM 1	GUIM 1	SDTB 24		APBI 20	APBI 21	APBI 21	APBI 24	APBI 24
FAN																

#1号机架后插板

PWRD																
1	2	3	4	5	6	7	8	9	#	#	#	#	#	#	#	#
FAN																
RSVB		RGER	RGER					RGUM1	RGUM2	RMNIC	RMNIC			RGIM1	RGIM1	
								RUIM2	RUIM3	RMPB	RMPB	RCKG1	RCKG2	RCHB1	RCHB2	
FAN																
								RGUM1	RGUM2							
								RGUM1	RGUM2							
FAN																

图 3-50　RNC 的系统配置(大容量 1 号机框)

#2号机架前插板

PWRD																
1	2	3	4	5	6	7	8	9	#	#	#	#	#	#	#	#
FAN																
SDTB 25		SDTB 25		SDTB 28		SDTB 28		GUIM 1	GUIM 1	SDTB 29		APBI 25	APBI 25	APBI 28	APBI 28	APBI 29
RCB 5 6	RCB 5 6							UIMC 1	UIMC 1							
FAN																
SDTB 29		SDTB 5		SDTB 5		SDTB 6		GUIM 1	GUIM 1				APBI 29	APBI 5	APBI 5	APBI 6
GLI 1	GLI 1	GLI 1	GLI 1	GLI 1	GLI 1	PSN 1	PSN 1							UIMC 1	UIMC 1	
FAN																

#2号机架后插板

PWRD																
1	2	3	4	5	6	7	8	9	#	#	#	#	#	#	#	#
FAN																
								RGUM1	RGUM2							
								RUIM2	RUIM3							
FAN																
								RGUM1	RGUM2							
														RUIM2	RUIM3	
FAN																

图 3-51　RNC 的系统配置(大容量 2 号机框)

(1) 光纤连接路由。

① IUCS、IUPS 接口均采用 ATM 方式。

· APBE(RNC)↔ODF↔APBE(MGW)的光纤;

· APBE(RNC)↔ODF↔SIUP(SGSN)的光纤。

② IUCS 接口采用 ATM 承载方式,IUPS 接口采用 IP 承载方式。

· APBE(RNC)↔ODF↔APBE(MGW)的光纤;

· GIPI(RNC)↔ODF↔SIUP(SGSN)的光纤。

(2) RNC 和 Node B 网元的连接采用光纤连接。

· APBI↔ODF↔传输设备↔BIIP (Node B)。

(3) RNC 和 Node B 网元的连接采用信道化 SDTB 板,RNC 和 Node B 间通过 E1 线缆连接。

· SDTB↔ODF↔传输设备↔Node B 机房的 DDF↔BET（Node B 的 E1 防雷模块）。

3.6.3　BBU - B328 硬件

Node B 系统结构如图 3 - 52 所示。

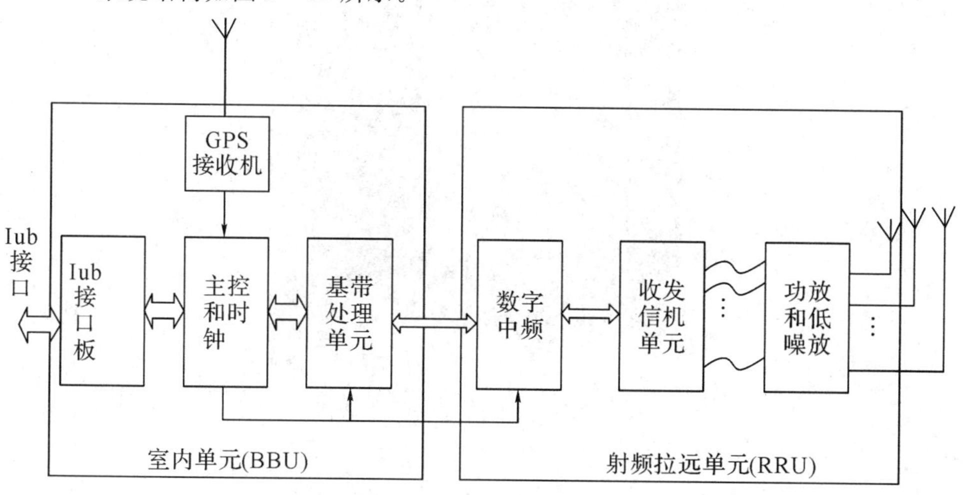

图 3 - 52　Node B 系统结构

其中，BBU 属于室内单元，RRU 属于室外单元。BBU＋RRU 连接示意图如图 3 - 53 所示。

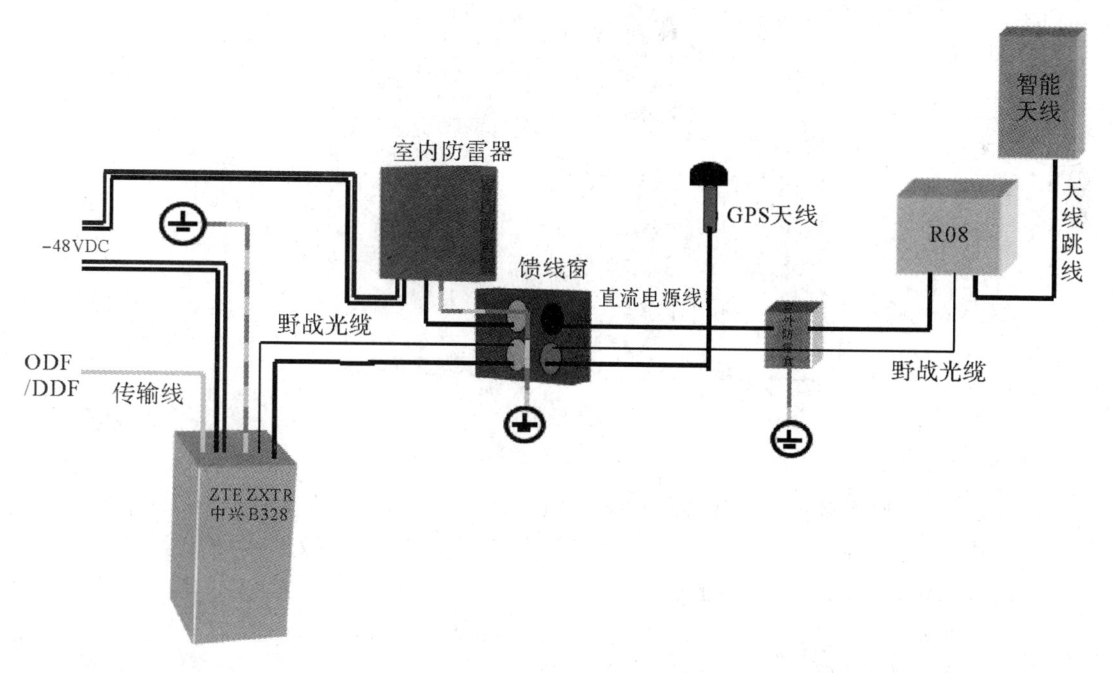

图 3 - 53　BBU＋RRU 连接示意图

中兴通讯 BBU 设备主要采用 ZXTR B328 型号。ZXTR B328 机柜外观如图 3 - 54 所示，大容量机柜式 BBU，满配支持 144CS，B328 机柜组成如图 3 - 55 所示。

图 3-54　ZXTR B328 机柜外观

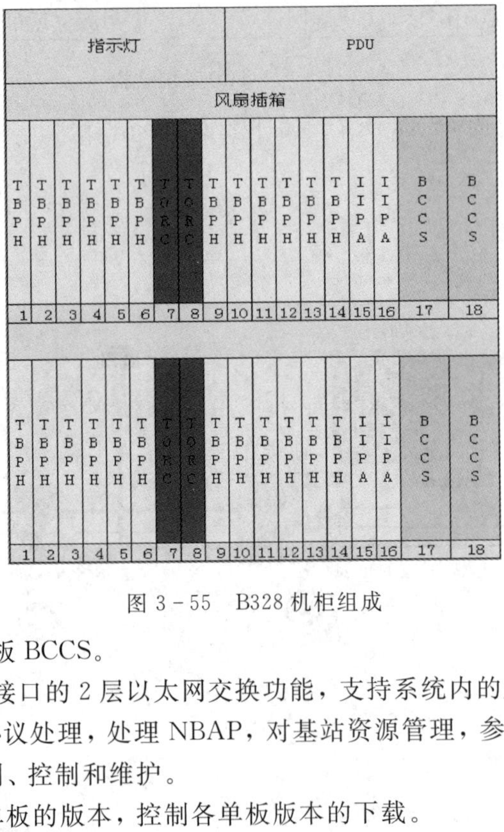

指示灯									PDU								
风扇插箱																	
TBPH	TBPH	TBPH	TBPH	TBPH	TBPH	TORC	TORC	TBPH	TBPH	TBPH	TBPH	TBPH	TBPH	IIPA	IIPA	BCCS	BCCS
1	2	3	4	5	6	7	8	9	10	11	12	13	14	15	16	17	18
TBPH	TBPH	TBPH	TBPH	TBPH	TBPH	TORC	TORC	TBPH	TBPH	TBPH	TBPH	TBPH	TBPH	IIPA	IIPA	BCCS	BCCS
1	2	3	4	5	6	7	8	9	10	11	12	13	14	15	16	17	18

图 3-55　B328 机柜组成

(1) 控制时钟交换板 BCCS。

① 实现 26 个以上接口的 2 层以太网交换功能，支持系统内的业务数据交换。

② 完成 Iub 接口协议处理，处理 NBAP，对基站资源管理，参数配置和测量上报。

③ 对基站进行监测、控制和维护。

④ 存放系统内各单板的版本，控制各单板版本的下载。

⑤ 对各单板进行监测。

⑥ 产生并分发各部分需要的时钟信号。

⑦ 提供 BEMU 上 GPS 接收机之间的 RS485 接口，管理 GPS 接收机。

(2) Iub 接口板 IIA。

① 提供与 RNC 之间的物理接口。

② 完成 Iub 接口的 ATM 物理层处理。

③ 完成 ATM 的 ATM 层处理和适配处理。

④ 完成信令数据和用户数据的收发。

⑤ 完成 ATM 信元的交换，线路时钟提取。

(3) 光纤拉远接口板 TORN。

① 提供 6 个 1.25G 光接口用来连接 RRU 单元。

② 在 PCB 不变的情况下，更改 BOM 表示 4 个 2.5G 的光接口。

③支持 8B/10B 编解码。

④ 支持星型、链型、环型组网。

⑤ 完成基带和射频之间的 IQ 交换。

⑥ 信令的插入和提取，6 个 HDLC 通道(或 FE)对应 6 个光口信令接口，实现和 RRU 非实时信令交换。

⑦ 支持 BCCS 直接控制本板的电源开关。

⑧ 接收来自 BCCS 的系统时钟(10 MHz、61 MHz、FR)并产生本板需要的各种时钟(62.5M 等)。

⑨ 完成上下行 IQ 链路(LVDC 接口)的复用和解复用处理。

(4) TBP 单板(TBPE)。TBPA 最大支持 3 个载波处理，不支持 HSDPA 功能；TBPE 最大支持 3 个载波处理，支持 HSDPA；TBPH 和 TBPK 最大支持 6 个载波处理，支持 HSDPA功能。

(5) 环境监控单元(BEMU)：主要完成 GPS 时钟获取以及一些辅助性工作。

(6) ET(ETT)单板：实现 75 Ω(或 120 Ω)E1 信号的防雷保护(过压、过流保护)。

(7) FCC 硬件子系统：作为机架风扇的控制板，适用于离心风扇和混流风扇的控制，实现风扇电源提供、钻速控制、转速检测及风口温度检测的功能。

3.6.4　RRU－R08i 硬件

1. 整机外观

ZXTR R08i 整机外观如图 3－56 所示。

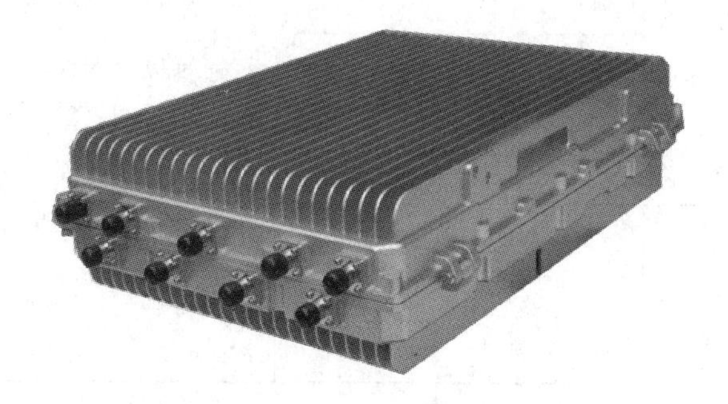

图 3－56　ZXTR R08i 整机外观

2. 外部接口

ZXTR R08i 外部接口说明见表 3－17。

表 3－17　ZXTR R08i 外部接口说明

<table>
<tr><th>接口标识</th><th>连接外部系统</th><th>接口功能概述</th></tr>
<tr><td>ANT1</td><td rowspan="9">RRU→天馈系统</td><td rowspan="9">天馈连接接口，用于与天馈连接实现与 UE 的空中接口的传输以及天线校正</td></tr>
<tr><td>ANT2</td></tr>
<tr><td>ANT3</td></tr>
<tr><td>ANT4</td></tr>
<tr><td>ANT5</td></tr>
<tr><td>ANT6</td></tr>
<tr><td>ANT7</td></tr>
<tr><td>ANT8</td></tr>
<tr><td>ANT_CAL</td></tr>
<tr><td>OP_B</td><td>RRU→BBU 或 RRU</td><td>实现与 BBU 或者级联 RRU 之间的 IQ 数据和通信信令的交互。端口采用光模块双 LC 头接插件</td></tr>
<tr><td>OP_R</td><td>RRU→BBU 或 RRU</td><td>本接口可以配置作为上联至 BBU 的接口(负荷分担)，也可以配置为级联至下联 RRU 的接口。端口采用光模块双 LC 头接插件</td></tr>
<tr><td rowspan="2">MON</td><td rowspan="2">RRU→外部设备</td><td>通过该接口为外部设备提供环境告警和控制信息的交互</td></tr>
<tr><td>外部设备环境监控端口/8 芯航空插座</td></tr>
<tr><td>LMT</td><td>RRU→外部设备</td><td>通过以太网口，TCP/IP 协议承载本地操作维护与 ZXTR R08i 的信息交互。以 TELNET 命令行方式实现</td></tr>
<tr><td>PE</td><td>RRU→大地或接地排</td><td>通过该接口接大地</td></tr>
<tr><td>PWR</td><td>RRU→电源设备</td><td>通过该接口实现对 RRU 的电能供应和保护接地</td></tr>
</table>

3. 指示灯

打开操作维护口，指示灯如图 3－57 所示。

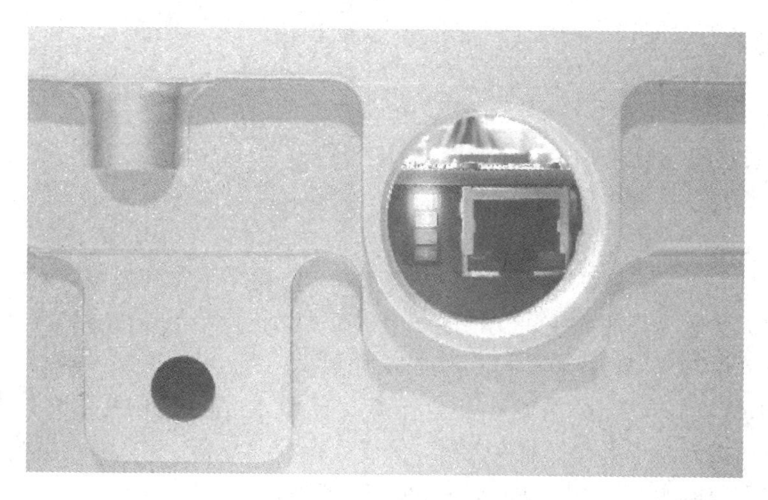

图 3-57 指示灯

指示灯说明见表3-18。

表 3-18 指示灯说明

序号	指示灯	信号描述	指示灯颜色	状态说明
1	PWR	电源指示灯	绿	常亮：电源已上电
				常灭：电源未上电
2	RUN	运行指示灯	绿	-
3	OP_B	光口1无功率告警灯，BBU光口	绿	常亮：光口1接收正常
				常灭：光口1接收不正常
4	OP_R	光口2无功率告警灯，级联光口	绿	常亮：光口2接收正常
				常灭：光口2接收不正常

4. R08i常见故障及排查方法

(1) 后台出现RRU通信链路断告警。

分析：RRU没有上电、断电；光纤线缆断。

解决方法：

① 在后台检查是否有LOP告警，有则观察BBU侧的TORX单板上相应连接该RRU的光接口的指示灯是否常亮，如果不亮，请重新插拔光纤或者交换收发光纤，保证此指示灯常亮。

② 检查后台是否配置错误，比如TORX上光口配置和实际连接不一致。

③ 检查RRU是否上电。

④ 检查BBU侧TORX的光模块是否是2.5G的光模块，如果不是，请更换。

⑤ 如果以上检查都正常，请将RRU断电重启。

⑥ 在BBU和RRU侧先后加光纤自环头，以验证并观察光纤是否完好。

⑦ 如果步骤⑥没有解决问题，请更换光纤。

⑧ 如果步骤⑦没有解决问题，请观察 R08i 的指示灯有无异常，按照指示灯状态判断有无电源和外部光纤线缆问题。

⑨ 如果步骤⑧检查没有异常，请更换 R08i 整机。

(2) 后台 TORX 上出现 LOP、LOF、LOS 告警。

分析：光纤线缆接触不良或插错，收发颠倒，光接口配置类型与实际类型不一致。

解决方法：

① 检查后台 TORX 上有无光接口配置类型与实际类型不符的告警，如果有，请检查实际的光纤长度，实际使用的光模块支持的长度(2 km、10 km、40 km)和后台配置的光模块支持的长度(2 km、10 km、40 km)是否一致，如果不一致，请使三者一致。

② 观察 BBU 侧的 TORX 单板上相应连接该 RRU 的光接口的指示灯是否常亮，如果不亮，请重新插拔光纤或者交换收发光纤，保证此指示灯常亮。

(3) 后台出现电源过温、电源过压、电源欠压告警。

分析：如果电源过压、电源欠压、电源过温告警同时出现，可能是 RRU 上电源告警线断开。

解决方法：

① 如果仅出现电源过压或者电源欠压告警，请检查 R08i 的电源是否异常，R08i 的电源输入范围是 −37～−57 V。

② 如果仅出现电源过温告警，则检查电源温度是否异常，告警门限设置是否正确(正常门限 90 ℃)。如果温度确实异常，请关闭电源冷却后再上电；如果仍然有过温告警，请更换 R08i 整机。

③ 如果三个告警同时出现，请更换 R08i 整机。

(4) 后台出现某些通道下行驻波比告警。

分析：可能是外部射频线缆连接不良，线缆断开或者线缆质量存在问题。

解决方法：

① 如果只是某些通道出现驻波比告警，重新连接故障通道的线缆或者更换该通道射频线缆。

② 如果 8 个通道同时出现驻波比告警，请重新连接校正通道的线缆或者更换校正通道射频线缆。

③ 如果以上步骤没有解决问题，可能是内部线缆出现问题，请更换 R08i 整机。

(5) 后台出现下行通道增益过低告警。

分析：下行天线校正时，如果通道异常，导致校正天线口接收的校正数据的功率＜1500 dBm，会上报此告警。

解决方法：

① 检查 RRU 上是否还有驻波比告警，如果同时出现驻波比告警则有可能是该通道线缆连接不好导致。可通过交叉定位法定位故障点，更换相应器件。

② 如果 8 个通道同时出现增益过低告警，则需检查校正天线的线缆连接。线缆重新连接好后，可以手动做一次天线校正，看是否能恢复，如果不能恢复则更换跳线，观察是否恢复。

③ 如果步骤②没有解决问题，重启 RRU；

④ 如果步骤③没有解决问题，请更换 RRU 整机。

(6) 后台出现接收通道增益过高或过低告警。

分析：接收通道增益过高或者过低是由天线校正上报的，ShowAcSubFn 命令中上行子帧幅度低于 2000，则上报接收通道增益过低告警；如果上行子帧幅度超过 35 000，则上报接收通道增益过高告警。

解决方法：

① 检查 R08i 上是否还有驻波比告警，如果同时出现驻波比告警，则有可能是该通道线缆连接不好导致。如果 8 个通道同时出现增益过低告警，则需检查校正天线的线缆连接。线缆重新连接好后，可以手动做一次天线校正，看是否能恢复，如果不能恢复可以考虑放宽校正门限看是否能通过。

② 如果步骤①不行，重启 R08i；

③ 如果步骤②不行，请更换 R08i 整机。

(7) 后台出现天线通道幅相一致性告警。

分析：天线校正时，如果上行通道数据的幅度之间的差值超过阈值(默认值 3 dB)或者上行各个子帧之间的差异超过阈值(默认值 3 dB)，就会上报上行通道差异过大的告警；如果下行通道数据的幅度之间的差值超过阈值(默认值 3 dB)或者下行各个子帧之间的差异超过阈值(默认值 3 dB)，就会上报下行通道差异过大的告警。通过命令 ShowAcErr 查看天线校正的结果。

解决方法：

① 首先检查是否有下行驻波比告警、上行通道故障或下行通道故障告警等，如果伴有以上告警，需要先处理以上告警。

② 如果只有通道一致性告警，检查是否有相邻站点的干扰，方法是在后台手动发起天线校正，通过 LogView 在 R08i 前台用命令(ShowAcSubFn　上行/下行(0/1)，载波号)检查当前的 SNR(在命令查询结果中有显示)，如果 SNR 值在 10 以下，表示干扰严重，可以过一段时间再观察有无一致性告警。

③ 在 BBU 后台加大天线校正阈值后再观察。

④ 如果以上都正常，包括线缆连接、干扰、加大校正阈值等，依然存在一致性告警，请更换 R08i 整机。

(8) 严重硬件类告警。

此类告警包括：

① 基准时钟锁相环失锁；

② 光纤接口锁相环时钟失锁；

③ 中频采样时钟失锁；

④ 射频锁相环时钟失锁；

⑤ FPGA 版本加载失败；

⑥ 离线参数出现异常；

⑦ 通道的 DAC、DUC、DDC 初始化失败；

⑧ 通道的 DUC、DDC 时序异常；

⑨ 通道的 ADC 初始化失败。

解决方法：

① 如果告警长时间不恢复，软复位 R08i；

② 如果步骤①没有解决问题，断电重启 R08i；

③ 如果步骤②没有解决问题，请更换 R08i 整机。

本 章 小 结

(1) 通用移动通信系统（Universal Mobile Telecommunications System，UMTS）是 IMT-2000 的一种，它的网络结构由核心网（Core Network，CN）、UMTS 陆地无线接入网（UMTS Terrestrial Radio Access Network，UTRAN）和用户设备（User Equipment，UE）三部分组成。

(2) UTRAN 由一组无线网络子系统（Radio Network Subsystem，RNS）组成，每一个 RNS 包括一个 RNC 和一个或多个 Node B，Node B 和 RNC 之间通过 Iub 接口进行通信，RNC 之间通过 Iur 接口进行通信，RNC 则通过 Iu 接口和核心网相连。

(3) TDD 是一种双工方法，它的前向链路和反向链路的信息是在同一载频的不同时间间隔上进行传输的。在 TDD 模式下，物理信道中的时隙被分成发射和接收两个部分，前向和反向的信息交替传输。

(4) 通常扩频系统需要满足以下几个条件：信号占用的带宽远远超出发送信息所需要的最小带宽；扩频是由扩频信号实现的，扩频信号与要传输的数据无关；接收端解扩（恢复原始信号）是将接收到的扩频信号与扩频信号的同步副本通过相关完成的。

(5) TD-SCDMA 的物理信道采用四层结构：系统帧、无线帧、子帧和时隙/码。依据不同的资源分配方案，子帧或时隙/码的配置结构可能有所不同。

(6) CDMA 蜂窝移动通信系统主要由网络交换子系统（NSS）、基站子系统（BSS）和移动台（MS）三大部分组成。

(7) 在 TD-SCDMA 系统中，存在逻辑信道、传输信道和物理信道三种信道模式。逻辑信道是 MAC 子层向上层（RLC 子层）提供服务，它描述的是传输什么类型的信息。传输信道作为物理层向高层提供服务，它描述的是信息如何在空中接口上传输。TD-SCDMA 通过物理信道直接把需要传输的信息发送出去，也就是说在空中传输的都是物理信道承载的信息。

(8) UMTS 系统的关键技术包括：时分双工、软件无线电、智能天线、多用户检测、同步技术、动态信道分配、接力切换等。

习题与思考题

1. 画出 UMTS 的网络结构模型。
2. UTRAN 由哪几部分组成？
3. 核心网 CN 的网络结构包括哪几部分？
4. TD-SCDMA 系统中采用扩频通信的目的是什么？
5. 阐述 TD-SCDMA 系统中的时隙结构。
6. TD-SCDMA 系统中的信道有几种类型？
7. 阐述 TD-SCDMA 中逻辑信道、传输信道和物理信道的映射关系。
8. UMTS 系统中的关键技术有哪些？

第 4 章　第四代移动通信系统(LTE)技术与设备

【本章导读】

第四代移动通信技术(简称 4G) 由于连接传输速率大幅提高，从而能够引入高质量的视频通信并广泛地应用于人们生活和经济建设的方方面面。LTE(Long Term Evolution)是由 3GPP(The 3rd Generation Partnership Project，第三代合作伙伴计划)组织制定的 UMTS(Universal Mobile Telecommunications System，通用移动通信系统)技术标准的长期演进，在 2004 年 12 月召开的 3GPP 多伦多 TSG RAN＃26 会议上正式立项并启动。2013 年 12 月，中国正式向三大运营商发放 TD－LTE 牌照，开启了我国 LTE 网络技术运用的序幕。

本章首先介绍了 4G 的国际标准及国内牌照，然后介绍了 LTE 网络的特点与基本结构；对 LTE 物理层方面的系统设计及物理流程进行了详细说明；对 LTE 的空中接口协议、终端切换过程和安全性架构作了详细的概述；分析了 LTE 网络中 OFDM 和 MIMO 这两项关键技术的运用；最后介绍了 4G (LTE)设备 EMB5116 TD－LTE。

【本章要点】

- LTE 网络的网络基本结构；
- LTE 物理层方面的系统设计及物理流程；
- LTE 的空中接口协议；
- LTE 网络中的 OFDM 技术和 MIMO 技术；
- 4G (LTE)设备 EMB5116 TD－LTE。

4.1　LTE 系统概述及网络结构

3G 技术带给人们的高速网络体验是史无前例的。然而网速是没有最快，只有更快的。随后 4G(LTE)技术顺势而生。

4.1.1　4G 的国际标准及国内牌照

1. 4G 的国际标准

4G 的国际标准制定工作历时 3 年。从 2009 年年初开始，ITU 在全世界范围内征集 IMT－Advanced 候选技术。2009 年 10 月，ITU 共计征集到了 5 个候选技术，分别来自北美标准化组织 IEEE 的 802.16m、日本 3GPP 的 FDD－LTE－Advance、韩国(基于 802.16m)和中国的 TD－LTE－Advanced、欧洲标准化组织 3GPP 的 FDD－LTE－Advance。ITU 在收到候选技术以后，组织世界各国和国际组织进行了技术评估。2010 年 10 月，在中国重庆，ITU－R下属的WP5D工作组最终确定了IMT－Advanced的两大关键技术，即LTE－Advanced和802.16m。中国提交的候选技术作为LTE－Advanced的一个组成部分，也包含在其中。在确定了关键技术以后，WP5D工作组继续完成了电联建议的编写工作以及各个标准化组织的确认工作。此后WP5D将文件提交上一级机构审核，SG5审核通过以后，再提交给全会讨论通过。

2012年1月18日，ITU(国际电联)在2012年无线电通信全会全体会议上，正式审议通过将LTE－Advanced和WirelessMAN－Advanced(802.16m)技术规范确立为IMT－Advanced(俗称4G)国际标准，由中国主导制定的TD－LTE－Advanced和FDD－LTE-Advance同时并列成为4G的国际标准。此后，ITU(国际电联)又将WiMax、HSPA＋、LTE正式纳入4G的标准里，加上LTE－Advanced和WirelessMAN－Advanced这两种标准，4G的标准已经达到了5种。截至2013年12月，LTE已然成为4G的全球标准，包括FDD－LTE和TD－LTE两种制式。2013年3月，全球67个国家已部署163张LTE商用网络，其中154张FDD－LTE商用网络，15张TD－LTE商用网络，有6家运营商部署了双模网络。

2. 国内牌照

2013年12月4日，工业和信息化部(以下简称工信部)向中国移动、中国电信、中国联通正式发放了第四代移动通信业务牌照(即4G牌照)，中国移动、中国电信、中国联通三家均获得TD－LTE牌照，此举标志着中国电信产业正式进入了4G时代。

有关部门对TD－LTE频谱规划使用作了详细说明：

中国移动：获得130 MHz频谱资源，分别为1880～1900 MHz、2320～2370 MHz、2575～2635 MHz；

中国联通：获得40 MHz频谱资源，分别为2300～2320 MHz、2555～2575 MHz；

中国电信：获得40 MHz频谱资源，分别为2370～2390 MHz、2635～2655 MHz。

2014年年中，工信部给中国电信和中国联通两家运营商分配了FDD～LTE的试商用频谱，其中中国联通使用1755～1765 MHz(上行)和1850～1860 MHz(下行)，中国电信使用1765～1780 MHz(上行)和1860～1875 MHz(下行)。

2015年2月27日，工信部向中国电信和中国联通发放了“LTE/第四代数字蜂窝移动通信业务(LTE FDD)”经营许可牌照(FDD牌照)。中国移动虽然也提出了申请，但此次未能获得FDD牌照。

4.1.2 4G系统的技术参数

3GPP LTE的主要性能指标如下：

(1) 支持带宽：1.25～20 MHz。

(2) 峰值速率(带宽20 MHz)：下行100 Mb/s，上行50 Mb/s。

(3) 接入时延：控制面从驻留到激活的迁移时延小于100 ms，从睡眠到激活的迁移时延小于50 ms，用户面时延小于10 ms。

(4) 移动服务：能为350 km/h高速移动用户提供大于100 kb/s的接入速率。

(5) 频谱效率：下行是 HSDPA 的 3～4 倍，上行是 HSUPA 的 2～3 倍。

(6) 无线宽带灵活配置：支持 1.4 MHz、3 MHz、5 MHz、10 MHz、15 MHz、20 MHz。

(7) 支持 Inter - Rat 移动性，例如 GSM/WCDMA/HSPA。

(8) 取消 CS 域，CS 域业务由 PS 域实现，如 VOIP。

(9) 支持 100 km 半径的小区覆盖。

4.1.3　4G 系统的特点

4G 系统的主要特点可以归纳为以下几点。

(1) 通信速度快：可达到 20 Mb/s，甚至最高可以达到 100 Mb/s，这种速度相当于 2009 年最新手机的传输速度的 1 万倍左右，是第三代手机传输速度的 50 倍。

(2) 通信灵活：可以随时随地通信，更可以双向下载和传递资料、图画、影像甚至网上联线对打游戏等。

(3) 智能性能高：终端设备的设计和操作具有智能化，可以实现许多难以想象的功能。

(4) 兼容性好：具备全球漫游、接口开放、能跟多种网络互联、终端多样化以及能从第二代平稳过渡等特点。

(5) 提供增值服务：可以实现例如无线区域环路(WLL)、数字音讯广播(DAB)等方面的无线通信增值服务。

(6) 高质量通信：可以容纳市场庞大的用户数，改善现有通信品质不良。

(7) 频率效率高：由于引入了许多功能强大的突破性技术，可以使用与以前相同数量的无线频谱做更多的事情。

4.1.4　4G(LTE)系统的网络结构

网络体系结构是指通信系统的整体设计，它为网络硬件、软件、协议、存取控制和拓扑提供标准。4G(LTE)网络结构可分为物理网络层、中间环境层、应用网络层三层。

LTE 网络结构遵循业务平面与控制平面完全分离化、核心网趋同化、交换功能路由化、网元数目最小化、协议层次最优化、网络扁平化和全 IP 化原则。图 4-1 所示为 LTE 网络结构简化模型，包括终端部分、接入部分、接入控制部分和网络控制部分。LTE 网络结构的特点是网络扁平化、IP 化架构，LTE 各网络节点之间的接口使用 IP 传输，通过 IMS 承载综合业务，原 UTRAN 的 CS 域业务均可由 LTE 网络的 PS 域承载。

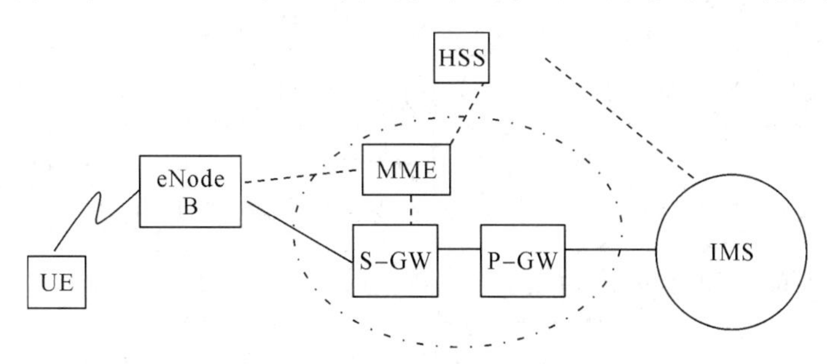

图 4-1　LTE 网络结构简化模型

移动网络全IP架构可以分为核心网、传送网、数据网和接入网等层面进行分析，数据网本身就是基于IP的网络，而其他网络要实现IP化则需要一个过程。如图4-2所示为LTE IP化的网络结构架构。

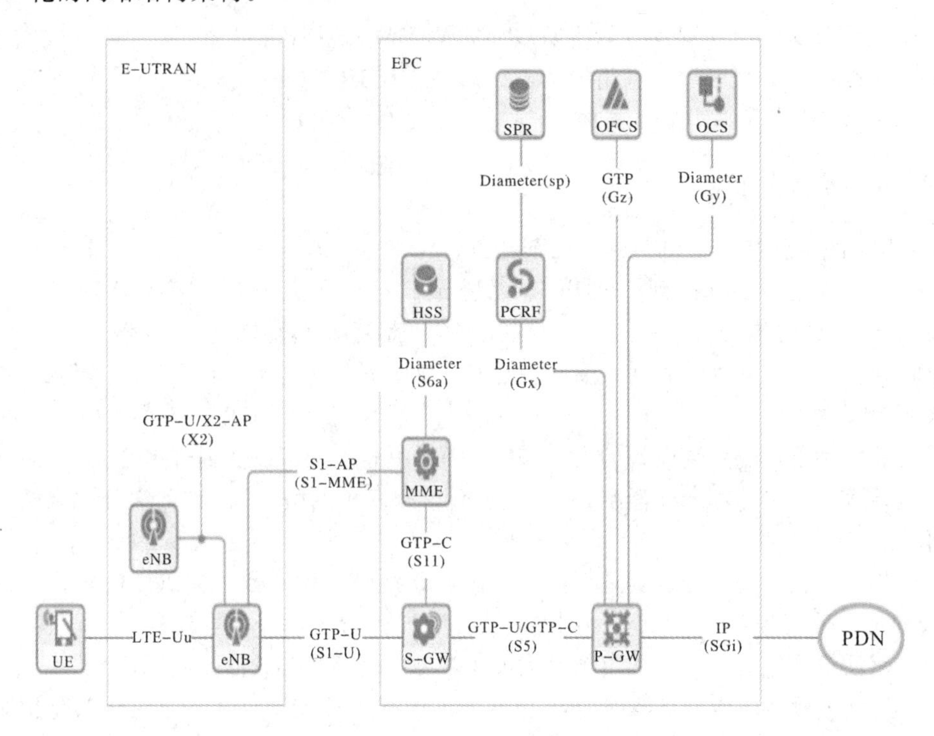

图4-2 LTE IP化的网络结构架构

从图4-2中可以看出，整个网络构架被分为四个部分，包括由中间两个框框起来的E-UTRAN部分和EPC部分，还有位于两边的UE和PDN两部分。UE就可以看作是我们的手机终端，而PDN可以看作是网络上的服务器，E-UTRAN可以看作是遍布城市的各个基站(可以是大的铁塔基站，也可以是室内悬挂的只有路由器大小的小基站)，而EPC可以看作是运营商(中国移动/中国联通/中国电信)的核心网服务器，核心网包括很多服务器，有处理信令的，有处理数据的，还有处理计费策略的等。

表4-1所示为网络架构中组件与网络接口的作用。

表4-1 网络架构中组件与网络接口的作用

组件或接口	作　用
UE	用户设备，就是指用户的手机，或者是其他可以利用LTE上网的设备
eNB	是eNode B的简写，它为用户提供空中接口(Air Interface)，用户设备可以通过无线连接到eNB，即基站，然后基站再通过有线连接到运营商的核心网
MME	Mobility Management Entity的缩写，是核心网中最重要的实体之一
S1-MME	eNode B与MME之间的控制面接口，提供S1-AP信令的可靠传输，基于IP和SCTP协议

续表

组件或接口	作 用
S1-U	eNode B 与 S-GW 之间的用户面接口，提供 eNode B 与 S-GW 之间用户面 PDU 非保证传输。基于 UDP/IP 和 GTP-U 协议
S-GW	Serving Gate Way 的缩写，主要负责切换中数据业务的传输
P-GW	PDN Gate Way 的缩写，其中 PDN 是 Packet Data Network 的缩写，可以理解为互联网，这是整个 LTE 架构与互联网的接口处
HSS	Home Subscriber Server 的缩写，归属用户服务器，这是存在于核心网中的一个数据库服务器，里面存放着所有属于该核心网的用户的数据信息
PCRF	Policy and Charging Rules Function 的缩写，策略与计费规则，它会根据不同的服务制定不同的 PCC 计费策略
SPR	Subscriber Profile Repository 的缩写，用户档案库。这个实体为 PCRF 提供用户的信息，然后 PCRF 根据其提供的信息来指定相应的规则
OCS	Online Charging System 的缩写，在线计费系统，顾名思义，应该是用户使用服务的计费系统
OFCS	Offline Charging System 的缩写，离线计费系统，对计费的记录进行保存
LTE-Uu	位于终端与基站之间的空中接口。在这中间，终端会跟基站建立信令连接与数据连接
S5	实现 Serving GW 和 PDN GW 之间的用户平面数据传输和隧道管理功能的接口。用于支持 UE 的移动性而进行的 Serving GW 重定位过程以及连接 PDN 网络所需要的与 Non-Collocated PDN GW 之间的连接功能。基于 GTP 协议或者基于 PMIPv6 协议
S6a	MME 和 HSS 之间用以传输签约和鉴权数据的接口
S11	MME 和 Serving GW 之间的接口

4G 系统针对各种不同业务的接入系统，通过多媒体接入连接到基于 IP 的核心网中。基于 IP 技术的网络结构使用户可实现在 3G、4G、WLAN 及固定网间无缝漫游。4G 网络结构可分为(物理网络层、中间环境层、应用网络层)三层。

(1) 物理网络层实现接入和路由选择功能。

(2) 中间环境层的功能有网络服务质量映射、地址变换和完全性管理等。

(3) 物理网络层与中间环境层及其应用环境之间的接口是开放的，使发展和提供新的服务变得更容易，提供无缝高数据率的无线服务，并运行于多个频带，这一服务能自适应于多个无线标准及多模终端，跨越多个运营商和服务商，提供更大范围的服务。

4.1.5 3G 网络架构和 LTE 网络架构对比

1. 网元功能

2G/3G/LTE 网络架构如图 4-3 所示。下面简单介绍图 4-3 中各个网元的功能。

2G/3G/LTE

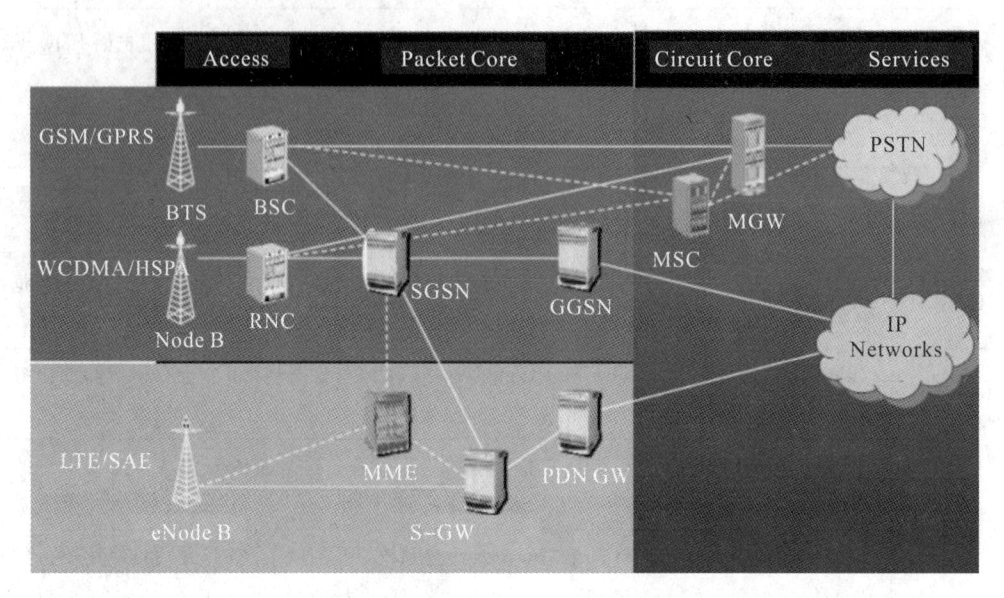

图 4-3　2G/3G/LTE 网络架构

Node B：由控制子系统、传输子系统、射频子系统、中频/基带子系统、天馈子系统等部分组成，即 3G 无线通信基站。

RNC：Radio Network Controller（无线网络控制器），用于 Node B 移动性管理、呼叫处理、链接管理和切换机制，即 3G 基站控制器。

MGW：Media Gate Way（媒体网关），主要功能是提供承载控制和传输资源。

MSC：Mobile Switching Center（移动交换中心），是 2G 通信系统的核心网元之一。是在电话和数据系统之间提供呼叫转换服务和呼叫控制的。MSC 转换所有的在移动电话和 PSTN 及其他移动电话之间的呼叫。

SGSN：Serving GPRS Support Node（GPRS 服务支持节点），SGSN 作为 GPRS/TD-SCDMA/WCDMA 核心网分组域设备的重要组成部分，主要实现分组数据包的路由转发、移动性管理、会话管理、逻辑链路管理、鉴权和加密、话单产生和输出等功能。

GGSN：Gateway GPRS Support Node（网关 GPRS 支持节点），起网关作用，它可以和多种不同的数据网络连接，可以把 GSM 网中的 GPRS 分组数据包进行协议转换，从而可以把这些分组数据包传送到远端的 TCP/IP 或 X.25 网络。

eNode B：演进型 Node B，LTE 中基站，相比现有 3G 中的 Node B，集成了部分 RNC 的功能，减少了通信时协议的层次。

MME：Mobility Management Entity（移动性管理设备），实现移动性管理、信令处理等功能。

2. LTE 与 3G 网络架构的比较

LTE 架构相较于 3G 网络架构，有以下变化。

(1) 实现了控制与承载的分离，MME 实现移动性管理、信令处理等功能，S-GW 实现媒体流处理及转发等功能。

(2) 核心网取消了 CS(电路域)，全 IP 的 EPC(Evolved Packet Core，移动核心网演进)支持各类技术统一接入，实现固网和移动融合(FMC)，灵活支持 VoIP 及基于 IMS 的多媒体业务，实现了网络全 IP 化。

(3) 取消了 RNC，原来 RNC 功能被分散到 eNode B 和 GW 中，eNode B 直接接入 EPC，LTE 网络结构更加扁平化，降低了用户可感知的时延，大幅提升了用户的移动通信体验。

(4) 接口连接方面：引入 S1-Flex 和 X2 接口，移动承载需实现多点到多点的连接，X2 是相邻 eNB 间的分布式接口，主要用于用户移动性管理；S1-Flex 是从 eNB 到 EPC 的动态接口，主要用于提高网络冗余性以及实现负载均衡。

(5) 传输带宽方面：较 3G 基站的传输带宽需求增加了 10 倍，初期为 200～300 Mb/s，后期将达到 1 Gb/s。

3. 4G 网络的特点

(1) 支持现有的系统和将来系统通用接入的基础结构；

(2) 与 Internet 集成统一，移动通信网仅仅作为一个无线接入网；

(3) 具有开放、灵活的结构，易于扩展；

(4) 是一个可重构、自组织、自适应的网络；

(5) 智能化的环境，个人通信、信息系统、广播、娱乐等业务无缝连接为一个整体，满足用户的各种需求；

(6) 用户在高速移动中，能够按需接入系统，并在不同系统间无缝切换，传输高速多媒体业务数据；

(7) 支持接入技术和网络技术各自独立发展。

4.2 LTE 系统物理层

LTE 的研究工作主要集中在物理层、空中接口协议和网络架构几个方面。本节将对 LTE 物理层方面的系统设计作简单的介绍。

4.2.1 双工方式和帧结构

目前的 LTE 分为频分双工(FDD)和时分双工(TDD)两种双工方式，LTE 分别为 FDD 和 TDD 设计了各自的帧结构。

1. FDD 帧结构

LTE FDD 类型的无线帧长为 10 ms，每帧含 10 个子帧、20 个时隙；每个子帧有 2 个时隙，每个时隙为 0.5 ms；LTE 的每个时隙可以有若干个资源块(PRB)，每个 PRB 含有多个子载波。FDD 帧结构如图 4-4 所示。

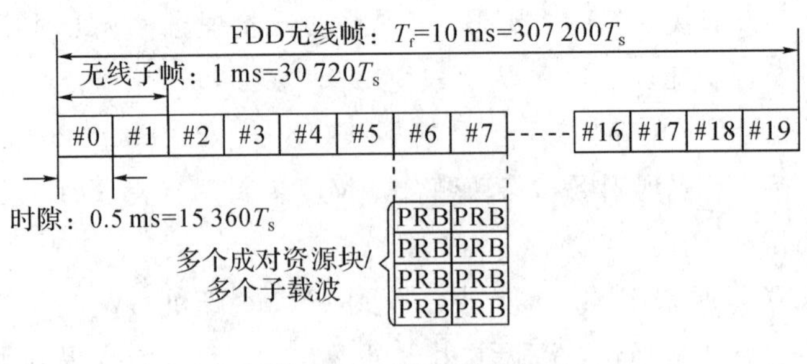

图 4－4　FDD 帧结构

2. TDD 帧结构

TDD 采用时间来区分上下行，其单方向的资源在时间上是不连续的，而且需要保护时间间隔，以避免两个方向之间的收发干扰。

（1）最初的 TDD 结构。TD－LTE 针对 TDD 模式中上下行时间转换的需要，设计了如图 4－5 所示的帧结构。它采用无线帧结构，无线帧长度是 10 ms，由 2 个长度为 5 ms 的半帧组成，每个半帧由 5 个长度为 1 ms 的子帧组成，其中有 4 个普通的子帧和 1 个特殊子帧。所以整个帧也可理解为分成了 10 个长度为 1 ms 的子帧作为数据调度和传输的单位（即 TTI），其中，子帧＃1 和＃6 可配置为特殊子帧（图 4－5），该子帧包含了 3 个特殊时隙，即 DwPTS、GP 和 UpPTS，它们的含义和功能与 TD－SCDMA 系统中的类似。其中，DwPTS 的长度可以配置为 3～12 个 OFDM 符号，用于正常的下行控制信道和下行共享信道的传输；UpPTS 的长度可以配置为 1～2 个 OFDM 符号，可用于承载上行物理随机接入信道和 Sounding 导频信号；剩余的 GP 则用于上下行之间的保护间隔，相应的时间长度约为 71～714 μs，对应的小区半径为 7 ～100 km。

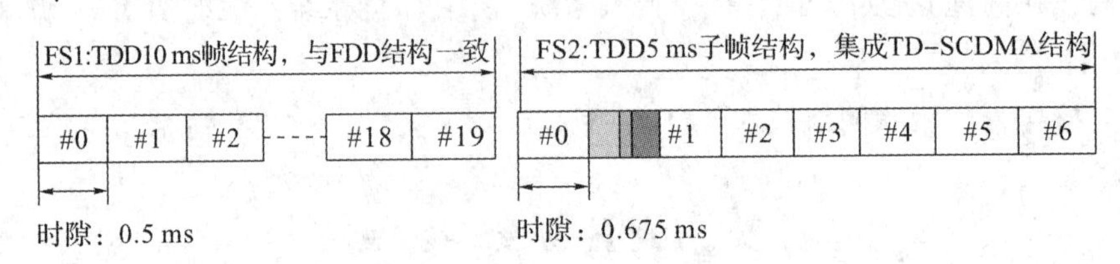

图 4－5　最初的 TDD 结构

（2）融合 TDD 结构如图 4－6 所示。短 RACH（Random Access CHannel）是 LTE 对 TDD 的另一项特殊设计。在 LTE 中，随机接入序列可采用的长度分为 1 ms、2 ms 以及 157 μs 3 种，共 5 种随机接入序列格式。其中，长度为 157 μs 的随机接入序列格式是 TDD 所特有的，由于其长度明显短于其他的 4 种格式，因此又称为短 RACH。采用短 RACH 的原因也是与 TDD 关于特殊时隙的设计相关的，短 RACH 在特殊时隙的最后部分（即 UpPTS）进行发送，这样可利用这一部分的资源完成上行随机接入的操作，避免占用正常子帧的资源。采用短 RACH 时，需要注意的一个主要问题是其链路预算所能够支持的覆盖半径，由于其长度要大大小于其他格式的 RACH 序列（1 ms、2 ms），因此其链路预算相对较低（比长度为 1 ms 的约低 7.8 dB），适用于覆盖半径较小的场景（根据网络环境的不同，约 700 m～2 km）。

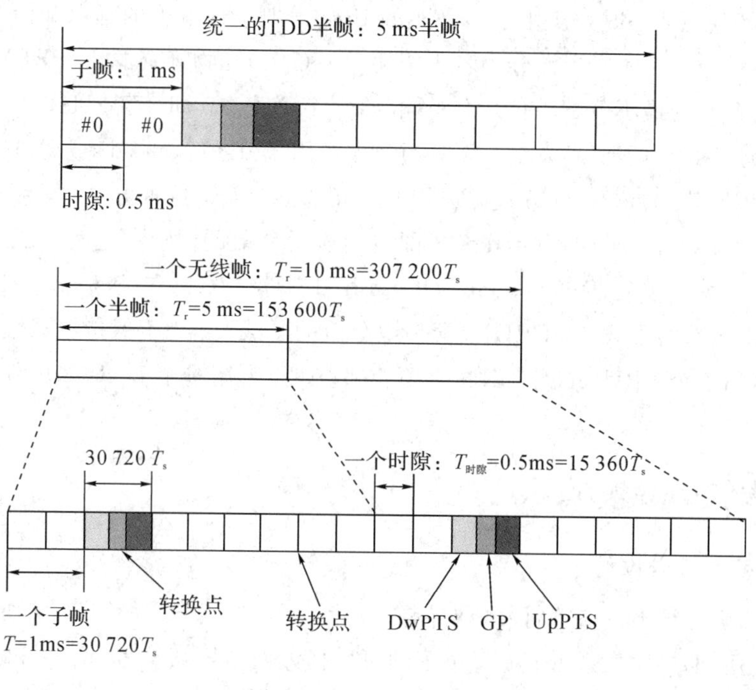

图4-6 融合TDD结构

4.2.2 基本传输和多址技术的选择

基本传输技术和多址技术是无线通信技术的基础。OFDM/FDMA技术与CDMA技术相比，可以取得更高的频谱效率；但OFDM的上行峰平比PAPR将影响手持终端的功放成本和电池寿命；所以，LTE系统下行采用OFDM，上行采用具有较低PAPR的单载波技术SC-FDMA。

4.2.3 基本参数设计

为满足数据传输延迟方面的高要求(单向延迟小于5 ms)，LTE系统必须采用很小的最小交织长度(TTI)，基本的子帧长度为0.5 ms，但在和LCR-TDD(即TD-SCDMA)系统兼容时可以采用0.675 ms子帧长度，例如TD-SCDMA的时隙长度为0.675 ms，如果LTE TDD系统的子帧长度为0.5 ms，则新、老系统的时隙无法对齐，这使得TD-SCDMA系统和LTE TDD系统难以“临频共址”共存。

OFDM和SC-FDMA的子载波宽度选定为15 kHz，这是一个相对适中的值，兼顾了系统效率和移动性。下行OFDM的CP长度有长短两种选择，分别为4.69 ms(采用0.675 ms子帧时为7.29 ms)和16.67 ms。短CP为基本选项，长CP可用于大范围小区或多小区广播。短CP情况下一个子帧包含7个(采用0.675 ms子帧时为9个)OFDM符号，长CP情况下一个子帧包含6个(采用0.675 ms子帧时为8个)OFDM符号。上行由于采用单载波技术，子帧结构和下行不同。

虽然为了支持实时业务，LTE的最小TTI长度仅为0.5 ms，但系统可以动态调整

TTI，以在支持其他业务时避免由于不必要的 IP 包分割造成额外的延迟和信令开销。

上下行系统分别将频率资源分为若干资源单元(RU)和物理资源块(PRB)，RU 和 PRB 分别是上下行资源的最小分配单位，大小同为 25 个子载波，即 375 kHz。下行用户的数据以虚拟资源块(VRB)的形式发送，VRB 可以采用集中(Localized)或分散(Distributed)方式映射到 PRB 上。Localized 方式即占用若干相邻的 PRB，这种方式下，系统可以通过频域调度获得多用户增益。Distributed 方式即占用若干分散的 PRB，这种方式下，系统可以获得频率分集增益。上行 RU 可以分为 Localized RU(LRU)和 Distributed RU(DRU)，LRU 包含一组相邻的子载波，DRU 包含一组分散的子载波。为了保持单载波信号格式，如果一个 UE 占用多个 LRU，这些 LRU 必须相邻；如果占用多个 DRU，所有子载波必须等间隔。

4.2.4 参考信号(导频)设计

1. 下行参考符号设计

LTE 目前确定了下行参考符号(即导频)设计。下行导频格式如图 4-7 所示，系统采用 TDM(时分复用)的导频插入方式。每个子帧可以插入两个导频符号，第一和第二导频分别在第一个和倒数第三个符号。导频的频域密度为 6 个子载波，第一和第二导频在频域上交错放置。采用 MIMO 时需支持至少 4 个正交导频(以支持 4 天线发送)，但对智能天线例外。在一个小区内，多天线之间主要采用 FDM(频分复用)方式的正交导频。在不同的小区之间，正交导频在码域实现(CDM)。

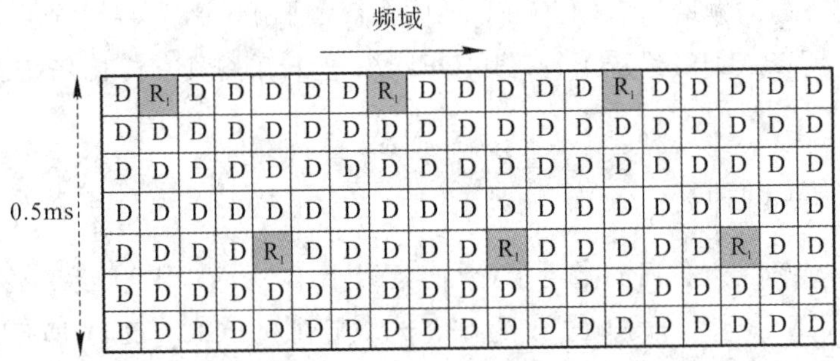

频域

0.5ms

D	R_1	D	D	D	D	D	R_1	D	D	D	D	D	R_1	D	D	D	D	D
D	D	D	D	D	D	D	D	D	D	D	D	D	D	D	D	D	D	D
D	D	D	D	D	D	D	D	D	D	D	D	D	D	D	D	D	D	D
D	D	D	D	D	D	D	D	D	D	D	D	D	D	D	D	D	D	D
D	D	D	D	R_1	D	D	D	D	D	R_1	D	D	D	D	D	R_1	D	D
D	D	D	D	D	D	D	D	D	D	D	D	D	D	D	D	D	D	D
D	D	D	D	D	D	D	D	D	D	D	D	D	D	D	D	D	D	D

R_1—第一参考符号；R_2—第二参考符号；D—数据

图 4-7　OFDM 导频结构

对多小区 MBMS 系统，可以考虑采用两种参考符号结构：各小区相同的(Cell-Common)参考符号和各小区不同的(Cell-Specific)参考符号。

2. 上行参考符号设计

上行参考符号位于两个 SC-FDMA 短块中，用于 Node B 的信道估计和信道质量(CQI)估计。参考符号的设计需要满足两种 SC-FDMA 传输——集中式(Localized)SC-FDMA和分布式(Distributed)SC-FDMA 的需要。由于故 SC-FDMA 短块的长度仅为长块的一半，故 SC-FDMA 参考符号的子载波宽度为数据子载波宽度的 2 倍。

针对用于信道估计的参考符号，首先考虑不同 UE 的参考符号之间采用 FDM 方式区分。参考符号可能采用集中式发送(只对集中式 SC－FDMA 情况)，也可能采用分散式发送。在采用分散式发送时，如果 SB1 和 SB2 都用于发送参考符号，SB1 和 SB2 中的参考符号将交错放置，以获得更佳的频域密度。对分布式 SC－FDMA 情况，也可以考虑采用 TDM 和 CDM 方式对不同 UE 的参考符号进行复用。特别对于一个 Node B 内的多个 UE，将采用分布式 FDM 和 CDM 的方式。

为了满足频域调度的需要，可能需要对整个带宽进行信道质量估计，因此即使数据采用集中式发送，用于信道质量估计的参考符号也需要在更宽的带宽内进行分布式发送。不同 UE 的参考符号可以采用分布式 FDM 或 CDM(也基于 CAZAC 序列)复用在一起。

4.2.5　控制信令设计

1. 下行控制信令设计

下行调度信息用于 UE 对下行发送信号进行接收处理，又分为三类：资源分配信息、传输格式和 HARQ 信令。资源分配信息包括 UE ID、分配的资源位置和分配时长；传输格式包括多天线信息、调制方式和负载大小；HARQ 信令的内容视 HARQ 的类型有所不同，异步 HARQ 信令包括 HARQ 流程编号、IR(增量冗余)HARQ 的冗余版本和新数据指示，同步 HARQ 信令包括重传序列号。在采用多天线的情况下，资源分配信息和传输格式可能需要对多个天线分别传输。

上行调度信息用于确定 UE 上行发送信号格式，也包含资源分配信息和传输格式，结构与下行相似，其中传输格式的形式取决于 UE 是否有参与确定传输格式的能力。如果上行传输格式完全由 Node B 决定，则此信令中将给出完整的传输格式；如果 UE 也参与上行传输格式的确定，则此信令可能只给出传输格式的上限。

传送控制信令的时频资源可以进行调整，UE 通过 RRC 信令或盲检测方法获得相应的资源信息。控制信令的编码可以考虑联合编码和分别编码两种方式。联合编码即多个 UE 的信令合在一起进行信道编码；分别编码即各用户采用分开的独立编码的控制信道，每个信道用来通知一个用户的 ID 及其资源分配情况。

下行控制信令可采用 FDM 和 TDM 两种复用方式，FDM 方式的优势是可以以数据率为代价换取更好的覆盖，TDM 方式的优势是可以实现微睡眠(Micro-sleep)。另外，下行控制信令本身可以考虑采用多天线技术(如赋形和预编码)传输，以提高传输质量。

2. 上行控制信令设计

上行控制信令包括与数据相关的控制信令、信道质量指示(CQI)、ACK/NACK 信息和随机接入信息，其中随机接入信息又可以分为同步随机接入信息和异步随机接入信息，前一种信息还包含调度请求和资源请求。

与数据相关的控制信令包括 HARQ 和传输格式(当 UE 有能力选择传输格式时)。LTE 上行由于采用单载波技术，控制信道的复用不如 OFDM 灵活。只采用 TDM 方式复用控制信道，因为这种方式可以保持 SC－FDMA 的低 PAPR 特性。与数据相关的信令将和 UE 的数据复用在一个时/频资源块中。

3. 调制和编码

LTE下行主要采用OPSK、16QAM、64QAM三种调制方式。上行主要采用位移BPSK(p/2 - shift BPSK，用于进一步降低DFT - S - OFDM的PAPR)、OPSK、8PSK和16QAM方式。另一个正在考虑的降PAPR技术是频域滤波(Spectrum Shaping)。另外立方度量(Cubic Metric)是比PAPR更准确的衡量对功放非线性影响的指标。在信道编码方面，LTE主要考虑Turbo码，但如果能获得明显的增益，也将考虑其他编码方式，如LDPC码。为了实现更高的处理增益，还可以考虑以重复编码作为FEC(前向纠错)码的补充。

4.2.6 多天线技术

1. 下行MIMO和发射分集

LTE系统将设计可以适应宏小区、微小区、热点等各种环境的MIMO技术。基本MIMO模型是下行2×2、上行1×2个天线，但同时也正在考虑更多天线配置(最多4×4)的必要性和可行性。具体的MIMO技术尚未确定，目前正在考虑的方法包括空分复用(SDM)、空分多址(SDMA)、预编码(Pre-coding)、秩自适应(Rank Adaptation)、智能天线以及开环发射分集(主要用于控制信令的传输，包括空时块码(STBC)和循环位移分集(CSD))等。根据TR 25.814的定义，如果所有SDM数据流都用于一个UE，则称为单用户(SU) - MIMO，如果将多个SDM数据流用于多个UE，则称为多用户(MU) - MIMO。

下行MIMO将以闭环SDM为基础，SDM可以分为多码字SDM和单码字SDM(单码字可以看作多码字的特例)。在多码字SDM中，多个码流可以独立编码，并采用独立的CRC，码流数量最大可达4。对每个码流，可以采用独立的链路自适应技术(例如通过PARC技术实现)。

下行LTE MIMO还可能支持MU - MIMO(或称为空分多址SDMA)，出于UE对复杂度的考虑，目前主要考虑采用预编码技术，而不是干扰消除技术来实现MU - MIMO。SU - MIMO模式和MU - MIMO模式之间的切换，由Node B控制(半静态或动态)。

作为一种将天线域MIMO信号处理转化为束(Beam)域信号处理的方法，预编码技术可以在UE实现相对简单的线性接收机。3GPP已经确定，线性预编码技术将被LTE标准支持，但采用归一化(Unitary)还是非归一化(Non-unitary)，采用码本(Codebook)反馈还是非码本(Non-codebook)反馈，还有待于进一步研究。另外，码本的大小、具体的预编码方法、反馈信息的设计和是否对信令采用预编码技术等问题(此问题主要涉及智能天线的使用)，都正在研究之中。需要指出的是，在目前的LTE研究工作中，智能天线技术被看作预编码技术的一种特例。

同时正在被考虑的问题还有是否采用秩自适应(Rank Adaptation)及天线组选择技术。还将采用开环发射分集作为闭环SDM技术的有效补充，目前的工作假设是循环位移分集(CSD)。

用于广播多播(MBMS)的MIMO技术和用于单播的MIMO技术将有很大的不同。MBMS系统将无法实现信息的上行反馈，因此只能支持开环MIMO，包括开环发射分集、开环空间复用或两者的合并。

如果单频网(SFN)MBMS 系统中的小区的数量足够多，系统本身已具有足够的频率分集，那么再发射采用空间分集带来的增益就可能很小；但由于在 SFN 系统中，MBMS 系统很可能是带宽受限的，因此空间复用比较有吸引力。而且由于接收信号来自多个小区，有助于空间复用的解相关处理。

对于用于 MBMS 的多码字空间复用系统，由于缺少上行反馈，针对码字进行自适应调制编码(AMC)无法实现；但可以特意在不同天线采用不同的调制编码方式或不同的发射功率(半静态的)，以实现在 UE 的有效的干扰消除(不同天线间的调制编码方式及功率的差异有利于串行干扰消除，获得更佳的性能)。

2. 上行 MIMO 和发射分集

上行 MIMO 还将采用一种特殊的 MU - MIMO(SDMA)技术，即上行的 MU - MIMO(已被 WiMAX 采用的虚拟 MIMO 技术)。此项技术可以动态地将两个单天线发送的 UE 配成一对(Pairing)，进行虚拟的 MIMO 发送，这样两个 MIMO 信道具有较好正交性的 UE 可以共享相同的时/频资源，从而提高上行系统的容量。这项技术对标准化的影响，主要是需要 UE 发送相互正交的参考符号，以支持 MIMO 信道估计。

4.2.7　调度

调度就是动态地将最适合的时/频资源分配给某个用户，系统根据信道质量信息(CQI)的反馈、有待调度的数据量、UE 能力等决定资源的分配，并通过控制信令通知用户。调度和链路自适应、HARQ 紧密联系，都是根据下述信息来调整的：QoS 参数和测量，Node B 有待调度的负载量，等待重传的数据，UE 的 CQI 反馈，UE 能力，UE 睡眠周期和测量间隙/长度，系统参数(如带宽和干扰水平)等。

LTE 的调度可以灵活地在 Localized 和 Distributed 方式之间切换，并将考虑减小开销的方法。一种方法就是对语音业务一次性调度相对固定的资源(即 Persistent Scheduling)。

上行调度与下行相似，但上行除了可以采用调度来分配无线资源外，还将支持基于竞争(Contention)的资源分配方式。

调度操作的基础是 CQI 反馈(当然 CQI 信息还可以用于 AMC、干扰管理和功率控制等)。CQI 反馈的频域密度应该是最小资源块的整数倍，CQI 的反馈周期可以根据情况的变化进行调整。LTE 还未确定具体的 CQI 反馈方法，但反馈开销的大小将作为选择 CQI 反馈方法的重要依据。

4.2.8　链路自适应

1. 下行链路自适应

链路自适应的核心技术是自适应调制和编码(AMC)。LTE 对 AMC 技术的争论主要集中在是否对一个用户的不同频率资源采用不同的 AMC(RB-specific AMC)。理论上说，由于频率选择性衰落的影响，这样做可以比在所有频率资源上采用相同的 AMC 配置(RB-common AMC)取得更佳的性能。但大部分公司在仿真中发现这种方法带来的增益并不明显，反而会带来额外的信令开销，因此最终决定采用 RB-common AMC。也就是说，对于一个用户的一个数据流，在一个 TTI 内，一个层 2 的 PDU 只采用一种调制编码组合(但在 MIMO 的不同流之间可以采用不同的 AMC 组合)。

2. 上行链路自适应

上行链路自适应比下行包含更多的内容，除了 AMC 外，还包括传输带宽的自适应调整和发射功率的自适应调整。UE 发射带宽的调整主要基于平均信道条件(如路损和阴影)、UE 能力和要求的数据率。该调整是否也基于块衰落和频域调度，有待于进一步研究。

4.2.9 HARQ

除了传统的 Chase 合并的 HARQ 技术，LTE 还采用了增量冗余(IR)HARQ，既通过第一次传输发送信息比特和一部分的冗余比特，还通过重传发送额外的冗余比特；如果第一次传输没有成功解码，则可以通过重传更多的冗余比特降低信道的编码率，从而实现更高的解码成功率。如果加上重传的冗余比特仍无法正确解码，则进行再次重传，随着重传次数的增加，冗余比特不断积累，信道编码率不断降低，从而可以获得更好的解码效果。HARQ 对每个传输块进行重传。

下行 HARQ 采用多进程的“停止—等待”HARQ 实现方式，即对于某一个 HARQ 进程，在等待 ACK/NACK 反馈之前，此进程暂时中止传输，当收到反馈后，再根据反馈的是 ACK 还是 NACK 选择发送新的数据还是重传。

按照重传发生的时刻来区分，可以将 HARQ 分为同步和异步两类。同步 HARQ 是指一个 HARQ 进程的传输(重传)是发生在固定的时刻，由于接收端预先已知传输的发生时刻，因此不需要额外的信令开销来标识 HARQ 进程的序号，此时的 HARQ 进程的序号可以从子帧号获得；异步 HARQ 是指一个 HARQ 进程的传输可以发生在任何时刻，接收端预先不知道传输的发生时刻，因此 HARQ 进程的处理序号需要连同数据一起发送。

由于同步 HARQ 的重传发生在固定时刻，在没有附加进程序号的同步 HARQ 在某一时刻只能支持一个 HARQ 进程。实际上 HARQ 操作应该在一个时刻可以同时支持多个 HARQ 进程的发生，此时同步 HARQ 需要额外的信令开销来标识 HARQ 的进程序号，而异步 HARQ 本身可以支持传输多个进程。另外，在同步 HARQ 方案中，发送端不能充分利用重传的所有时刻，例如为了支持优先级较高的 HARQ 进程，则必须中止预先分配给该时刻的进程，那么此时仍需要额外的信令信息。

根据重传时的数据特征是否发生变化又可将 HARQ 分为非自适应和自适应两种，其中传输的数据特征包括资源块的分配、调制方式、传输块的长度、传输的持续时间等。自适应传输是指在每一次重传过程中，发送端可以根据实际的信道状态信息改变部分的传输参数，因此，在每次传输的过程中包含传输参数的控制信令信息要一并发送，可改变的传输参数包括调制方式、资源单元的分配和传输的持续时间等。在非自适应系统中，这些传输参数相对于接收端而言都是预先已知的，因此，包含传输参数的控制信令信息在非自适应系统中是不需要被传输的。

在重传的过程中，可以根据信道环境自适应地改变重传包格式和重传时刻的传输方式，可以称为基于 IR 类型的异步自适应 HARQ 方案。这种方案可以根据时变信道环境的特性有效地分配资源，但是具有灵活性的同时也带来了更多的系统复杂性。在每次重传过程中包含传输参数的控制信令信息必须与数据包一起发送，这样就会造成额外的信令开销。而同步 HARQ 在每次重传过程中的重传包格式，重传时刻都是预先已知的，因此不需要额外的信令信息。

1. 同步 HARQ 优势

与异步 HARQ 相比较，同步 HARQ 具有以下的优势：

(1) 控制信令开销小，在每次传输过程中的参数都是预先已知的，不需要标识 HARQ 的进程序号；

(2) 在非自适应系统中接收端操作复杂度低；

(3) 提高了控制信道的可靠性，在非自适应系统中，在有些情况下控制信道的信令信息在重传时与初始传输是相同的，这样就可以在接收端进行软信息合并从而提高控制信道的性能。

2. 异步 HARQ 优势

根据层 1/层 2 的实际需求，异步 HARQ 具有以下的优势：

(1) 如果采用完全自适应的 HARQ 技术，同时在资源分配时，可以采用离散、连续的子载波分配方式，调度将会具有很大的灵活性；

(2) 可以支持一个子帧的多个 HARQ 进程；

(3) 重传调度的灵活性。

LTE 下行链路系统中将采用异步自适应的 HARQ 技术。相对于同步非自适应 HARQ 技术而言，异步 HARQ 更能充分利用信道的状态信息，从而提高系统的吞吐量。另外，异步 HARQ 可以避免重传时因资源分配发生冲突而造成的性能损失。例如，在同步 HARQ 中，如果优先级较高的进程需要被调度，但是该时刻的资源已被分配给某一个 HARQ 进程，那么资源分配就会发生冲突；而异步 HARQ 的重传不是发生在固定时刻，可以有效地避免这个问题。

同时，LTE 系统将在上行链路采用同步非自适应 HARQ 技术。虽然异步自适应 HARQ 技术相比较同步非自适应技术而言，在调度方面的灵活性更高，但是后者所需的信令开销更少。由于上行链路的复杂性，来自其他小区用户的干扰是不确定的，因此基站无法精确估测出各个用户实际的信干比(SINR)值。在自适应调制编码系统中，一方面自适应调制编码(AMC)根据信道的质量情况，选择合适的调制和编码方式，能够提供粗略的数据速率的选择；另一方面 HARQ 基于信道条件提供精确的编码速率调节，由于 SINR 值的不准确性导致上行链路对于调制编码模式(MCS)的选择不够精确，所以更多地依赖 HARQ 技术来保证系统的性能。因此，上行链路的平均传输次数会高于下行链路。所以，考虑到控制信令的开销问题，在上行链路确定使用同步非自适应 HARQ 技术。

4.2.10　LTE 系统物理流程图

根据 LTE 物理层协议，了解 LTE 一般下行过程的流程，如图 4-8 所示。这里的一般下行过程，指的是下行共享信道的整个物理过程。与上行过程很相似，但是上行过程中 UE 能力比较小，调度信息等是基站通过下行控制信息制定的。

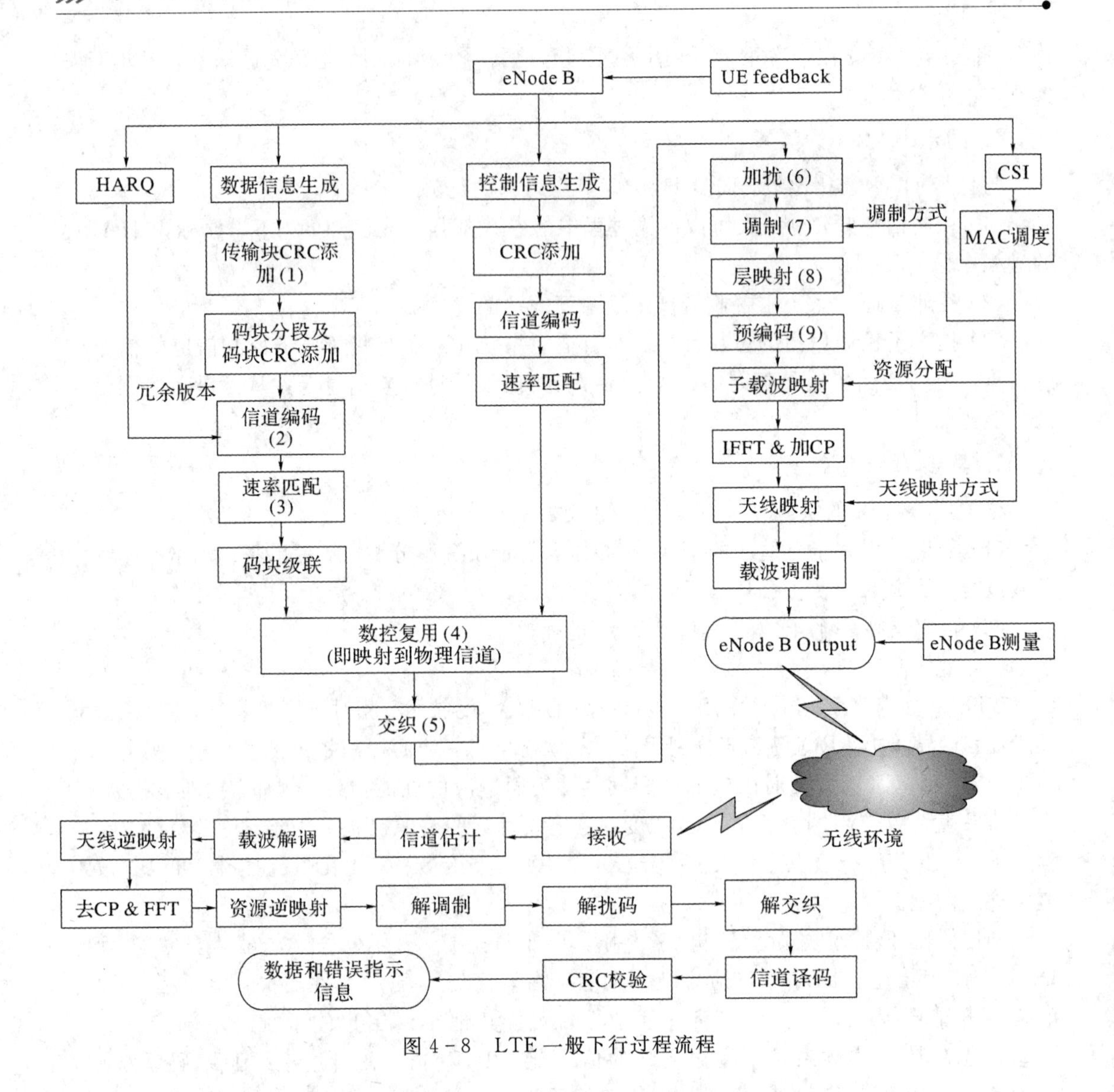

图 4-8　LTE 一般下行过程流程

4.3　LTE 的空中接口协议

4.3.1　空中接口协议栈

空中接口是指终端和接入网之间的接口，通常也称为无线接口。无线接口协议主要用来建立、重配置和释放各种无线承载业务。无线接口协议栈根据用途分为用户平面协议栈和控制平面协议栈。

1. 控制平面协议栈

控制平面负责用户无线资源的管理，无线连接的建立，业务的 QoS 保证和最终的资源释放，如图 4-9 所示。

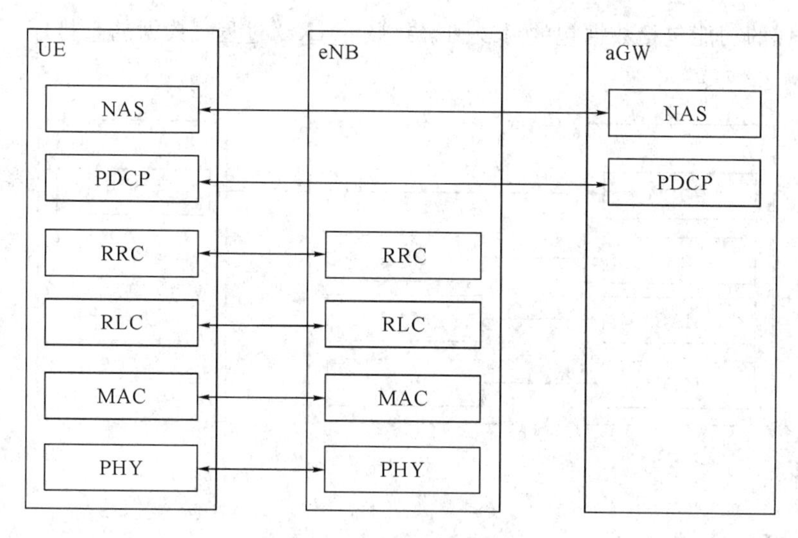

图 4－9　控制平面协议栈

控制平面协议栈主要包括非接入层(Non-Access Stratum，NAS)、无线资源控制子层(Radio Resource Control，RRC)、分组数据汇聚子层(Packet Date Convergence Protocol，PDCP)、无线链路控制子层(Radio Link Control，RLC)及媒体接入控制子层(Media Access Control，MAC)等。

控制平面的主要功能由上层的 RRC 层和非接入子层(NAS)实现。

NAS 控制协议实体位于终端 UE 和移动管理实体 MME 内，主要负责非接入层的管理和控制。实现的功能包括：EPC 承载管理、鉴权，产生 LTE－IDLE 状态下的寻呼消息，移动性管理，安全控制等。其终止于网络侧的 MME 节点。

RRC 协议实体位于 UE 和 eNode B 网络实体内，主要负责接入层的管理和控制，实现的功能包括：系统消息广播，寻呼建立、管理、释放，RRC 连接管理，无线承载(Radio Bearer，RB)管理，移动性功能，终端的测量和测量上报控制等。

PDCP 层的主要功能为头压缩、安全性(加密和完整性保护)、数据包的处理等；RLC 层的主要功能为数据包的分段、重组、传输和重传(ARQ)以及协议错误的检测与处理；MAC 层的主要功能为逻辑信道与传输信道的映射、HARQ、逻辑信道优先级管理、MAC 头填充等。这几层称为接入层，终止于网络侧的 eNode B 节点。PDCP、MAC 和 RLC 的功能和在用户平面协议实现的功能相同。

2. 用户平面协议

用户平面用于执行无线接入承载业务，主要负责用户发送和接收的所有信息的处理，如图 4－10 所示。

LTE 协议栈的三层主要包括物理层、数据链路层和网络层，其中数据链路层主要由 PDCP、MAC、RLC 三个子层构成。

PDCP 主要任务是头压缩，用户面数据加密。

MAC 子层实现与数据处理相关的功能，包括信道管理与映射、数据包的封装与解封装、HARQ 功能、数据调度、逻辑信道的优先级管理等。

RLC 实现的功能包括数据包的封装和解封装、ARQ 过程、数据的重排序和重复检测、协议错误检测和恢复等。

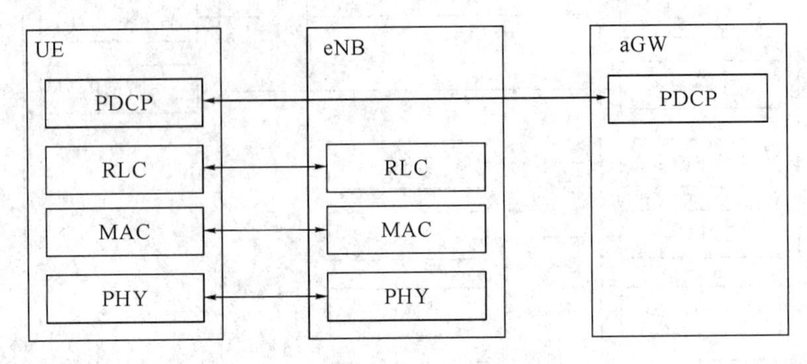

图 4－10　用户平面协议栈

4.3.2　S1 接口协议栈

1. S1 接口用户平面

S1 用户面接口(S1－U)是指连接在 eNode B 和 S－GW 之间的接口。S1－U 接口用于 eNode B 和 S－GW 之间用户平面协议数据单元(Protocol Date Unit，PDU)的非保障传输。S1 接口用户平面协议栈如图 4－11 所示。S1－U 的传输网络层建立在 IP 层之上，UDP/IP 协议之上采用 GPRS 用户平面隧道协议(GPRS Tunneling Protocol for User Plane，GTP－U)来传输 S－GW 和 eNode B 之间的用户平面 PDU。

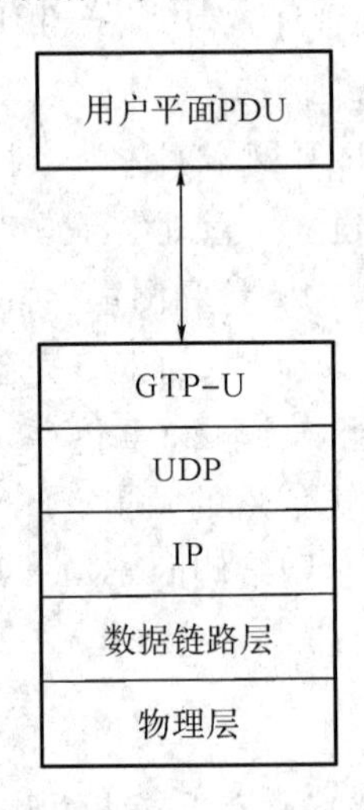

图 4－11　S1 接口用户平面(eNB－S－GW)协议栈

2. S1 接口控制平面

S1 控制平面接口(S1－MME)是指连接在 eNode B 和 MME 之间的接口。S1 接口控制平面协议栈如图 4－12 所示。与用户平面类似，传输网络层建立在 IP 传输基础上；不同之处在于 IP 层之上采用 SCTP 层来实现信令消息的可靠传输。应用层协议栈可参考 S1－AP (S1 应用协议)。

在 IP 传输层，PDU 的传输采用点对点方式。每个 S1 - MME 接口实例都关联一个单独的 SCTP，与一对流指示标记作用于 S1 - MME 公共处理流程中；只有很少的流指示标记作用于 S1 - MME 专用处理流程中。

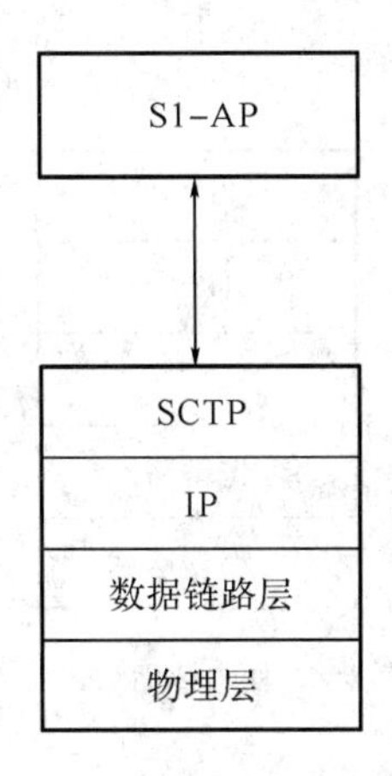

图 4 - 12　S1 接口控制平面(eNB - MME)协议栈

MME 分配的针对 S1 - MME 专用处理流程的 MME 通信上下文指示标记以及 eNode B 分配的针对 S1 - MME 专用处理流程的 eNode B 通信上下文指示标记，都应当对特定 UE 的 S1 - MME信令传输承载进行区分。通信上下文指示标记在各自的 S1 - AP 消息中单独传输。

3. 主要功能

S1 接口主要具备以下功能：

(1) EPS 承载服务管理功能，包括 EPS 承载的建立、修改和释放。

(2) S1 接口 UE 上下文管理功能。

(3) EMM-Connected 状态下针对 UE 的移动性管理功能，包括 Intra - LTE 切换、Inter - 3GPP - RAT切换。

(4) S1 接口寻呼功能。寻呼功能支持向 UE 注册的所有跟踪区域内的小区中发送寻呼请求。基于服务 MME 中 UE 的移动性管理内容中所包含的移动信息，寻呼请求将被发送到相关 eNode B。

(5) NAS 信令传输功能。提供 UE 与核心网之间非接入层的信令的透明传输。

(6) S1 接口管理功能，如错误指示、S1 接口建立等。

(7) 网络共享功能。

(8) 漫游与区域限制支持功能。

(9) NAS 节点选择功能。

(10) 初始上下文建立功能。

4.3.3　X2 接口协议栈

1. X2 接口用户平面

X2 接口用户平面用于 eNode B 之间的用户数据传输。X2 的用户平面协议栈如图4 - 13 所示，与 S1 - UP 协议栈类似，X2 - UP 的传输网络层基于 IP 传输，UDP/IP 之上采用 GTP - U 来传输 eNode B 之间的用户面 PDU。

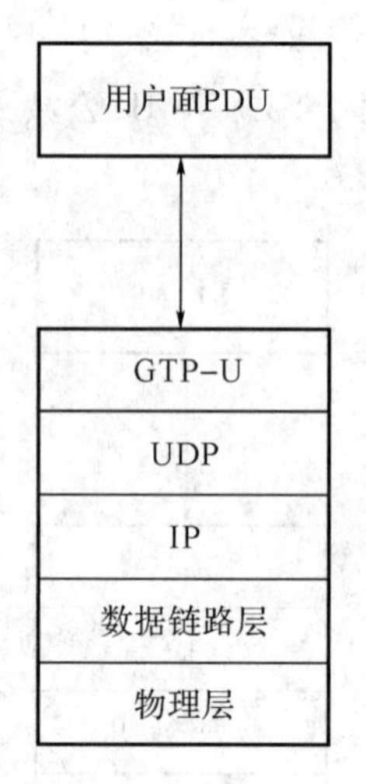

图 4-13　X2 接口用户平面(eNB-eNB)协议栈

2. X2 接口控制平面

X2 控制面接口(X2-CP)定义为连接 eNB 之间接口的控制面。X2 接口控制平面的协议栈如图 4-14 所示，传输网络层是建立在 SCTP 层之上，SCTP 层是在 IP 层之上。应用层的信令协议表示为 X2-AP(X2 应用协议)。

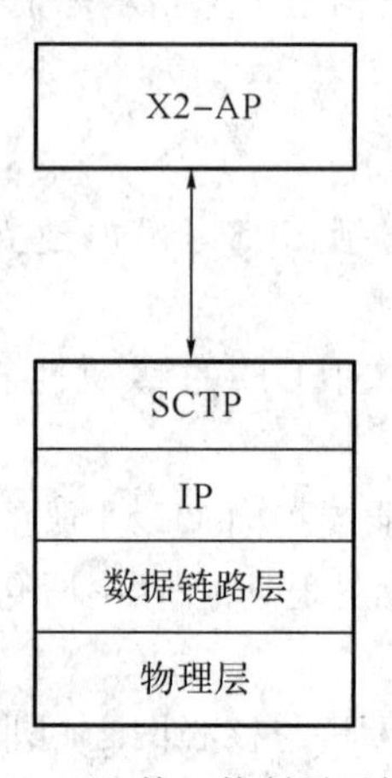

图 4-14　X2 接口控制平面协议栈

每个 X2-C 接口含一个单一的 SCTP 并具有双流标识的应用场景应用于 X2-C 的一般流程。具有多对流标识仅应用于 X2-C 的特定流程。源 eNB 为 X2-C 的特定流程分配源 eNB 通信的上下文标识，目标 eNB 为 X2-C 的特定流程分配目标 eNB 通信的上下文标识。这些上下文标识用来区别 UE 特定的 X2-C 信令传输承载。通信上下文标识通过各自的 X2-AP 消息传输。

3. 主要功能

X2-AP 协议主要支持以下功能：

(1) 支持 UE 在 EMM-Connected 状态时的 LTE 接入系统内的移动性管理功能。如在切换过程中由源 eNB 到目标 eNB 的上下文传输，源 eNB 与目标 eNB 之间用户平面隧道的控制、切换取消等。

(2) 上行负载管理功能。

(3) 一般性的 X2 管理和错误处理功能，如错误指示等。

4.3.4 LTE 终端切换过程概述

1. LTE 系统切换流程介绍

在 LTE 系统连接模式下存在两种类型的切换，一种为切换时在两个 eNode B 之间存在 X2 接口，并且能够通过 X2 接口执行切换的过程，被称为 X2 切换；另一种涉及 MME 改变或者不存在 X2 接口的切换过程被称为 S1 切换。

图 4-15 所示的切换交互流程是基于 X2 接口发生的切换，不涉及 MME 和服务网关的改变，切换准备消息的交互直接通过 X2 接口在源 eNode B 和目的 eNode B 之间进行。如进行 MME 改变的切换会涉及源 MME 和目的 MME 间的信令交互来交换 UE 的上下文信息，由于这种切换过程复杂，在此不作介绍。

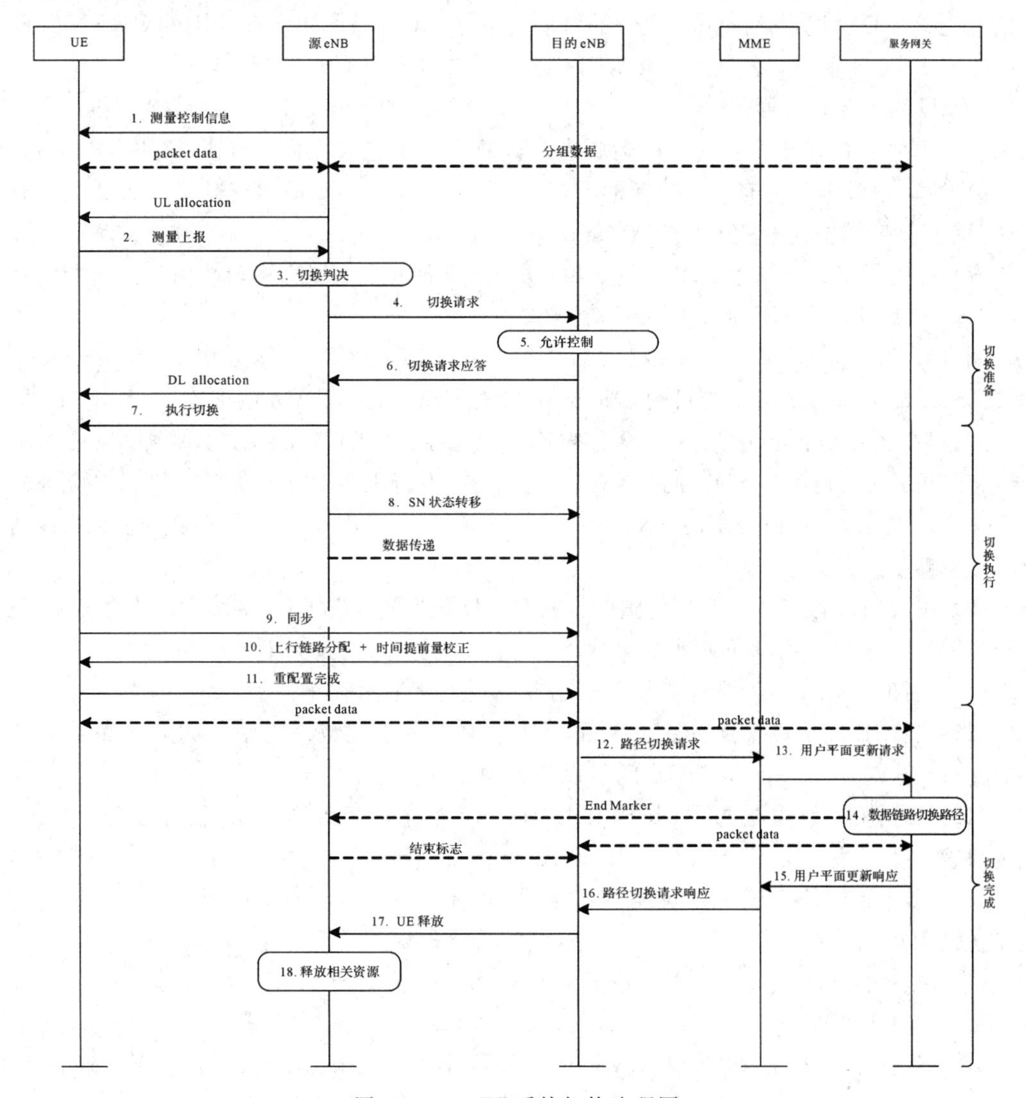

图 4-15 LTE 系统切换流程图

1）控制平面流程说明

（1）源 eNode B 通过向 UE 配置测量控制信息，使 UE 进行测量来协助 eNode B 控制连接下的移动性功能。

（2）UE 按照网络配置的频点信息进行测量，并依据配置的测量报告准则进行评估后向 eNode B 进行测量上报。

（3）源 eNode B 根据 UE 测量上报的结果和自身维护的一些信息作出切换判决。

（4）源 eNode B 通过 Handover Request 消息传递必要的信息给目的 eNode B 用于目的 eNode B 侧的切换准备，该消息中包含的信息有：在源 eNode 端 UE - X2 接口信令上下文参数、UE - S1 接口信令上下文参数、目标小区 ID、在源 eNode B 端的 RRC 上下文、AS 配置、E - RAB 上下文、源小区的物理 ID、Kenb 和无线链路失败恢复的 MAC - I。

（5）在目的 eNode B 端为了增加切换成功的概率会依靠 E - RAB 上下文中的 QoS 信息进行接入允许判决，判决是否可以进行资源分配；判决成功，则源 eNode B 会按照 QoS 中的信息为该 UE 分配在该 eNode B 中的资源，并为该 UE 保留切换前使用的 C - RNTI 和一个可选的 RACH 前导。在目的 eNode B 端也应该给出具体的 AS 配置。

（6）目的 eNode B 回复一个 Handover Ack 消息给源 eNode B，在该消息中包含一个对源 eNode B 透明的用于执行切换的数据包，该数据包被包含在源 eNode B 的 RRC 消息中发送给 UE。该数据包含有：一个新的 C - RNTI、目标 eNode B 的安全算法标识、专有的 RACH 前导和其他的一些公共和专有的配置参数。

（7）目的 eNode B 产生 RRC 消息执行切换，即通过产生带有移动性信息的重配消息并由源 eNode B 发送到 UE 通知其执行切换。

（8）为了传递上行 PDCP SN 接收端状态和下行 PDCP SN 发送端状态，源 eNode B 发送 SN Status Transfer 消息给目的 eNode B(针对 RLC 模式为 AM 的 DRB)。在上行 PDCP SN 接收端状态中应该包括第一个没有被确认接收到的 PDCP SDU 的 SN 和在目的小区 UE 需要重传的上行乱序 SDU 的 Bit Map 信息。在下行 PDCP SN 发送端状态中应该标识为下一个新的 SDU 应该分配的 SN。如果在 E - RAB 信息中没有一个 AM 的承载，该消息可以被忽略。

（9）在收到带有移动性信息的重配消息后，UE 提取和应用目标小区配置的安全算法，并根据移动性信息利用竞争或非竞争的随机接入过程接入到目标小区。

（10）目的 eNode B 对上行链路进行分配和时间提前量校正。

（11）当 UE 成功接入到目标小区后，UE 发送重配置完成消息给目的 eNode B 确认切换的完成。这时在 eNode B 和 UE 间可以进行数据的传输。

（12）目的 eNode B 通过 Path Switch Request 消息告知 MME UE 已经改变了小区。

（13）MME 发送 Update User Plane Request 消息给服务网关。

（14）服务网关将 UE 的数据链路切换到目的 eNode B 这一侧，在源 eNode B 旧的链路上发送结束标识并释放分配给源 eNode B 侧的链路资源。

（15）服务网关发送 Update User Plane Response 消息给 MME。

（16）MME 发送 Path Switch Acknowledge 消息给目的 eNode B。

（17）目的 eNode B 在收到 MME 的 Path Switch Acknowledge 消息后，通过 UE Context Release 消息通知源 eNode B 切换成功，并触发其释放源 eNode B 的资源。

(18) 在收到 UE Context Release 消息后，源 eNode B 应该先释放控制平面的相关资源，在数据平面的数据传输应该继续。

2) 数据平面流程说明

(1) 切换准备阶段：在源 eNode B 和目的 eNode B 之间建立数据平面的通道。对每个 E－RAB 的上行和下行数据传输都会建立一个数据通道，用于在切换完成前传递来自源 eNode B 的数据。目的 eNode B 端在切换完成前会对来自源 eNode B 端的数据进行缓存。

(2) 切换执行阶段：源 eNode B 从 EPC 收到数据或者其数据缓存不为空，下行的用户数据就需要通过源 eNode B 和目的 eNode B 之间的数据通道传递给目的 eNode B。

(3) 切换完成阶段：目的 eNode B 通过 Path Switch Request 消息通知 MME UE 已经获得了接入，MME 通过消息 Update User Plane Request 通知服务网关将 UE 的数据链路从源 eNode B 切换到目的 eNode B；服务网关向源 eNode B 发送数据结束标识后，将数据链路进行改变。

2. 终端切换处理流程介绍

UE 端发生切换的前提条件如下：

(1) 接入网的安全性保护功能已被激活；

(2) SRB2 和至少一个 DRB 已被建立。

UE 端的 RRC 模块收到带有 Mobility Control Info 元素的重配消息时，认为接收到网络的切换指示，UE 作如下流程处理：

(1) 如果 T310 定时器开启，将该定时器关闭。T310 定时器为评定无线链路失败的定时器，切换时对服务小区无线链路不需要进行评估。

(2) 开启 T304 定时器。T304 定时器为限制切换时间的定时器，该定时器超时认为切换失败。

(3) 如果移动性信息中包括了载频信息，则认为目标小区为移动性信息中标识的小区；否则目标小区为服务频点上被 Target Phys Cell ID 标识的小区。UE 同步到目标小区的下行链路。

(4) 复位 MAC 层，该操作将 MAC 层的相关状态变量和定时器进行复位。

(5) 重建所有 RB 的 PDCP 和 RLC 实体，该操作用于处理切换执行时在层 2 的数据，保证数据要求的特性。

(6) 应用在移动性信息中携带的新的 C－RNTI 的值，将无线资源公共配置中的信息对底层进行配置。

(7) 如果重配置消息中包含 Radio Resource Config Dedicated 信息，将该元素中无线资源专有配置对底层进行配置。

(8) 根据目前 UE 的安全上下文和重配置消息中携带的安全性参数，对 AS 的密钥进行提取和更新。

(9) 执行测量相关行为，调整和处理测量列表及测量报告项。

(10) 如果在重配置消息中包含 Meas Config 元素，对测量进行配置。

(11) 将重配置完成消息发送到底层进行传输。

(12) MAC 随机接入完成后，UE 端的切换完成。

4.3.5 LTE 安全性架构和配置

1. LTE 安全架构介绍

LTE 的安全性架构主要功能是在 UE 和网络间建立一个安全的场景(EPS Security Context)，包括 UE 和网络间在安全方面所需要的密钥产生和维护更新。并且在该安全场景下投入使用，建立一个 NAS 和 AS 消息安全交互的场景，保护 UE 和网络间的数据及信令交互的安全性和可靠性。

安全场景主要是通过 AKA 健全、NAS SMC 和 AS SMC 过程来建立，其中 AKA 健全过程通过网络传递的信息和 UE 端 USIM 卡中的安全参数来提取公共的密钥；NAS SMC 过程通过配置相应的加密和完整性算法启用 NAS 安全性保护；AS SMC 过程通过配置接入层安全性算法提取接入层密钥，启用接入层的安全保护。

2. LTE 接入网密钥产生

在所有的 3GPP 无线接入技术中，安全性一直是一个重要的特性。在 LTE 系统中采用了和 3G 与 GSM 相类似的框架。对无线接入网安全性主要提供两个功能：对 SRB 与 DRB 的数据进行加密和解密，对 SRB 的数据进行完整性保护和完整性检验。加密主要为了防止数据信息被第三方获得，完整性保护主要防止数据被篡改和被伪造。RRC 总是在连接建立后通过 SMC 过程对接入层的安全性进行激活的。

图 4-16 为 LTE 系统中接入网密钥产生的过程图，在整个密钥的提取过程中是基于一个公共的密钥 K_{asme}，该密钥在 HSS 和 UE 端的 USIM 中提取。在网络 HSS 的健全模块中会使用 K_{asme} 和一个随机数产生 K_{eNB} 和健全验证码。密钥 K_{eNB}、验证码以及随机数都会发送到 MME，MME 在和 NAS 层的 AKA 健全过程中将随机数和健全验证码发送到 UE，并将 K_{eNB} 发送到 eNode B 进行接入层密钥的提取。

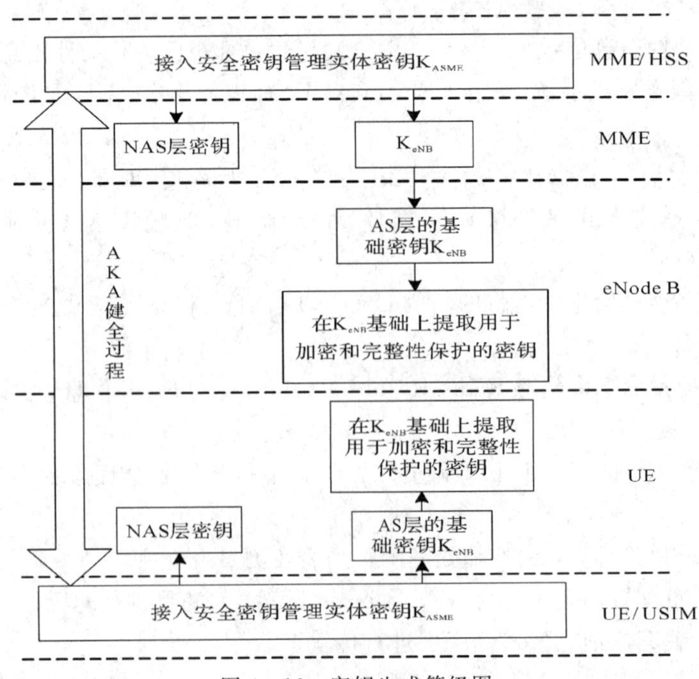

图 4-16　密钥生成等级图

UE 从 USIM 中读取信息后产生 K_{asme} 并通过 AKA 健全过程中的随机数和验证码进行健全过程的验证。在健全过程成功后，UE 通过 K_{asme} 产生 K_{eNB}，并在接入层的 SMC 过程中利用 K_{eNB} 和网络配置的算法提取接入层的安全性密钥。

在连接模式下 UE 发生切换时，会改变接入层的算法，并通过相关参数提取新的 K_{eNB}，使得 K_{eNB} 和网络侧同步，利用新的算法和 K_{eNB} 提取接入层新的密钥。

4.4　4G 关键技术

TE 标准体系中最基础、最复杂、最有个性的地方是物理层。物理层技术中受芯片技术制约较大、实现较为困难的有两个：OFDM(Orthogonal Frequency Division Multiplexing)和 MIMO(Multiple-Input Multiple-Output)。

根据香农公式，$C=B\text{lb}(1+S/N)$，信道容量与信道带宽成正比，同时还取决于系统信噪比以及编码技术。也可以理解为信息的最大传输速率与信道带宽及频谱利用率成正比。

所以提高网络的速度有两个方法，一个是增加带宽，另一个是增加频带利用率。

LTE 选择了含正交子载波技术的 OFDM 技术来实现增加带宽。

高效的编码和高阶的调制可以增加频谱利用率，LTE 和 3G 一样，最高速率用的是 Turbo 编码和 64QAM 调制技术。但是 LTE 支持的 MIMO 也是一种增加频谱利用率的方式。所以，LTE 速率的提升关键就在于 OFDM 和 MIMO 这两种技术，下面先重点讲解这两种技术。

4.4.1　OFDM 技术

OFDM 是一种正交频分复用技术，是由多载波技术 MCM(Multi-Carrier Modulation，多载波调制)发展而来的，是一种无线环境下的特殊的多载波传输方案，它可以被看作一种调制技术，也可以被当作一种复用技术。

采用快速傅里叶变换(Fast Fourier Transform，FFT)可以很好地实现 OFDM 技术。随着 DSP(Digital Signal Processing，数字信号处理)芯片技术的发展，FFT 技术的实现设备向低成本、小型化的方向发展，使得 OFDM 技术走向了高速数字移动通信领域。

OFDM 结合了多载波调制(MCM)和频移键控(FSK)，通过串并变换将高速的数据流分解为 N 个并行的低速数据流，把低速的数据流分到 N 个子载波上同时进行传输，在每个子载波上进行 FSK。这些在 N 个子载波上同时传输的数据符号，构成一个 OFDM 符号。OFDM 是通过大量窄带子载波来实现多载波传输的。子载波直接相互正交，信号带宽小于信道的相应带宽。

如图 4－17 所示，传统的多载波之间要有保护间隔，而 OFDM 则是重叠在一起的，节省了带宽；传统的 FDM 是子载波分别调度，而 OFDM 是统一调度，效率更高。另外，不同于传统的载波，OFDM 的子载波非常小，带宽小于信道相干带宽，这样可以克服频率选择性衰落。比如，1 Hz 和 1.1 Hz 之间的无线特性几乎一样，而 1 Hz 和 101 Hz 之间的无线特性差别很大，带宽越小，衰落越一致；同理，一个 OFDM 符号的时间也是很小的，小于相干时间可以克服时间选择性衰落，等效为一个线性时不变系统。

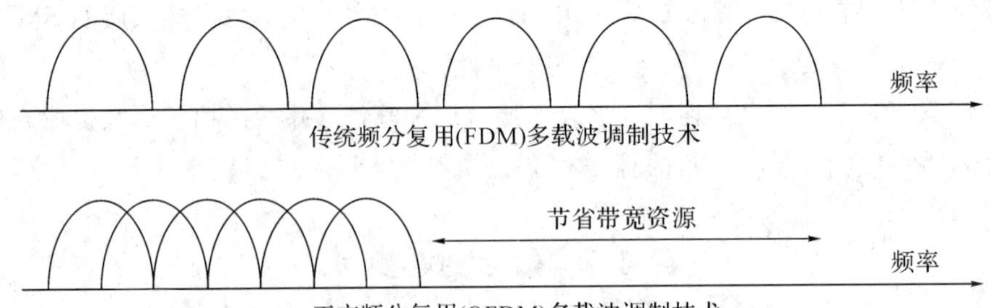

图 4-17 FDM 和 OFDM 带宽利用率的比较

1. 正交子载波

几乎所有的无线制式都采用频分多址的技术。传统的频分多址方式用不相重叠的两个频带及频带之间有一定的保护带宽来区分不同的信息通道。

人类的聪明在于发现了频带有所重叠的载波，也可以区分不同的信道，即引入了正交子载波的概念。

正弦波和余弦波就是正交的，因为它们满足以下两个条件：

正弦波和余弦波的乘积在一个周期 T 内的积分等于 0，即

$$\int_{-\frac{T}{2}}^{\frac{T}{2}} \cos\omega_0 t \sin\omega_0 t \,\mathrm{d}t = 0 \tag{4-1}$$

正弦波或余弦波的平方在一个周期 T 内的积分大于 0，即

$$\int_{-\frac{T}{2}}^{\frac{T}{2}} \cos\omega_0 t \cos\omega_0 t \,\mathrm{d}t > 0 \tag{4-2}$$

$$\int_{-\frac{T}{2}}^{\frac{T}{2}} \sin\omega_0 t \sin\omega_0 t \,\mathrm{d}t > 0 \tag{4-3}$$

这样在发送端用一定频率的正弦波调制无线信号，把要调制的数据(设为 a，取值为 0 或 1)作为正弦波的系数。

在接收端如用余弦波解调，得到的数据永远是 0，即

$$\int_{-\frac{T}{2}}^{\frac{T}{2}} a\sin m\omega_0 t \cos n\omega_0 t \,\mathrm{d}t = 0 \tag{4-4}$$

而用正弦波调解，就能够把真实的数据 a 解出来，即

$$\int_{-\frac{T}{2}}^{\frac{T}{2}} a\sin m\omega_0 t \sin m\omega_0 t \,\mathrm{d}t = ka \quad (k > 0) \tag{4-5}$$

同样地，任意两个不同的正弦波(频率为 ω_0 的整数倍)，任意两个不同的余弦波(频率为 ω_0 的整数倍)，任意一个正弦波和任意一个余弦波都是正交的，即

$$\int_{-\frac{T}{2}}^{\frac{T}{2}} \sin n\omega_0 t \sin m\omega_0 t \,\mathrm{d}t \begin{cases} > 0 & (n = m) \\ = 0 & (n \neq m) \end{cases} \tag{4-6}$$

$$\int_{-\frac{T}{2}}^{\frac{T}{2}} \cos n\omega_0 t \cos m\omega_0 t \,\mathrm{d}t \begin{cases} > 0 & (n = m) \\ = 0 & (n \neq m) \end{cases} \tag{4-7}$$

$$\int_{-\frac{T}{2}}^{\frac{T}{2}} \cos n\,\omega_0 t \sin m\,\omega_0 t\,\mathrm{d}t = 0 \tag{4-8}$$

只要两个子载波是正交的，就可以用它们来携带一定的信息。在接收端，只要分别用同样的子载波进行运算，就可以把相应的数据解出来。

由于一个 OFDM 符号的时间和频率都很小，因此对频偏比较敏感，还有由于信号重叠严重，需要克服较大的峰均比 PARA。

2. OFDM 调制/解调过程

OFDM 就是利用相互正交的子载波来实现多载波通信的技术。在基带相互正交的子载波就是类似{sin(ωt)、sin(2ωt)、sin(3ωt)}和{cos(ωt)、cos(2ωt)、cos(3ωt)}的正弦波和余弦波，属于基带调制部分。基带相互正交的子载波再调制在射频载波 ω_c 上，就成为可以发射出去的射频信号。

在接收端，将信号从射频载波上调解下来，在基带用相应的子载波通过码元周期内的积分把原始信号调解出来。基带内其他子载波信号与信号解调所用的子载波由于在一个码元周期内积分结果为 0，相互正交，所以不会对信息的提取产生影响，如图 4－18 所示。

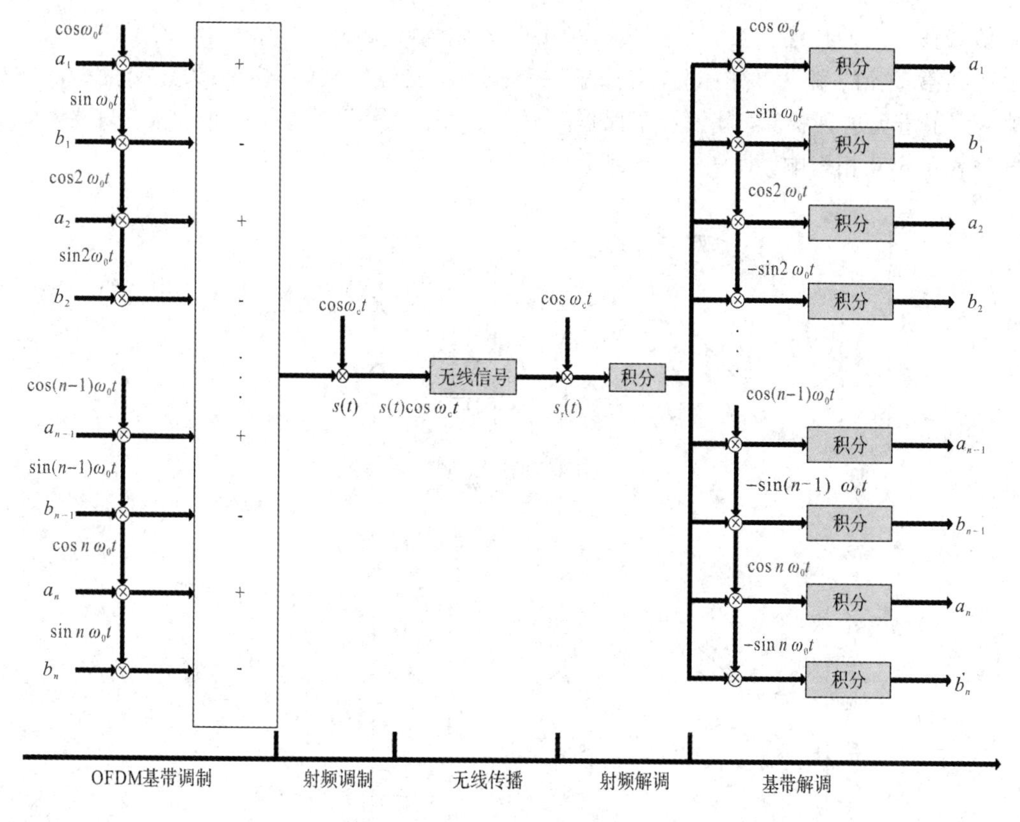

图 4－18　OFDM 调制/解调过程

3. OFDM 相关的主要功能模块

OFDM 系统包含很多功能模块，实现 OFDM 相关的主要功能模块有三个：串/并、并/串转换模块，FFT、逆 FFT 转换模块，加 CP、去 CP 模块，如图 4－19 所示。

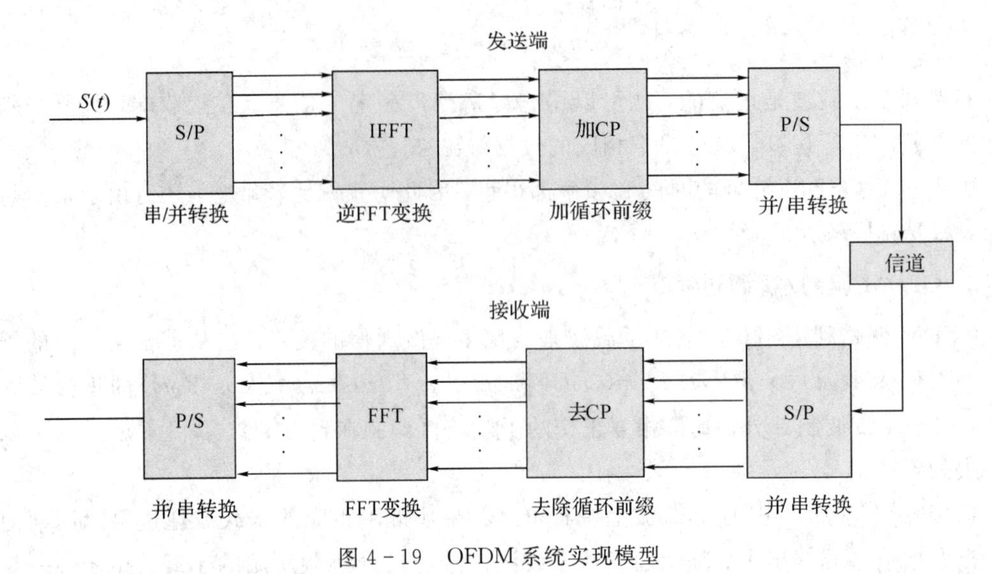

图 4-19 OFDM 系统实现模型

4. CP(Cyclic Prefix)循环前缀

信号在空间的传递存在多径干扰，如图 4-20 所示，由于第 2 径的第一个信号延迟，一部分落到第 1 径的第二个符号上，导致第二个符号正交性被破坏从而失去正交性无法解调出来。为了避免这种状况，就设计了保护间隔，在每个信号之前增加一个间隔，只要时延小于间隔就不会互相影响，如图 4-21 所示。

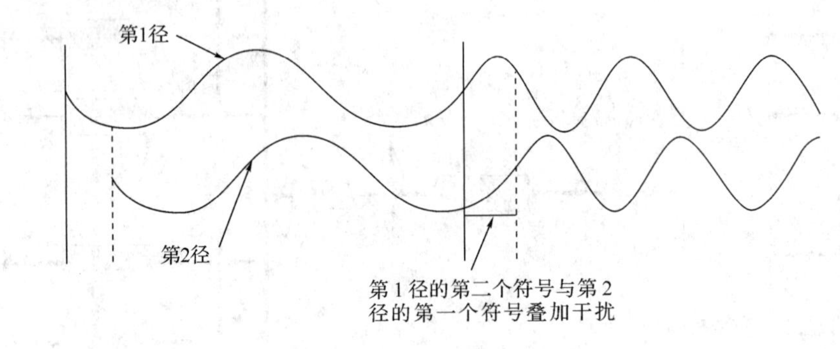

图 4-20 多径导致符号间干扰

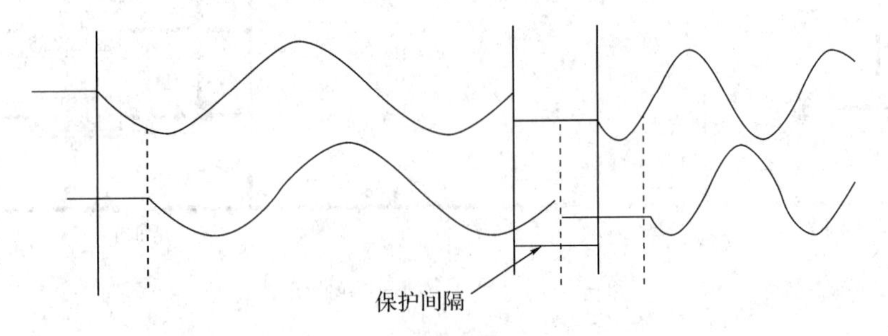

图 4-21 加入保护间隔

加入了保护间隔后，虽然第 2 径第一个信号延迟了，但是刚好落入第 1 径的第二个符号的保护间隔内，在解调时会随着 CP 一起抛弃，不会干扰到第二个符号；如果第 2 径的第二个符号的保护间隔落入了第 1 径的第二个符号内，产生干扰，因为保护间隔本身也不是正交的，那么解决的办法就是采用 CP，循环前缀。

循环前缀 CP 就是保护间隔不用传统的全 0，而是用符号自身的一部分，如图 4-22 所示，将符号的最后一部分拿出来放到前面当保护间隔，就是 CP。由于保护间隔是信号的一部分，所以不会破坏符号本身的正交性。

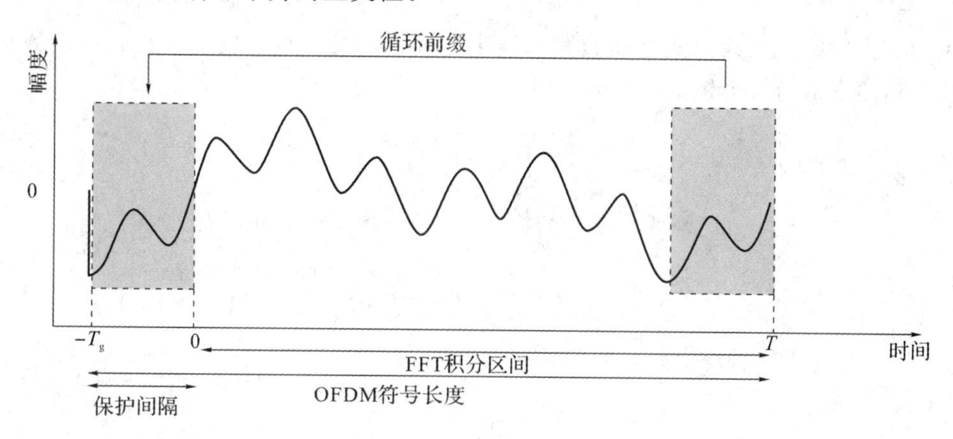

图 4-22　循环前缀 CP

由于基站覆盖的距离远近不同，多径延迟也不同，所以 CP 也分三种，即常规 CP、扩展 CP 和超长扩展 CP，它们的应用范围也不同，如图 4-23 所示。

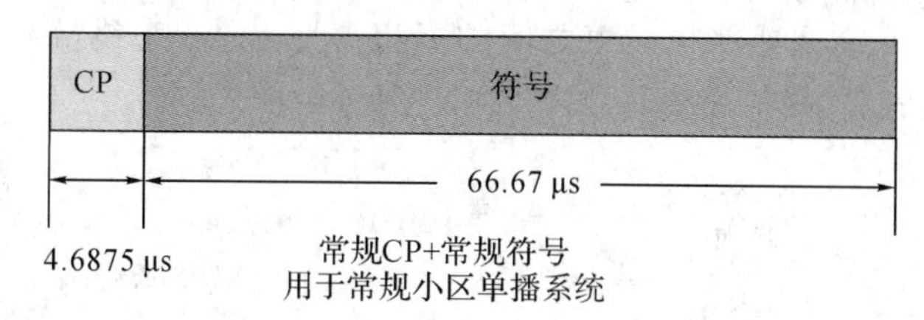

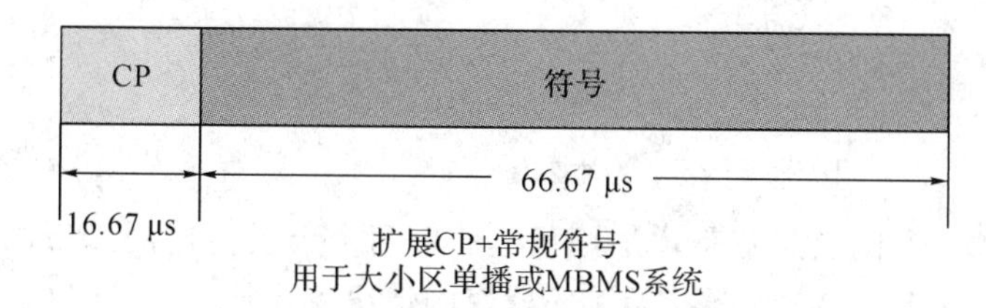

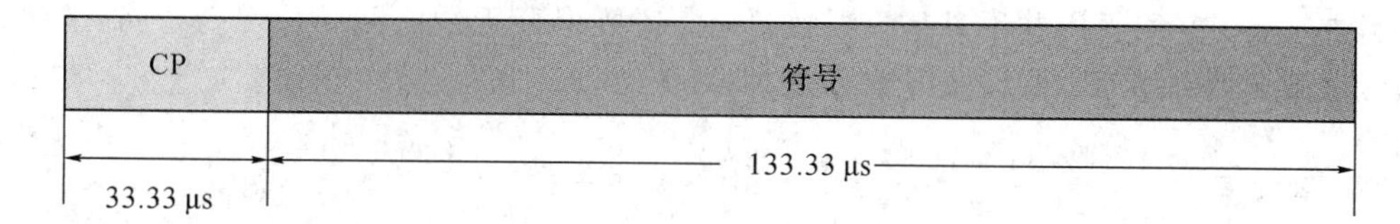

图 4-23　CP 长度

一般来说超长扩展 CP 除非在海边等特殊场景，其他地方是用不到的，所以常见的就是常规 CP 和扩展 CP 两种，CP 的长度也会影响物理层资源块的大小，间接影响速率。

4.4.2 MIMO(Multiple-Input Multiple-Output)技术

MIMO 技术，就是通过收发端的多天线技术来实现多路数据的传输，从而增加速率。

MIMO 大致可以分为三类，空间分集、空间复用和波束赋形。

1. 空间分集(发射分集、传输分集)

利用较大间距的天线阵元之间或赋形波束之间的不相关性，发射或接收一个数据流，避免单个信道衰落对整个链路的影响，如图 4-24 所示。

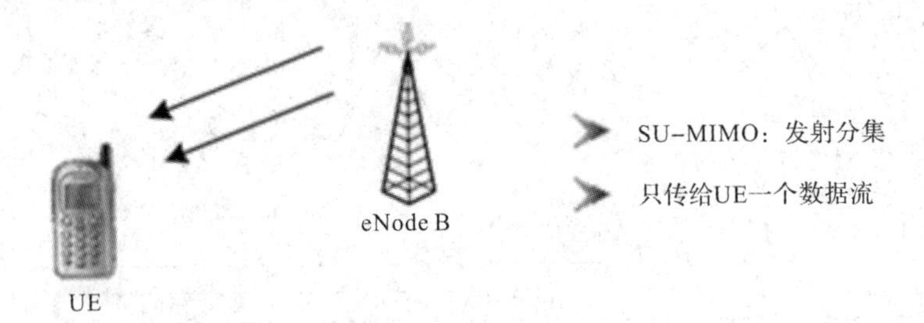

图 4-24　空间分集

简单地说，就是两个天线传输同一个数据，但是两个天线上的数据互为共轭，一个数据传两遍，有分集增益，保证数据能够准确传输。

2. 空间复用(空分复用)

利用较大间距的天线阵元之间或赋形波束之间的不相关性，向一个终端/基站并行发射多个数据流，以提高链路容量(峰值速率)，如图 4-25 所示。

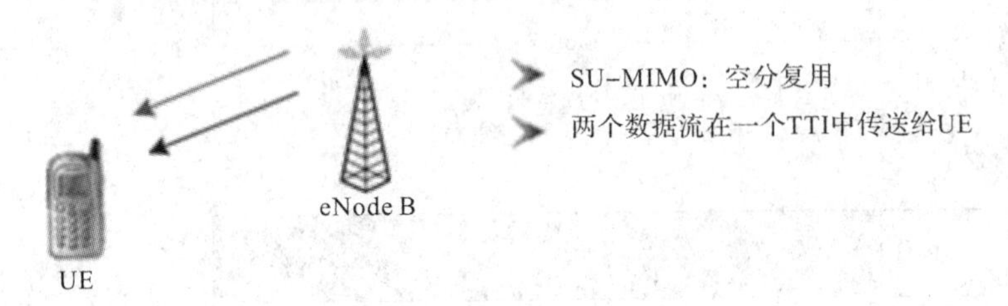

图 4-25　空间复用

空间分集是增加可靠性，空间复用就是增加峰值速率，两个天线传输两个不同的数据流，相当于速率增加了一倍，当然，必须要在无线环境好的情况下才行。

另外，采用空间复用并不只是天线数量多，还要保证天线之间相关性低才行，否则会导致无法解出两路数据。假设收发双方是 MIMO 2×2，如图 4-26 所示。

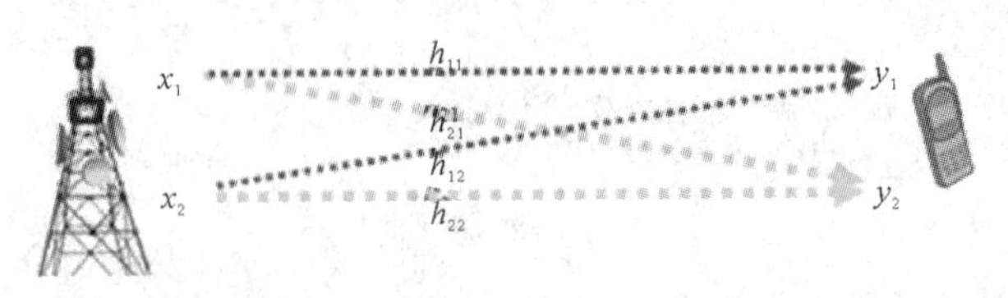

图 4-26　首发两端同时采用两副天线

那么 UE 侧的计算公式是

$$y_1 = h_{11}x_1 + h_{12}x_2 + n_1 \tag{4-9}$$

$$y_2 = h_{21}x_1 + h_{22}x_2 + n_2 \tag{4-10}$$

由于是 UE 接收，y_1 和 y_2 是已知，h 和 n 是天线的相关特性，求 x。假如天线的相关性较高，h_{11} 和 h_{21} 相等，h_{12} 和 h_{22} 相等，或者等比例，则这个公式无解。

3. 波束赋形

利用较小间距的天线阵元之间的相关性，通过阵元发射的波之间形成干涉，集中能量于某个(或某些)特定方向上，形成波束，从而实现更大的覆盖和干扰抑制效果，如图 4-27 所示。

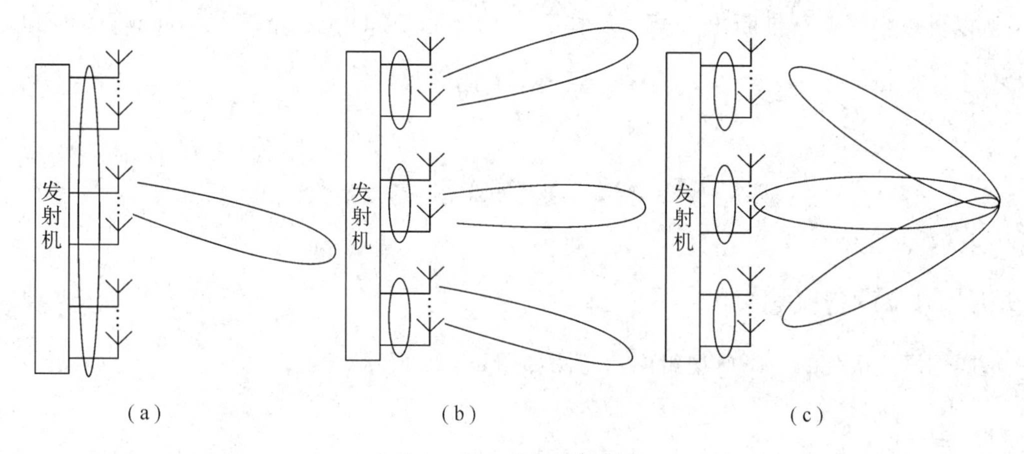

图 4-27　各种波束赋形

图 4-27 中分别是单播波束赋形(a)、波束赋形多址(b)和多播波束赋形(c)，通过判断 UE 位置进行定向发射，提高传输可靠性。这个在 TD-SCDMA 上已经得到了很好的应用。

多用户 MU-MIMO，实际上是将两个 UE 认为是一个逻辑终端的不同天线，其原理和单用户相似，但是采用 MU-MIMO 有个很重要的限制条件，就是这两个 UE 信道必须正交，否则解不出来。

4. LTE R8 版本中的 MIMO 分类

目前的 R8 版本主要分了 7 类 MIMO，如图 4-28 所示。

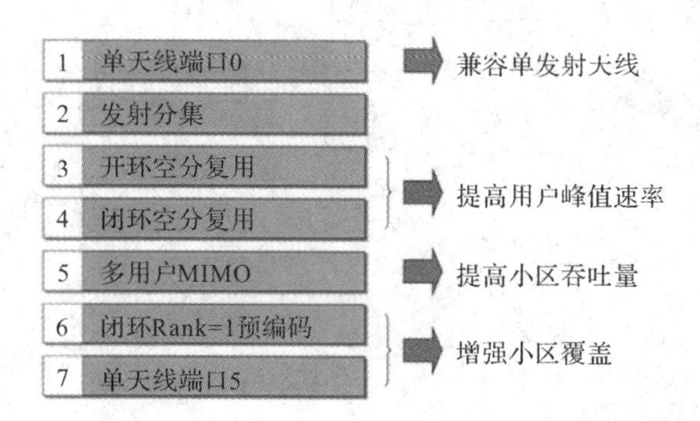

图 4-28　MIMO 分类

(1) 单天线端口 0：单天线传输，也是基础模式，兼容单天线 UE。

(2) 发射分集：不同模式在不同天线上传输同一个数据，适用于覆盖边缘。

（3）开环空分复用：无须用户反馈，不同天线传输不同的数据，相当于速率增加一倍，适用于覆盖较好区域。

（4）闭环空分复用：同上，只不过增加了用户反馈，对无线环境的变化更敏感。

（5）多用户 MIMO：多个天线传输给多个用户，如果用户较多且每个用户数据量不大，则可以采用，增加小区吞吐量。

（6）闭环 Rank=1 预编码：闭环波束赋形的一种，基于码本的（预先设置好），预编码矩阵是在接收端终端获得，并反馈 PMI，由于有反馈所以可以形成闭环。

（7）单天线端口 5：无须码本的波束赋形，适用于 TDD，由于 TDD 上下行是在同一频点，所以可以根据上行推断出下行，无须码本和反馈，FDD 由于上下行不同频点，所以不能使用。

4.5 4G（LTE）设备简介

4.5.1 LTE 设备概述

TD-LTE 系统的一个典型组网示意图如图 4-29 所示。

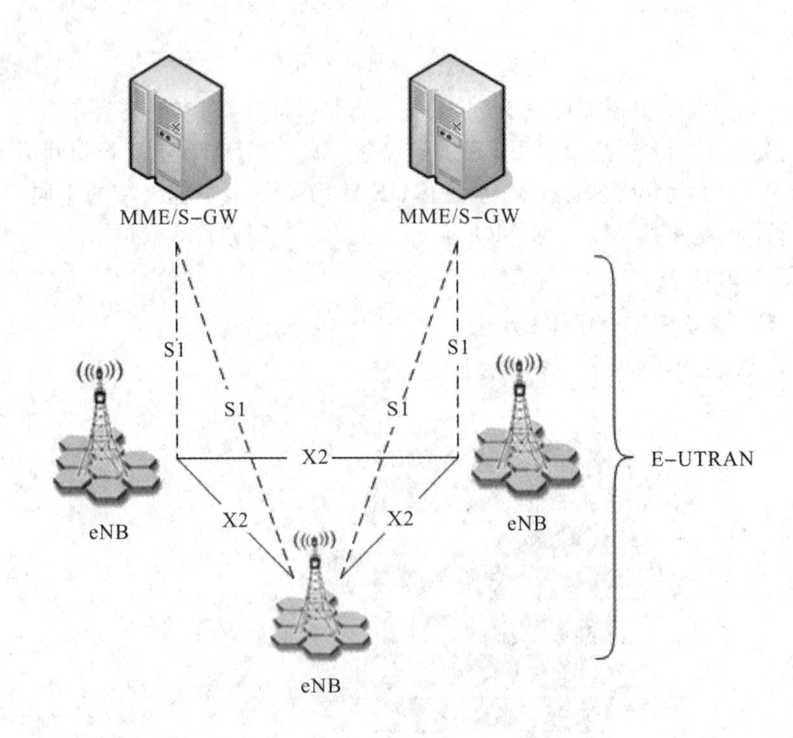

图 4-29 TD-LTE 系统组网示意图

一个完整的 TD-LTE 移动通信网络包括 UE、eNode B、MME/S-GW、计费中心、短消息中心、本地维护终端（LMT）和各种传输设备等，这些设备共同承载 TD-LTE 的各种业务。

EMB5116 TD－LTE 是大唐移动通信设备有限公司开发的一种基带拉远型基站，单机柜标准容量最小配置 10 Mb/s 带宽，最大可支持 120 Mb/s 带宽。通过基带拉远技术，既可以支持本地覆盖，也可以支持远端覆盖，从而解决站址问题。

EMB5116 TD－LTE 可应用于室外宏覆盖，如城市热点地区、郊区、乡镇、农村、公路沿线等，使用拉远技术可以降低成本并快速覆盖主要业务区域。

EMB5116 TD－LTE 也可以用于解决中小容量室内覆盖，如隧道、地铁站、楼宇、住宅小区等，在不大幅增加成本的情况下，可改善网络覆盖，提高服务质量。

4.5.2　LTE 产品特点

EMB5116 TD－LTE 利用光纤拉远的应用优势，充分考虑了用户在业务、容量、覆盖、传输、电源、安装、维护等方面的需求，采用一体化设计，集成度高，可实现远端独立覆盖，节省了站址资源，体现了大唐移动通信设备有限公司客户化服务的理念。

1. 主要技术特点

(1) 面向 TD－LTE，体系结构先进。

(2) 采用资源池设计方式，提高硬件资源利用率和系统的容错能力。

(3) 应用数字中频技术提高信号处理能力。

(4) 扇区处理能力强，支持单个扇区的大功率覆盖和大带宽覆盖。

(5) 智能风扇控制，提高风扇寿命，降低噪声。

(6) 支持带内自适应滤波抗干扰。

(7) 支持 RRU 级联，灵活扩展无线覆盖范围。

(8) 支持 2320～2370 MHz、2570～2620 MHz 工作频段，应用方便。

2. 支持的信道多

EMB5116 TD－LTE 支持的逻辑信道如下：

(1) Broadcast Control Channel (BCCH)：广播控制信道。

(2) Paging Control Channel (PCCH)：寻呼控制信道。

(3) Common Control Channel (CCCH)：公共控制信道。

(4) Dedicated Control Channel (DCCH)：专用控制信道。

(5) Dedicated Traffic Channel (DTCH)：专用业务信道。

(6) MBMS Control Channel (MCCH)：MBMS 控制信道。

(7) MBMS Traffic Channel (MTCH)：MBMS 业务信道。

EMB5116 TD－LTE 支持的传输信道如下：

(1) Broadcast Channel(BCH)：广播信道。

(2) Multicast Channel (MCH)：多播信道。

(3) Paging Channel(PCH)：寻呼信道。

(4) Random Access Channel(RACH)：随机接入信道。

(5) Up Link Shared Channel (UL－SCH)：上行共享信道。

(6) Down Link Shared Channel (DL－SCH)：下行共享信道。

EMB5116 TD－LTE 支持的物理信道如下：

（1）Physical Downlink Shared Channel（PDSCH）：物理下行共享信道。

（2）Physical Multicast Channel(PMCH)：物理多播信道。

（3）Physical Downlink Control Channel（PDCCH）：物理下行控制信道。

（4）Physical Broadcast Channel（PBCH）：物理广播信道。

（5）Physical Control Format Indicator Channel（PCFICH）：物理控制格式指示信道。

（6）Physical HARQ Indicator Channel（PHICH）：物理 HARQ 指示信道。

（7）Physical Uplink Shared Channel（PUSCH）：物理上行共享信道。

（8）Physical Uplink Control Channel（PUCCH）：物理上行控制信道。

（9）Physical Random Access Channel（PRACH）：物理随机接入信道。

3. 覆盖广

（1）本地最大覆盖半径为 100 km。

（2）支持智能天线，从而提高了上行接收灵敏度，增加了下行覆盖范围。

（3）通过光纤拉远单级标准距离为 2 km，单级最大拉远能力为 10 km，多级拉远最多为 40 km。

4. 配置灵活

（1）每小区 20 Mb/s 带宽支持的激活态用户数为 400，连接用户数为 1200。

（2）标准配置 3 小区，最大支持 60 Mb/s 带宽处理能力，可支持激活态用户数为 1200，连接用户数为 3600。

（3）以 10 Mb/s 带宽为最小配置单位，增加基带板即可实现扩容。

（4）支持 O1、O2 小区配置。

（5）支持 S1/1/1、S2/2/2 小区配置。

5. 组网灵活

1）S1/X2 组网接口

单机箱满配时可支持两个电口/光口和 FE/GE 自适应接口类型(两个接口可分别配置为电口或光口，支持一光一电)或者它们之间的组合。

2）组网方式

（1）支持同频组网。

（2）支持 S1/X2 口星型、链型、环型组网。

（3）支持 Ir 口星型、链型、环型组网。

3）时钟源

支持 GPS 同步、北斗卫星同步、GPS/北斗卫星光纤拉远同步、上级 eNode B 同步。

6. 安装灵活、方便

EMB5116 TD－LTE 体积小、重量轻，可方便地安装在建筑物的室内墙体上的 19 英寸(1 英寸＝0.3048 m)标准机柜内，也可直接安装于室内环境，无须机房、空调，实现低成本快速建站。

7. 升级扩容便利

(1) 兼容设计。EMB5116 TD-LTE的板卡与大唐移动通信设备有限公司EMB-TD系列基站全面兼容。

(2) 灵活配置。支持全向小区配置或多扇区配置,实现灵活覆盖。

(3) 平滑扩容。EMB5116 TD-LTE通过增加基带板卡实现扩容,可以根据用户需求单机框最大扩展到120 Mb/s带宽。

8. 强大的操作维护功能

移动网管系统提供操作维护终端LMT管理功能(LMT与TD的LMT-B不同),主要功能包括:系统状态监控、数据配置、告警处理、安全管理、设备操作、软件配置、监测管理、自配置优化、跟踪管理等。

9. 产品系列化

EMB5116 TD-LTE可支持相关功能单元的系列化设计。

(1) 天线系列化:支持室内分布式天线、2天线、8天线等多种全向和双极化以及扇区阵列天线。

(2) RRU功率系列化:支持5 W、20 W等多等级功放。

(3) 带宽系列化:每基带板支持10 Mb/s、20 Mb/s带宽。

4.5.3 LTE产品系统结构

1. 产品外观

1) BBU单元外观

EMB5116 TD-LTE机箱外形尺寸为483 mm×310 mm×88 mm(长×宽×厚),满配重量为10 kg,机箱高度为2U,外观如图4-30所示。

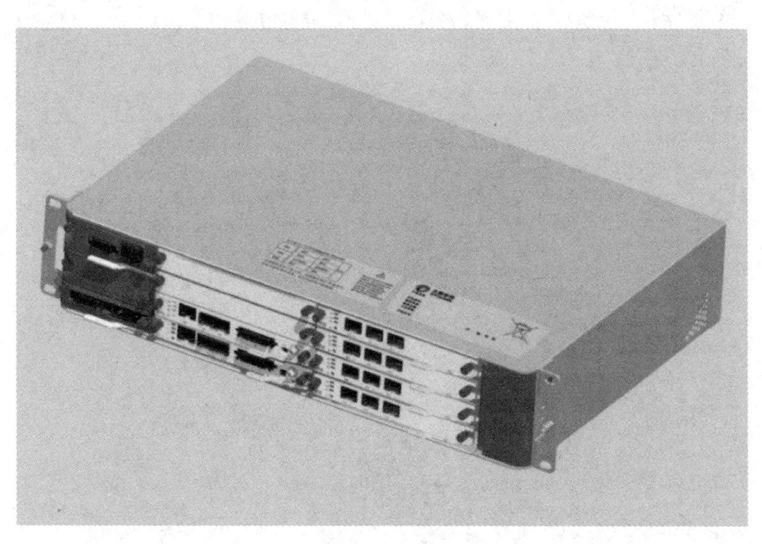

图4-30　EMB5116 TD-LTE机箱外观

机箱主要特点如下:

(1) 采用铝合金结构件，机箱重量轻；

(2) 机箱整体电导通，屏蔽效果好；

(3) 风道设计合理，通风散热效果良好；

(4) 机箱安装、维护方便简单；

(5) 外观简洁流畅，美观大方。

2) TDRU318D 外观

TDRU318D 外形尺寸为 495 mm×341 mm×141 mm(高×宽×深)，机箱净重为 22 kg，设备容量为 23.8 L，外观如图 4-31 所示。

图 4-31 TDRU318D 外观

3) TDRU332D 外观

TDRU332D 外形尺寸为 420 mm×340 mm×99 mm(高×宽×深)，机箱净重为 12 kg，设备容量为 14.1 L，外观如 4-32 所示。

图 4-32 TDRU332D 外观

4）TDRU338D 外观

TDRU338D 外形尺寸为 439 mm×356 mm×142 mm(高×宽×深)，机箱净重为 23 kg，设备容量为 23 L，外观如图 4－33 所示。

图 4－33　TDRU338D 外观

5）TDRU341E 外观

TDRU341E 外形尺寸为 400 mm×310 mm×121 mm(高×宽×深)，机箱净重为 12 kg，设备容量为 15 L，外观如图 4－34 所示。

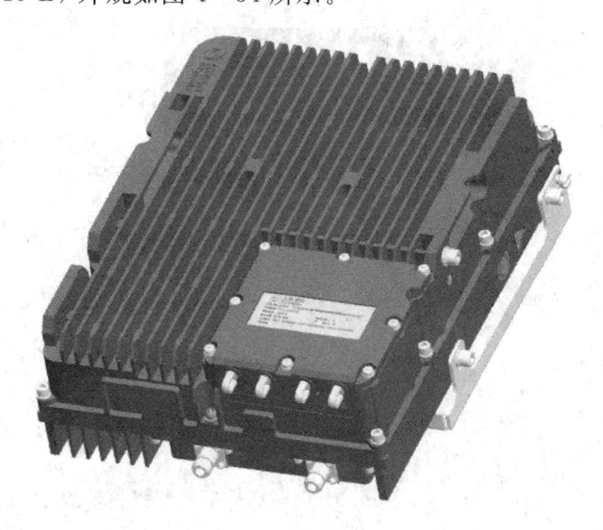

图 4－34　TDRU341E 外观

6）EMB5116 TD－LTE 室内机框外观

该机器在室内应用，可以提供 4U 标准的 19 英寸空间，可以内置 EMB5116 TD－LTE、DCPD 等盒式设备。

该机箱外形尺寸为 520 mm×246 mm×411 mm(高×宽×深)，重量为 8.5 kg，外观如图 4－35 所示。

图 4-35　EMB5116 TD-LTE 室内机框外观

7) EMB5116 TD-LTE 室外型外观

EMB5116 TD-LTE 室外型产品分为一体化室外设备和 GPS 及射频系统两部分，一体化室外设备为室外机柜集成 EMB5116 TD-LTE 室外型，GPS 及射频系统包括 GPS 系统、天线及远端射频单元 RRU。其中一体化室外设备为 EMB5116 TD-LTE 室外型基站系统的核心部分，主要包括主设备(EMB5116 TD-LTE)、供电系统、温控系统、环境监控系统等。

该产品的外形尺寸为 1400 mm×850 mm×600 mm(高×宽×深)，外观如图 4-36 所示。

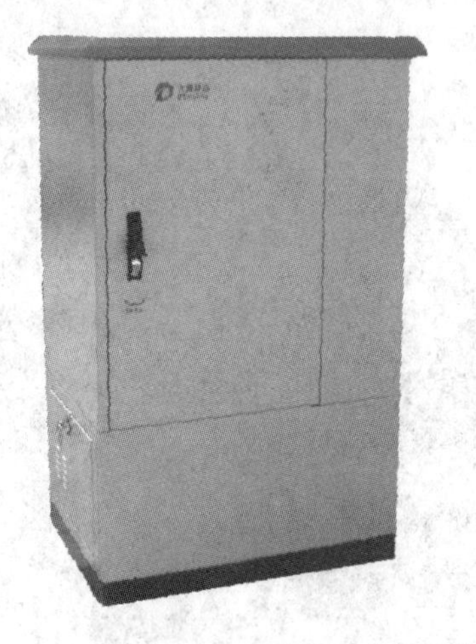

图 4-36　EMB5116 TD-LTE 室外型机柜外观

8) IOC400-H 机柜外观

IOC(Integration Outdoor Cabinet)解决方案是以 EMB5116 TD-LTE 室内 BBU 单元为核心，主要解决室内无机房或者室内有防护要求的施工场景；支持室外应用，可以提供 4U 标准的 19 英寸空间，挂墙或抱杆安装，可以内置 BBU、ACDC 和 DCPD 等盒式设备。

该产品的外形尺寸为 600 mm×350 mm×420 mm(高×宽×深)，重量为 30 kg，外观如图 4-37 所示。

图 4 - 37　IOC400 - H 机柜外观

2. 机箱配置

EMB5116 TD - LTE 主要有五个组成部分：主机箱、电源单元、EMx 板卡、风机及滤网单元、功能板卡。其硬件单元排布如图 4 - 38 所示，满配板位如图 4 - 39 所示。

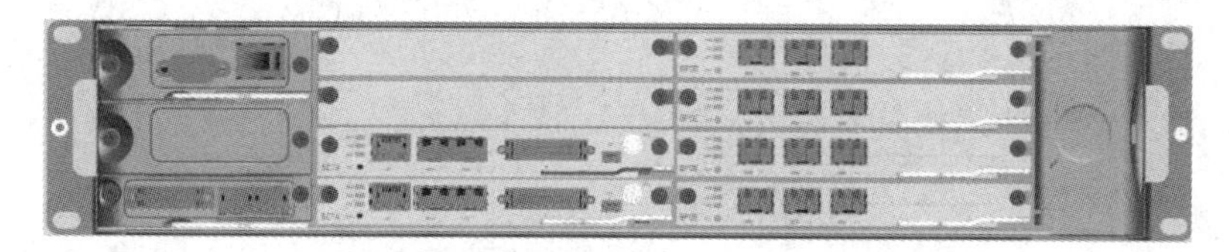

图 4 - 38　EMB5116 TD - LTE 主单元内硬件单元排布示意图

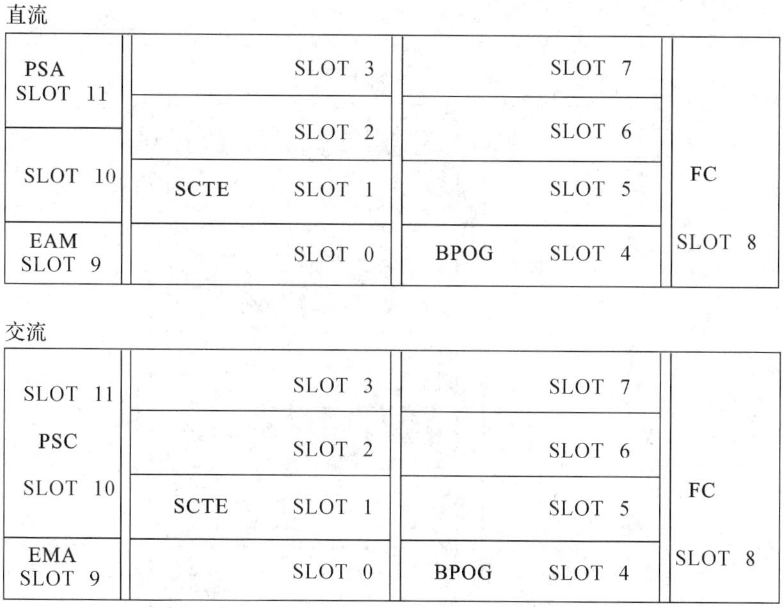

直流

<table>
<tr><td>PSA
SLOT 11</td><td>SLOT 3</td><td>SLOT 7</td><td rowspan="4">FC
SLOT 8</td></tr>
<tr><td rowspan="2">SLOT 10</td><td>SLOT 2</td><td>SLOT 6</td></tr>
<tr><td>SCTE　SLOT 1</td><td>SLOT 5</td></tr>
<tr><td>EAM
SLOT 9</td><td>SLOT 0</td><td>BPOG　SLOT 4</td></tr>
</table>

交流

<table>
<tr><td rowspan="3">SLOT 11
PSC
SLOT 10</td><td>SLOT 3</td><td>SLOT 7</td><td rowspan="4">FC
SLOT 8</td></tr>
<tr><td>SLOT 2</td><td>SLOT 6</td></tr>
<tr><td>SCTE　SLOT 1</td><td>SLOT 5</td></tr>
<tr><td>EMA
SLOT 9</td><td>SLOT 0</td><td>BPOG　SLOT 4</td></tr>
</table>

图 4 - 39　EMB5116 TD - LTE 满配板位图

3. EMB5116 TD - LTE 室外型配置

机柜结构：交流输入机柜从正面看，分为左侧温控舱、右侧设备舱、下侧电池舱、顶盖和底座等部分，如图 4 - 40 所示。

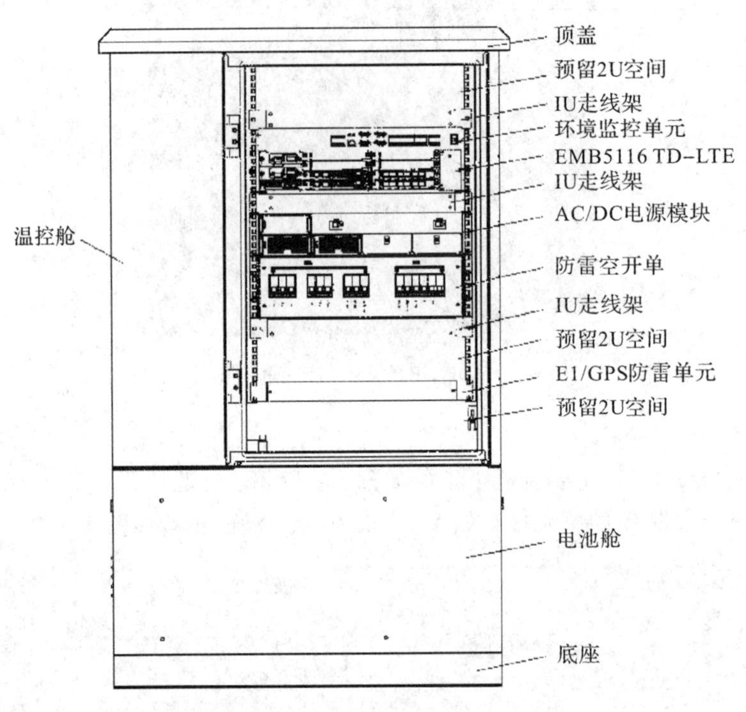

图 4-40　机柜正面结构图(交流)

直流输入机柜与交流机柜区别在于缺少电池舱和 AC/DC 电源模块，如图 4-41 所示。

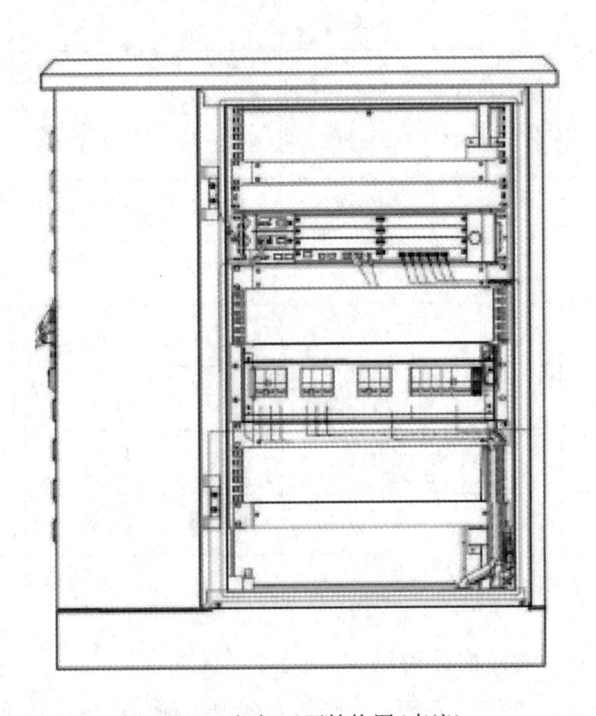

图 4-41　机柜正面结构图(直流)

4. 硬件结构

EMB5116 TD-LTE 主设备中包含交换控制和传输单元(SCTE)、基带处理和 Ir 接口单元(BPOG),另外还包括背板(CBP)、风扇单元(FC)、环境监控单元(EMA/EMD)和电源单元(PSA/PSC)、扩展传输处理单元(ETPE)等。

1) 交换控制和传输单元

交换控制和传输单元由 SCTE 单板组成,SCTE 单板主要功能如下:

(1) EMB5116 TD-LTE 与 EPC 之间的 S1/X2 接口,单机箱满配时可支持两个电口/光口和 FE/GE 自适应接口类型(两个接口可分别配置为电口或光口,支持一光一电)或者它们之间的组合。

(2) 业务和信令交换功能。

(3) 所有控制和上联接口协议控制面处理。

(4) 高稳时钟和保持功能。

(5) 单板卡的上电和节电等控制。

(6) 单板卡的在位检测和存活检测。

(7) 时钟和同步码流分发。

(8) 不依赖于单板软件的机框管理。

(9) 系统的主备冗余备份。

SCTE 单板面板接插件说明如表 4-2 所示。

表 4-2　SCTE 单板面板接插件

名称	接插件类型	对应线缆	说　明
GE0	SFP 连接器	BBU 与交换机连接的 EPC 之间的 S1/X2 接口千兆以太网光纤	用于实现与 EPC 的千兆数据相连,输入/输出,FE/GE 自适应
GE1	SFP 连接器	BBU 与交换机连接的 EPC 之间的 S1/X2 接口千兆以太网光纤	用于实现与 EPC 的千兆数据相连,输入/输出,FE/GE 自适应
LMT	RJ45 连接器	BBU 与本地维护终端或者交换机之间的以太网线缆	用于实现与本地维护终端的连接,输入/输出,FE/GE 自适应
GPS	SMA 母头连接器	BBU 与 GPS 天线之间的射频线缆	用于实现与 GPS 天线相连,输入/输出
TST	MiniUSB 连接器	BBU 与测试仪表之间的连接线缆	提供测试时钟,10 Mb/s,80 ms,5 ms

2) 基带处理单元

BPOG 单板主要功能如下:

(1) 实现标准 Ir 接口;

(2) 实现基带数据的汇聚和分发;

(3) 实现 TD-LTE 物理层算法;

(4) 实现 TD-LTE MAC/RLC/PDCP 等 L2 功能;

(5) 实现板卡自身的操作与维护。

BPOG 单板面板接插件如表 4-3 所示。

表 4-3　BPOG 单板面板接插件

名　称	接插件类型	对应线缆	说　明
Ir0、Ir1、Ir2、Ir3、Ir4、Ir5	SFP 连接器	BBU 与 RRU 之间的 Ir 接口光纤	用于 RRU 的相连，输入/输出

3）环境监控单元

环境监控单元 EMA/EMD 提供基站环境监控功能，对外提供智能口和干接点输入输出接口，同时支持基站同步级联接口。

EMA 单板主要功能如下：

（1）实现对外环境监控，干接点输入、输出和智能口；

（2）实现对外时钟级联；

（3）接收 SCTE 的电源控制信号控制上下电，实现板卡节电功能；

（4）实现 I2C 功能，配合完成自身的系统管理和数据传输。

EMA 单板面板接插件说明如表 4-4 所示。

表 4-4　EMA 单板面板接插件

名称	接插件类型	对应线缆	说　明
EVM	SCSI-26 母头连接器	BBU 与环境监控设备之间的信号线缆	用于实现对外设备的监控，线缆采用一分多出线方式
SSI	RJ45 连接器	BBU 与上级 BBU 的同步连接线缆	用于实现与上级 BBU 的同步连接，输入 PP1S 和 TOD
SSO	RJ45 连接器	BBU 与下级 BBU 的同步连接线缆	用于实现与下级 BBU 的同步连接，传输 PP1S 和 TOD

EMD 单板主要功能如下：

（1）实现对外环境监控，干接点输入、输出和智能口；

（2）实现对外时钟级联；

（3）实现 GPS/BD 光纤拉远功能；

（4）接收 SCTE 的电源控制信号控制上下电，实现板卡节电功能；

（5）实现 I2C 功能，配合完成自身的系统管理和数据传输。

EMD 单板面板接插件说明如表 4-5 所示。

表 4-5　EMD 单板面板接插件

名称	接插件类型	对应线缆	说　明
EVM	SCSI-26 母头连接器	BBU 与环境监控设备之间的信号线缆	用于实现对外设备的监控，线缆采用一分多出线方式
SSIO	RJ45 连接器	BBU 与上级 BBU 的同步连接线缆	用于实现与上级时钟源或下级设备连接，传输 PP1S 和 TOD
RCI	SFP	光纤	用于与 GPS/BD 拉远单元连接，传输 PP1S 和 TOD

4）风扇单元

风扇单元由风扇和风扇控制单板组成，主 FC 实现三个功能：风扇单元的温度测量(温度传感功能)、风扇转速测定和风扇转速控制。

(1) 温度传感主要对风扇盘内部的环境温度进行测量，并通过通信口上报给主控板 SCTE 做后续处理；

(2) 转速测定主要实现对三个风扇的转速的数据采集，并通过 I^2C 总线接口上报给监控板 SCTE 进行后续处理；

(3) 风扇转速控制是根据系统环境需求调节各个风扇的转速，以实现最佳的功耗和噪音控制。

5）电源单元

电源单元有直流电源单元 PSA 和交流电源单元 PSC 两种：

PSA 单元实现对－48 V 到 12 V 的电源转换，完成 EMB5116 TD－LTE 所有板卡的电源提供，PSA 面板接插件说明如表 4－6 所示。

表 4－6　PSA 面板接插件

名称	接插件类型	对应线缆	说　　明
－48V	DB 电源连接器	BBU 与电源设备之间的电源线缆	用于实现 EMB5116 TD－LTE 的电源输入
	开关连接器	无	开关基站电源

PSC 单元实现对 220VAC 到 12 V 的电源转换，完成 EMB5116 TD－LTE 所有板卡的电源提供，PSC 面板接插件说明如表 4－7 所示。

表 4－7　PSC 面板接插件

名称	接插件类型	对应线缆	说　　明
220VAC	组合电源连接器(带开关)	BBU 与电源设备之间的电源线缆	用于实现 EMB5116 TD－LTE 的电源输入

6）扩展传输处理单元

扩展传输处理单元(ETPE)完成 S1 接入，实现 IEEE1588 V2 时钟同步。

ETPE 主要功能如下：

(1) 1 路 FE 电接入，实现 S1/X2 和 IEEE1588 V2 消息通路功能；

(2) 1 路 FE 光接入，实现 S1/X2 和 IEEE1588 V2 消息通路功能；

(3) 两个 GE 口，用于连接 SCTE 子系统进行业务数据及控制信令的传输；

(4) 1 路 PP1S 和 TOD 消息输出，用于系统同步。

ETPE 面板接插件说明如表 4－8 所示。

表 4－8　ETPE 面板接插件

名称	接插件类型	对应线缆	说　　明
ETH0	RJ45 连接器	BBU 与 S1/X2 接口以太网线	用于实现与 EPC 的百兆数据相连，输入/输出，支持 1588 V2
ETH1	SFP 连接器	BBU 与 S1/X2 接口光纤	用于实现与 EPC 的百兆数据相连，输入/输出，支持 1588 V2

5. 软件结构

eNode B软件的结构与eNode B硬件的体系结构密切相关，eNode B的硬件体系结构支撑eNode B软件需要实现的功能和应达到的性能；各个软件模块的功能也都定义在一个或多个具体的硬件平台上。因此，从与硬件结合的角度来分，eNode B的软件结构可以分为高层应用软件、适配传输控制层软件和设备驱动软件三个层次。

高层应用软件完成eNode B相关的信号处理和资源控制功能。

适配传输控制层软件为高层软件在S1/X2接口或板间的数据/信令传输中提供传输链路控制和消息分发的处理，以及控制天线和射频单元。适配传输控制层软件的功能使高层应用软件的功能独立于具体的传输承载。

设备驱动软件实现对具体硬件的接口控制。eNode B软件体系结构如图4-42所示。

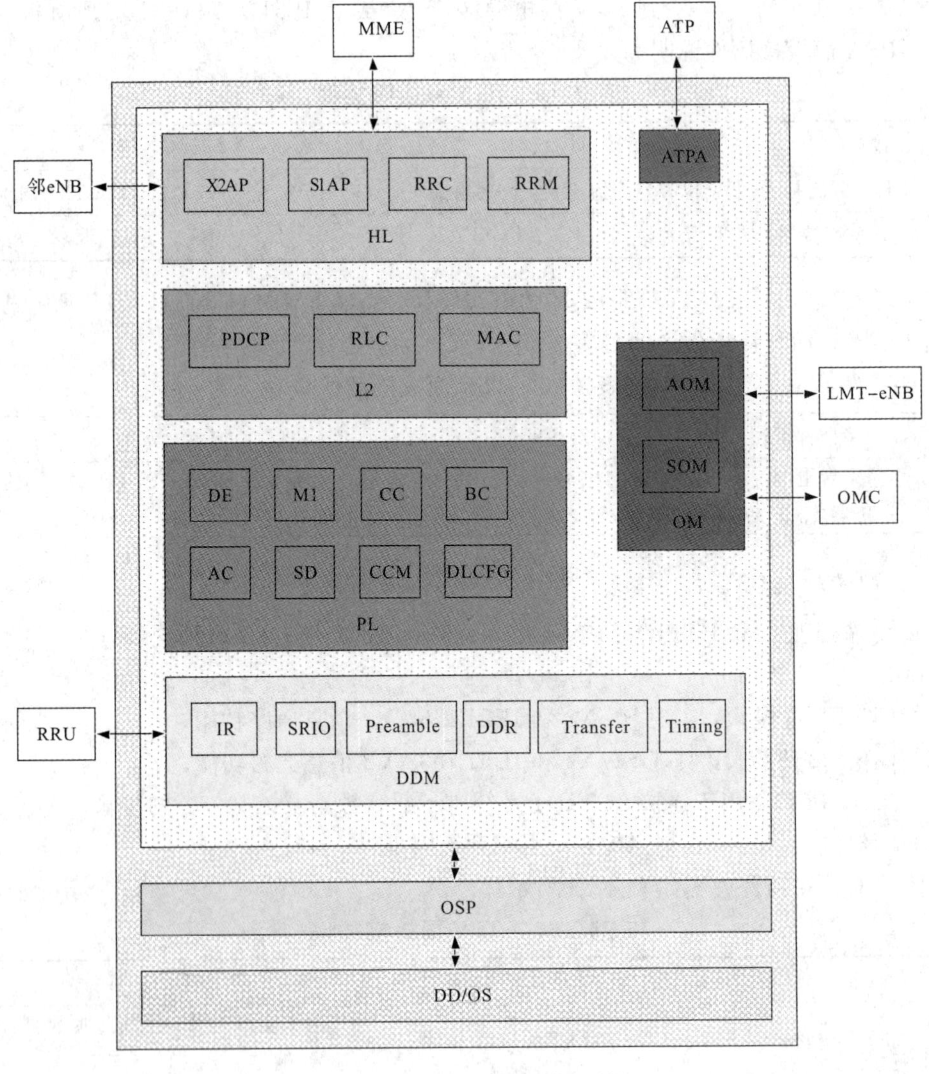

图4-42　eNode B软件体系结构

1）软件子系统划分

基站软件按功能划分包括以下几个部分：

- OSP：操作系统平台；
- DD：设备驱动；
- HL：高层；
- L2：层 2；
- PL：物理层；
- OM：操作维护；
- DDM：数据分发模块；
- ATPA：自动测试平台代理。

2）OSP 功能描述

OSP 主要屏蔽底层硬件结构、操作系统和驱动模块等特性，为上层软件提供一个相对稳定的应用环境，以便于软件的移植。OSP 实现以下功能：

（1）OS 抽象及通用服务功能。OS 功能包括计数信号量管理、互斥锁管理、消息管理、内存管理、定时器管理等。

（2）SFU 间通信功能。SFU 是最小通信单元。OSP 向应用软件屏蔽目的 SFU 的位置，无论目的 SFU 与源 SFU 是否在同一个处理器上都可以使用完全相同的接口进行 SFU 间通信。

（3）板卡服务功能。应用软件不必关心诸如点灯、设置/读取系统帧号、读取机框号/槽位号/处理器号这类板卡服务功能是由哪个 DD 提供，只要通过 OSP 提供的标准化接口，就可以进行相关的设置、查询操作。

（4）配置功能。配置功能包括内存池配置、任务配置、DD 配置、路由表配置、SFU 配置等。

（5）启动功能。启动功能包括创建内存池、初始化部分 DD、创建内部通信链路、创建任务、加载 SI 等。

（6）日志上报。日志上报为应用软件提供发送消息时的 HOOK 函数注册功能，可用于抄送 GTS，为 DD 提供统一的告警函数，用于告警过滤等。

（7）系统监测。系统监测包括查询任务状态、查询内存使用情况、内部通信链路检测等。

3）DD 软件功能描述

DD 软件子系统共划分为六大模块：时钟同步模块（CSM）、传输交换模块（TSM）、设备管理模块（EAM）、板卡管理模块（BAM）、协议适配模块（PAM）、驱动增强模块（DEM）。其功能如下：

（1）实现设备驱动功能；

（2）提供包括 SCTP/GTP－u/DIYPS 传输网络层协议栈；

（3）实现 IPsec 传输安全功能。

4）HL 软件功能描述

HL 软件子系统完成协议软件功能，可细分为 X2AP、S1AP、RRC、RRM 等子系统，

分别实现以下功能:

(1) X2AP,主要实现相邻两个 eNode B 之间的移动性管理、负荷管理以及一般的 X2 接口管理和错误处理等功能。

(2) S1AP,主要实现 eNode B 与 MME 之间的 E-RAB 承载管理、上下文管理、移动性管理、寻呼、NAS 信令传输以及 NAS 节点选择等功能。

(3) RRC,主要实现 Uu 接口系统信息广播、寻呼、RRC 连接管理、RB 建立和维护、切换控制、安全管理、测量控制和上报等功能。

(4) RRM,主要实现 eNode B 内资源分配、资源优化、测量控制以及小区级参数配置和管理等功能。

5) L2 软件功能描述

L2 软件子系统可分为 MAC、RLC、PDCP 等子系统,分别实现以下功能:

(1) MAC,主要实现上行、下行资源调度和 HARQ 等功能。

(2) RLC,主要实现 ARQ 以及协议错误检测和恢复等功能。

(3) PDCP,主要实现 IP 数据流头压缩和解压缩、用户平面和控制平面数据的加密和解密、控制平面信令的完整性保护以及切换过程中的数据倒换等功能。

6) PL 软件功能描述

PL 软件子系统位于空中接口的最底层,为高层提供数据传输服务,主要包括以下几个子模块:

(1) 信道编解码子模块(CC),包括编码和译码两部分,主要实现 CRC 校验、码块分段、信道编码/译码、速率匹配和交织等功能。

(2) 突发成帧子模块(BC),主要实现加扰、数据调制、层映射、预编码、波束赋形、资源映射、IFFT 和加 CP 等功能。

(3) 解调子模块(DE),主要实现 AGC、去 CP、FFT、信道估计、导频和数据分离、频域检测、IDFT 和数据解调、解扰等功能。

(4) 测量子模块(M1),主要实现 CQI、SRS、热噪声、SNR 以及接收干扰功率等的测量。

(5) 天线校准子模块(AC),主要实现 RTD 和天线校准系数的计算等功能。

(6) 随机接入检测子模块(SD),主要实现 Preamble 码检测和测量等功能。

(7) 公共控制与管理子模块(CCM),主要实现功率控制、上行同步命令字和对 PL 各个子模块进行配置管理等功能。

(8) 下行配置子模块(DLCFG),主要实现接收 HL 和 L2 的广播、业务数据以及控制信道的配置参数,计算 PDSCH、PDCCH 等信道的参数。

7) OM 软件功能描述

OM 软件子系统运行于 Node B 的各个单板上,其中位于主控板上的为 AOM,位于其他单板上的为 SOM。

(1) 主 AOM,主要实现 eNode B 的操作维护管理,包括初始化、初值配置、动态配置、性能管理、故障管理、软件管理、监测管理、SFN 校准、跟踪管理、文件管理以及数据库等功能。

(2) 备 AOM，主要实现本板的资源管理以及主备数据的一致性备份等功能。

(3) SOM，主要实现本板的初值配置、SFN 校准、RRU 以及 Ir 接口相关参数配置和管理等功能。

8) DDM 软件功能描述

DDM 软件子系统位于空中接口的最底层，为物理层提供数据传输服务，主要包括以下几个子模块：

(1) IR 子模块，主要实现 RRU 接入控制、上行数据 7.5k 频偏校正、上下行数据传输、OM 消息交互等功能。

(2) SRIO 模块，主要实现上行数据从 FPGA 分发给三片 DSP 及下行方向接收 DSP 的数据送给 BC 处理等功能。

(3) Preamble 模块，主要实现随机接入 Preamble 码的数据提取。

9) ATPA 软件功能描述

ATPA 位于 SCT 主控板 MPC8548 和 BPOG 基带处理板 P2020 Core0 处理器中，是 PC 侧 ATP 测试工具的代理，与 ATP 一起实现消息模拟、消息跟踪、软件下载、动态配置/查询等功能。

4.5.4　LTE 产品业务和功能

1. LTE 产品业务

EMB5116 TD-LTE 支持的业务包括：背景/会话类、流类、基于 PS 的会话类(VoIP)、定位、MBMS 等业务。

1) 数据业务

TD-LTE 明显区别于第三代移动通信系统的一个重要特征是能够进行更为高速的数据业务传输，取消了 CS 域业务，语音以 IP 形式进行传输，即 VoIP 业务。

2) 定位业务

EMB5116 TD-LTE 支持基于 Cell-ID 或者 AOA+TA 的定位业务。

3) 支持 E-MBMS

E-MBMS 不仅能实现纯文本低速率的消息类广播，还能实现高速多媒体业务的广播和区域广播，其实现方式是基于 TD-LTE 分组网，通过增加一些新的功能实体，如广播组播业务中心 BM-SC，对已有的分组域功能实体如 SGSN、GGSN、eNode B 和 UE 等增加 E-MBMS 功能，并定义了新的逻辑共享信道来实现空口资源共享。

2. LTE 产品功能

1) 先进的平台架构

随着 IP 技术的发展和广泛应用，无线接入网的全 IP 化将成为发展的主要趋势。TD-LTE 移动通信网采用 IP 化组网，将 GE 作为标准的外设配置，配合各种类别的以太交换芯片，可以提供高速方便的传输互连平台。和 ATM 传输相比，千兆 ETH 互联传输在满足较高的传输带宽的同时，提供了更方便通用的传输协议机制，便于设备间的互连。

在 EMB5116 TD－LTE 的设计中，采用星型拓扑结构的以太传输互联架构，重要节点进行传输备份，提高了整个传输的可靠性；并且主要的传输链路采用 GE 接口进行高速数据传输，满足了大容量数据的吞吐量，也提高了数据传输的实时性。在整个平台的软件架构设计中，采用标准的 IP/UDP/SCTP 帧结构，进行业务、信令、维护层面的数据传输，统一了数据传输承载格式，在满足效率的同时极大地提高了应用层的可移植性和灵活性，同时也方便了系统对外的互联。

在 R7 版本的 eUTRAN 中采用 IP 网络，所有 eNode B 和 MME/S－GW 都通过 IP 边缘路由器与该 IP 网络连接。因此，eNode B、MME/S－GW 之间接口(S1)的信令和数据都通过 IP 网络传输。在 EMB5116 TD－LTE 架构设计中，也将全面支持 IP 组网的需求，在架构上既支持 FE，也支持 GE 及光口，同时采用了新的网络处理单元进行 IP 交换。

2）高复用性的软件层次架构

在软件层次结构上，EMB5116 TD－LTE 采用新版本的 OSP 架构，对各协议应用屏蔽硬件的差异，使得软件接口风格一致，方便了软件的移植，既便于软件的后续升级，也对后续产品系列有较强的扩展性。

TD－LTE 和 TD－SCDMA 平台兼容 EMB5116 TD－LTE 设计，支持 TD－LTE 和 TD－SCDMA 共硬件平台，硬件架构上支持 TD－LTE 和 TD－SCDMA 双模，在传输平台上提供了大容量带宽，在拓扑结构上合理划分功能，可以做到接入控制部分完全一致，基带处理部分在满足 TD－SCDMA 方式下，依照 TD－LTE 的需求进行灵活组织，满足不同速率的配置需求。

3）支持单天线和多天线基带数据的汇聚与分发

eNode B 子系统支持单载波天线颗粒度的基带资源汇聚和分发，支持 BPOG 与 RRU 间基带数据的灵活映射，充分利用光纤带宽和 BPOG 板卡资源，降低系统成本，并支持天线数据合并功能，可进一步提高网络覆盖能力，降低网络布配成本。

4）物理层测量

TD－LTE 网络系统在实现一些关键功能(如切换、功控等)以及进行网络优化时，需要基站提供精确的物理层测量值上报给 LMT。EMB5116 TD－LTE 支持的测量类型有：

（1）接收信号码功率；

（2）接收干扰功率；

（3）热噪声功率；

（4）噪声相关矩阵；

（5）信噪比；

（6）上行同步位置；

（7）下行导频发射功率；

（8）CQI(上行传输格式指示)；

（9）上行同步位置。

5）智能天线波束赋形技术

智能天线的技术核心是自适应天线波束赋形技术，它结合了自适应技术的优点，利用天线阵列对波束的汇成和指向的控制，产生多个独立的波束，可以自适应地调整其方向图以跟踪信号的变化。接收时，每个阵元的输入被自适应地加权调整，并与其他的信号相加，以达到从混合的接收信号中解调出期望得到的信号并抑制干扰信号的目的；它对干扰方向调零，以减少甚至抵消干扰信号。发射时，根据从接收信号中获知的UE信号方位图，通过自适应调整每个辐射阵元输出的幅度和相位，使得它们的输出在空间叠加，产生指向目标UE的赋形波束。

智能天线在消除干扰、扩大小区半径、降低系统成本、提高系统容量等方面具有不可比拟的优越性。

6）周期性校准

为了实现智能天线功能，需要周期性地对天线阵进行天线校准，补偿各工作天线之间的相位和幅度的偏差。

周期天线校准的另一个功能是可以检测出某些射频通路的物理损坏或数据传输不正确。

7）功率控制

在TD-LTE系统中，为了减小多址干扰，最有效地使用空中接口的无线资源，同时克服远近效应和多径衰落，保证所有用户要求的QoS，必须严格调节控制UE和eNode B的发射功率。EMB5116 TD-LTE基于信噪比(SNR)的测量来进行功率控制。

8）同步控制

在TD-LTE系统中，上行同步是其关键技术之一，上行同步性能的好坏直接关系到整个系统的性能，实现TD-LTE系统的频谱利用率的高低。

4.5.5 LTE产品操作维护系统

1. 操作维护结构

基站远端维护系统和近端维护系统连接图如图4-43所示。

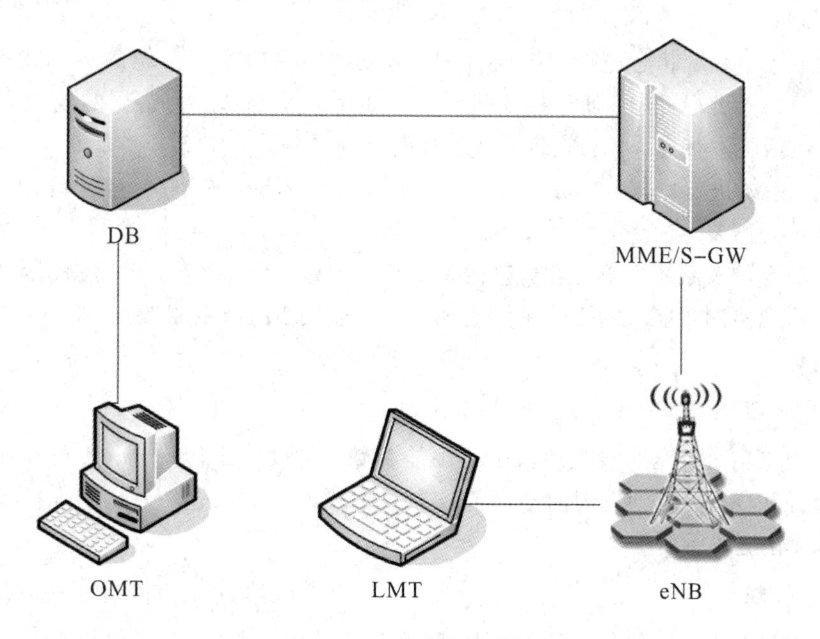

图4-43 操作维护结构

2. 操作维护功能

EMB5116 TD－LTE操作维护系统多方面考虑了用户在设备运行和维护方面的需求，为用户提供了强大的设备操作维护能力。这些功能主要包括安全管理、配置管理、设备管理、性能管理、告警管理、软件管理、跟踪管理等。

1）安全管理

鉴于操作维护系统可以实现本地及远程的操作维护，为了对设备的操作维护进行控制，以防止出现非法用户的操作，影响设备的正常运行，系统提供了强大的安全管理功能，对用户操作权限进行管理控制。

用户在操作维护EMB5116 TD－LTE之前，必须先登录系统并鉴权。系统提供多级授权机制，确保只有经过授权的用户才能进行相应的命令组操作。同时，设置用户的超时锁定机制，若用户长时间未操作，系统进行该用户的自动屏幕锁定处理，必须输入正确的解锁密码才能解除锁定。

提供重要操作提示对话框，当下发重要的维护操作命令时，给出该操作可能引起问题的提示，需用户确认才能执行，以确保操作安全。

2）配置管理

配置管理包括初值配置和动态配置。

初值配置初始化基站参数配置，根据网络规划需求设置基站设备运行参数，常用于网络建设基站开通阶段。

动态配置修改基站参数配置，根据网络优化需求设置基站设备运行参数，常用于网络扩容、割接、优化等阶段。

3）设备管理

设备管理包括以下内容：

对单板状态、系统状态进行监控或查询，方便用户及时了解系统的运行状态。同时提供用户操作日志、运行日志，便于用户进行日志的查阅和管理，为错误的定位和解决提供参考资料，包括版本查询、状态查询、日志查询等。

对单板、系统进行操作，支持设备板卡复位、资源闭塞/解闭塞、电源管理等，以满足设备运行维护的需要。

方便故障定位及系统性能优化，包括单板环回测试、自检测试、链路测试等。

提供一系列监测功能，包括板在位监测、任务监测、内部链路监测、CPU占用率监测及环境监测等。

4）性能管理

性能管理包括统计基站设备运行中的性能参数，对设备运行状况、用户和系统资源的情况进行统计和观察，辅助发现网络设备或参数配置潜在的问题，为网络维护提供数据依据，为网络优化提供重要参考。

5）告警管理

告警管理包括告警的收集、查询、处理、保存、屏蔽、过滤等；提供详细的在线帮助信息和分级过滤的告警管理系统，能帮助用户快速进行故障定位，并提供告警恢复方法。

EMB5116 TD-LTE 产生告警的同时，对应板卡、模块的告警指示灯也产生变化。

6) 软件管理

软件管理包括支持软件版本管理、软件版本信息查询、软件版本上传与下载、软件版本激活、动态配置文件生成等；还有支持文件上传，包括数据一致性文件、动态配置文件、告警日志文件、事件日志文件、初始化结果文件、初配结果文件、测试结果文件等。

7) 跟踪管理

跟踪管理方便用户进行故障定位，跟踪管理的对象包括 UE、小区、基站及各种接口等。

本章小结

(1) 4G 网络结构遵循业务平面与控制平面完全分离化、核心网趋同化、交换功能路由化、网元数目最小化、协议层次最优化、网络扁平化和全 IP 化原则，可分为三层：物理网络层、中间环境层、应用网络层。

(2) LTE 分为频分双工(FDD)和时分双工(TDD)两种双工方式，LTE 分别为 FDD 和 TDD 设计了各自的帧结构。

(3) LTE 下行主要采用 OPSK、16QAM、64QAM 三种调制方式。

(4) LTE 的最小 TTI 长度仅为 0.5 ms，但系统可以动态调整 TTI。

(5) LTI 的 RRC 协议实体位于 UE 和 eNode B 网络实体内，主要负责接入层的管理和控制。

(6) OFDM 就是利用相互正交的子载波来实现多载波通信的技术。

(7) MIMO 大致可以分为三类，即空间分集、空间复用和波束赋形。

习题与思考题

1. 什么是 4G 和 LTE? 它们与以往的技术有什么区别?
2. 什么是 OFDM? 其基本原理是什么?
3. 请画出 LTE 系统结构。
4. LTE 空中接口的分层结构是什么样的?
5. LTE 物理层的无线接口协议结构是什么?
6. LTE 设计了几种帧结构? 它们有什么区别?
7. 什么是 MIMO? 它有哪些技术分类?
8. LTE 与 CDMA 有什么相同点和不同点?
9. 简述 EMB5116 TD-LTE 产品特点。
10. 简述 EMB5116 TD-LTE 硬件结构。
11. 简述 EMB5116 TD-LTE 主要业务及功能。

第5章 第五代移动通信技术(5G)简介

【本章导读】

5G是第五代移动通信技术的简称，是目前最新一代蜂窝移动通信技术。5G网络为“大连接时代”的计算、存储、网络资源以及连接提供了一个一体化的分布式平台。这一统一的连接架构可以提供更高的峰值速率、低至毫秒级的时延，以及更低的成本和更高的能效，为万物连接时代提供最有力的支撑。2G时代，大多为电脑和电脑的连接；3G、4G时代，开始向人与人之间的连接转变；到了5G时代，人与物、物与物都将存在于一个有机的数字生态系统里，数据或者信息将通过最优化的方式进行传递。这将从根本上改变我们的生活方式，也将颠覆现阶段的生产方式，深刻变革社会生活的许多方面。

本章首先介绍了5G的发展现状、技术路线和网络架构，然后对5G的关键技术进行了较为详尽的阐述；最后介绍了5G当前的应用领域及典型案例。

【本章要点】

- 5G的概念；
- 5G的网络架构；
- 5G的关键技术；
- 5G的应用场景及经典案例。

5.1 5G 概 述

5.1.1 5G发展现状

根据中国IMT-2020(5G)推进组发布的5G概念白皮书，综合5G关键能力与核心技术，5G概念可由“标志性能力指标”和“一组关键技术”来共同定义。其中，标志性能力指标为Gb/s用户体验速率，一组关键技术包括大规模天线阵列、超密集组网、新型多址、全频谱接入和新型网络架构等。

移动通信的发展历程如图5-1所示。每一代移动通信系统都可以通过标志性能力指标和核心关键技术来定义。其中，1G采用频分多址(FDMA)，只能提供模拟语音业务；2G主要采用时分多址(TDMA)，可提供数字语音和低速数据业务；3G以码分多址(CDMA)为技术特征，用户峰值速率达到2Mb/s至数十Mb/s，可以支持多媒体数据业务；4G以正交频分多址(OFDMA)技术为核心，用户峰值速率可达100Mb/s～1Gb/s，能够支持各种移动宽带数据业务。

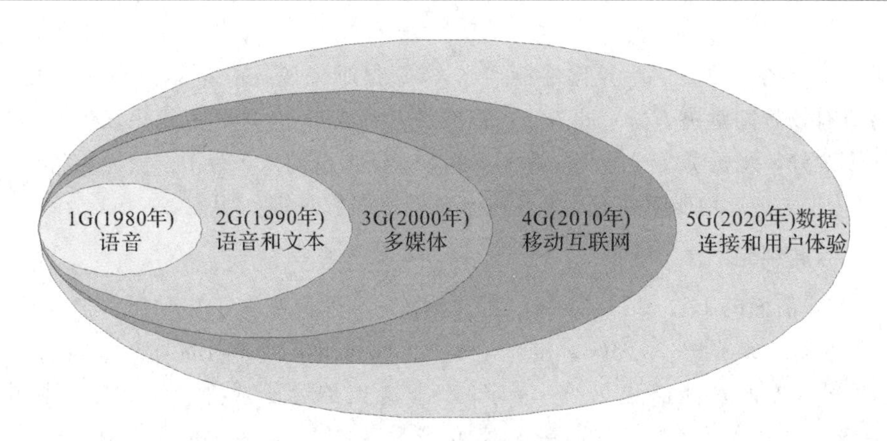

图5-1　移动通信跨代演进

5G关键能力比前几代移动通信更加丰富，用户体验速率、连接数密度、端到端时延、峰值速率和移动性等都将成为5G的关键性能指标，如表5-1所示。

表5-1　5G关键指标及其定义

指　标	定　义
用户体验速率	真实网络环境下用户可获得的最低传输速率，支持0.1～1Gb/s的用户体验速率
连接数密度	单位面积上支持的在线设备总和，每平方公里一百万的连接数密度
端到端时延	数据包从源节点开始传输到被目的节点正确接收的时间，不高于2ms的端到端时延
移动性	满足一定性能要求时，收发双方间的最大相对移动速度，每小时500km以上的移动性
用户峰值速率	单用户可获得的最高传输速率，数十Gb/s的峰值速率

然而，与以往只强调峰值速率的情况不同，业界普遍认为用户体验速率是5G最重要的性能指标，它真正体现了用户可获得的真实数据速率，也是与用户感受最密切相关的性能指标。基于5G主要场景的技术需求，如图5-2所示，5G用户体验速率应达到Gb/s量级。

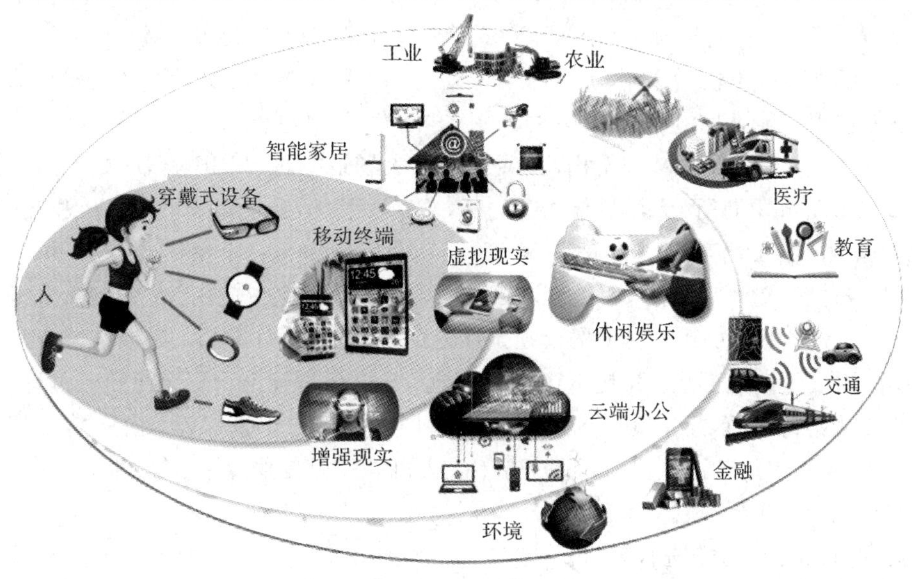

图5-2　5G总体愿景

面对多样化场景的极端差异化性能需求，5G很难像以往一样以某种单一技术为基础形成针对所有场景的解决方案。此外，当前无线技术创新也呈现多元化发展趋势，除了新型多址技术之外，大规模天线阵列、超密集组网、全频谱接入、新型网络架构等也被认为是5G的主要技术方向，均能够在5G主要技术场景中发挥关键作用。

1. 5G标准制定

5G标准比前面的1G、2G、3G、4G都更为统一。业界吸取了移动通信技术发展的经验教训，合力推动形成了统一的5G标准，避免了各种利益集团之间的纷争。这使得5G基站、终端、芯片等各方面都能够更为统一，5G产业链更加容易成熟。3GPP、国际电信联盟ITU、NGMN联盟等标准组织分别在2015年先后启动了5G相关的标准制定工作。

ITU定义了5G三大应用场景：增强型移动宽带(eMBB)、海量机器类通信(mMTC)及低时延高可靠通信(uRLLC)。eMBB场景主要提升以人为中心的娱乐、社交等个人消费业务的数字化生活通信体验，适用于高速率大带宽的移动宽带业务，如VR、AR、高清视频、媒体点播等，峰值速率高达10Gb/s。mMTC和uRLLC则主要面向物物连接的应用场景，其中mMTC主要满足海量物联的数字化社会通信需求，面向以传感和数据采集为目标的应用场景，如智慧城市、智慧官网、智慧农业等，每平方米高达1百万链接；uRLLC则基于其低时延和高可靠的特点，主要面向垂直行业的数字化工业特殊应用需求，如工业自动化、无人驾驶、远程医疗等，时延要求1ms。

3GPP的R15作为第一阶段5G的标准版本，按照时间先后分为三个部分，现都已完成并冻结。

R15版本标准在制定过程中，力求以最快的速度产出“能用”的标准，以满足5G多方面的基本功能。目前全球范围内正在启动中的5G商用服务，主要还是基于2019年3月版标准的R15 NSA(非独立组网)模式。受垂直物联网业务的驱动，Re15 SA(独立组网)模式组网首先在中国商用。

R16作为5G第二阶段标准版本于2020年7月3日冻结，标志5G第一个演进版本标准完成。R16版本标准不仅增强了5G的功能，还更多兼顾了成本、效率、效能等因素，围绕新能力拓展、现有能力挖潜和运维降本增效三方面做了大量更新。

R15版本确定了5G的基础架构，主要支持三大场景中的eMBB业务；R16版本标准则补齐了uRLLC、mMTC两大场景能力。此外，R16版本标准还是CT和0T融合的开始，更加深入地融入了工业互联网应用。R16、R15两个版本作为一个整体，让5G基本具备了规划中的各种能力，为5G融入工业互联网、XR、车联网、定位应用等产业奠定了基础。

至于5G R17版本标准，目前的计划是推迟到2021年6月冻结，如果疫情一直未能扑灭，不排除再次延期的可能。相比R16版本标准，R17版本标准将更全面地覆盖垂直行业，进一步地增强边缘计算、网络切片等基础能力，同时将用户体验保障、商业模式等问题纳入考虑。“天地一体化”通信(包括运用卫星、无人机等手段提供5G连接)也有可能会在5G R17版本标准中出现。

为确保5G技术的先进性，ITU制定了详细的评估方法和指标要求。2016年至今，ITU对征集的各项候选技术，按照eMBB(增强移动宽带)、uRLLC(低时延高可靠通信)和

mMTC(大规模机器通信)三大 5G 目标应用场景进行了详细的评估，最终确定 3GPP 5G 技术在业务、频谱、技术性能指标等各个方面均满足 IMT-2020 技术标准的要求，具备了峰值速率超过 20 Gb/s、通信时延小于 1 ms、支持每平方公里 100 万个设备等先进技术能力，能够满足 5G 的各种应用要求。

2020 年 7 月，国际电信联盟(ITU)无线通信部门(ITU-R)国际移动通信工作组(WP 5D)第 35 次会议宣布 3GPP 5G 技术(含 NB-IoT)满足 IMT-2020 5G 技术标准的各项指标要求，正式被接受为 ITU IMT-2020 5G 技术标准。

IMT-2020 技术标准是 ITU 对 5G 标准的称呼，即面向 2020 年之后使用的新一代移动通信技术。

2. 中国 5G 进入快车道

首先，中国在全球标准制定中经历了“2G 跟随—3G 突破—4G 同步—5G 引领”的过程，在 5G 标准制定中充分彰显了中国元素。3GPP 定义 5G 物理层的工作组中，华人专家占到 60%，其中服务于中国通信企业的达到 70%；中国通信企业贡献给 3GPP 关于 5G 的提案占全部提案的 40%。

其次，5G 网络已经覆盖全国主要城市。自 2019 年 10 月 31 日，5G 正式商用，全国 50 多个城市已经推出了 5G 服务，2020 年 8 月深圳已实现 5G 独立组网全覆盖。运营商高效建网，2020 年上半年，全国新建 5G 基站 25.7 万个，截至 2020 年底，全国已开通的 5G 站点超过 80 万个，达到全球 5G 基站部署规模的 70%。中国的大规模建设也使得全球装备制造业从中受益。

再者，终端规模上市，加速普及 5G。2020 年上半年，全国 5G 手机累计出货量达 8623 万部，5G 用户数已达 6600 万；同时，已有 197 款 5G 终端获得入网许可，售价在 2000 元以下的 5G 手机已经面市，5G 商用一年后就已经出现了千元级的 5G 手机，这也验证了 5G 的发展远超预期。截至 2020 年底，5G 用户数接近 2 亿。

中国 5G 的建设，将极大地带动整个 5G 产业链生产规模的快速增长。5G 的大带宽、低时延和多连接等优点，为各行业的数字化提供了可能。5G 和人工智能、云等新技术的结合，将实现资源的最优化配置，提高运营效率，降低运营成本，提升企业的智能化水平，并加速应用创新的出现。

2020 年中国《政府工作报告》中明确指出，要扩大有效投资，发展新一代信息网络，拓展 5G 应用。在各方共同努力下，5G 融合应用场景、培育经济转型新动能的成效已经显现，5G 技术创新不断取得新成果。5G 应用将激发新型消费，加快商用进程，直接推动 5G 手机、智能家居等终端消费，培育诸如超高清(4K/8K 像素)视频、虚拟现实/增强现实(VR/AR)等新型服务消费。5G 应用还将释放生产潜力，加快向工业、交通等垂直行业深度融合，开启产业互联网新蓝海，推动数字经济实现消费互联网和产业互联网经济双轮驱动。

3. 各国政府陆续出台 5G 频谱规划

以中、美、日、韩、欧为代表的多个国家和地区分别发布了 3.5 GHz、4.9 GHz 频段附近的中频段和 26 GHz 及 28 GHz 频段附近的高频段(毫米波)的 5G 频谱规划，以期能够抢占 5G 发展先机。其中，截至目前，3.5 GHz 频段、26 GHz 频段、28 GHz 频段成为 5G 的主流频段，如图 5-3 所示。

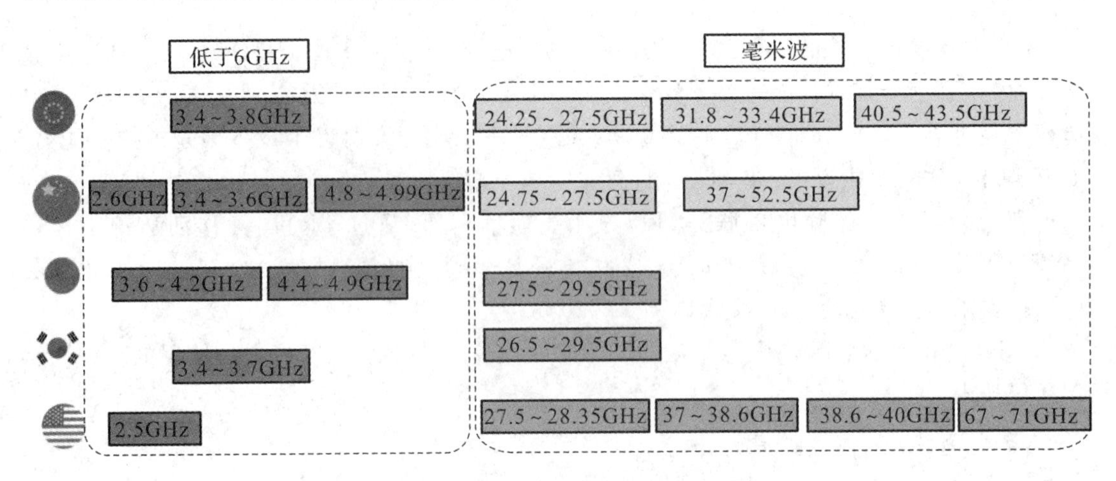

图 5-3　主流国家 5G 频谱分配情况

中国在 2017 年 11 月确定将 3.3～3.6 GHz 和 4.8～5 GHz 中频段作为 5G 频段，如图 5-4 所示。在全球范围内，3.5 GHz 频段已经成为大多数运营商首选的 5G 建网频段。5G 网络建设需要同时兼顾覆盖和容量，3.5 GHz 频段借助 Massive MIMO 等大规模天线阵列技术，覆盖范围可以媲美 1800 MHz 频段的 LTE，使得运营商可以复用现有 LTE 站点来建设 5G 网络。高频段具有大量连续频段，频谱资源丰富，但网络覆盖存在挑战。

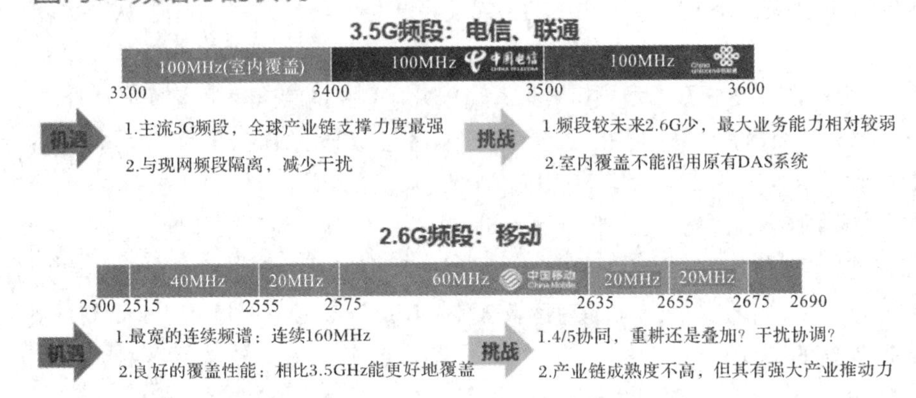

图 5-4　国内 5G 频谱分配情况

4. 主流国家与运营商的 5G 部署

截至目前，全球 92 个运营商部署了 5G 商用网络，覆盖 GDP 占全球的 72%以上的国家，全球 5G 用户已超过 1 亿，已经部署了超过 70 万个 5G 基站。中、韩、美三国当前 5G 用户数据见表 5-2。

表 5-2　中、韩、美三国当前 5G 用户数据

国家	运营商	5G 用户数/万	备　注
中国	中国移动	7019.9	5G 套餐用户数
	中国电信	3784	5G 套餐用户数

续表

国家	运营商	5G 用户数/万	备　注
韩国	SKT	334.7	
	KT	223.7	
	LG U+	178.4	
美国	Verizon	220	
	AT&T	62.9	
	T-Mobile	50.1	
	Sprint	48.3	

注：此表为中国移动和中国电信 2020 年 6 月运营数据。

韩国三大运营商在韩国时间 2019 年 4 月 3 日深夜 11 点向全世界第一个公布 5G 商用，是全球首个启用民用 5G 网络的国家。按照韩国科学和信息通信技术部 8 月份公布的数据，截至 2020 年 6 月底，韩国 5G 用户数约 737 万。韩国人口数量为 5100 万，5G 客户占有率为 14.5%。

美国运营商 Verizon 在当地时间 2019 年 4 月 3 日公布在明尼阿波利斯和芝加哥两大城市进行 5G 商用服务，是全世界第二个发布 5G 商用的国家。按照 M-Science 的数据，截至 2020 年 7 月中旬，美国 5G 用户数为 408.2 万户。由于四大运营商拿到的大部分 5G 频段都是毫米波频段，频率太高，覆盖面积很小，没办法实现大范围甚至是全范围的覆盖，所以 5G 目前在美国只有在一些大城市的热点地区能够有局部的覆盖。美国联邦通信委员会(FCC)公开承认毫米波在 5G 网络建设中成本高、无线电传播特性差、覆盖性能不如人意。美国 FCC 表示，将从 2021 年 12 月起向 Verizon 通信和 AT&T 等公司拍卖军事用途的100 MHz中频段频谱，而美国无线行业将能够在 2022 年夏天使用这些频谱。

日本和日本电信运营商正在采取行动进入全球 5G 设备市场。2018 年 12 月 28 日，日本总务省发布了基础设施共享指导方针，其主要目标是在整个国家及时和广泛地推出 5G 服务。总务省意识到，农村地区的 5G 投资通常不具备成本效益，因此发布了基础设施共享指导方针来平衡政策目标和资本支出。基于运营商的五年期 5G 网络部署计划，总务省在 2019 年 4 月向 NTT DoCoMo、KDDI、软银和 Rakuten Mobile 颁发了 5G 服务和频谱牌照。2020 年 6 月，日本政府公布了其“Beyond 5G”战略的更多细节，该战略已于同年 5 月启动。日本政府在其“Beyond 5G”战略文件中呼吁加速日本 5G 部署，其目标是到 2023 财年年底，在全国范围内建设 21 万个 5G 服务基站，这是其最初计划数量的三倍。

德国电信展示了在 5G 部署方面的进展，在 2020 年 7、8 月它已安装了 1.8 万个 5G 天线单元，共计达到了 3 万个 5G 天线单元，覆盖了超过 4000 万人口，德国电信称其已提前实现了 2020 年覆盖德国一半人口的目标。西班牙电信德国公司的目标是到 2022 年覆盖 1600 万人口。

英国是全世界第三个实现5G商用的国家，首家推出5G服务的英国运营商是英国电信公司旗下的EE，5G服务覆盖了伦敦、加的夫、贝尔法斯特、爱丁堡、伯明翰和曼彻斯特等城市和地区。在2020年5月实现了10%的5G无线网络覆盖。2020年7月中旬，英国对华为实施了一项禁令——禁止该国运营商在2020年12月31日之后向华为购买新的5G设备，并在2027年底之前逐步移除其5G网络中所有的华为设备。

法国，2020年9月开始竞拍5G频率段，2020年底发布推出5G商用服务。

5. 5G产业链现状

5G产业链可分为上游、中游、下游三个方面：上游主要是传输类设备(基站、天馈线等)以及终端器件(如射频器件、芯片等)，中游是网络建设(网络规划设计、网络优化/维护等)，下游是产品应用及终端产品应用场景(手机、云计算、车联网、物联网、VR/AR等)。其中硬件产业链包括基站天馈线、射频器件、光纤光缆、网络交换设备、通信模组、通信芯片与通信终端等各细分产业链。

在网络规划设计方面，我国主要厂商包括：中国移动设计院、中国通信服务、恒泰实达、吉大通信、国脉科技、杰泰科技等。在网络建设方面，中国铁塔提供站址资源，主设备商为运营商提供完整的端到端的5G解决方案，包括无线部分的宏站和小基站以及传输设备等。目前主设备核心厂商为华为、中兴通讯、爱立信、诺基亚等。

2020年5月15日，美国工业和安全局(BIS)宣布全面限制华为购买采用美国软件和技术生产的半导体。在中美科技竞争日益激烈的背景下，5G产业链的国产化程度引发关注。国内通信上游成长迅速，但部分核心器件仍亟待国产化。在通信主设备方面，作为5G核心板块，包括华为、中兴通讯，产业链话语权不断提高。上游器件方面，滤波器、光模块、PCB、PON芯片等领域自给率已达到较高水平，国内PCB厂商2017年产值全球占比超50%。但网络设备中所需的大量芯片，对外依存度仍然较高，如表5-3所示。特别是在FPGA、手机射频前端、高端交换机芯片等核心芯片及器件上，我国的自给率较低。网络设备所需芯片中，FPGA、交换芯片全球基本都依赖美国，如FPGA依赖赛灵思、Altera(Intel)，高端交换芯片依赖博通等。而其他比如PA、滤波器、存储等芯片，多数可从欧洲、日韩及国内找到替代供应商。

表5-3　基站设备中芯片对外依存度现状

产品	核心芯片器件	全球主力供应商	中国自给率
基站设备	CPU	Intel，AMD，ARM	较低
	FPGA	Xilinx，Intel，Microchip，Lattice	较低
	DSP	TI，ADI，日本电气	较低
	PA	NXP，安谱隆，住友，Qorvo，TI等	较低
	ADC/DAC	TI，ADI，意法半导体等	较低
	滤波器	武汉凡谷，灿勤科技，东山精密，世嘉科技，佳利电子	较高

续表

产品	核心芯片器件	全球主力供应商	中国自给率
基站设备	光模块(25G 以下)	华工科技，光迅科技，新易盛，中际旭创，海信宽带，Finisar 等	较高
	光模块-光芯片(25G 及以下)	三菱、住友、Avago，Oclaro，光讯科技，海思，嘉纳海威，中兴微电子	中性
	光模块-电芯片(25G 及以下)	Inphi，Macom，美信，Semtech，飞昂通讯，海思，中兴，烽火	较低
	高频高速覆铜板	罗杰斯，日本松下等	中性

5.1.2　5G 的技术路线

无线蜂窝网络作为最成功的通信技术之一，给智能手机和平板电脑带来了爆炸性的数据业务增长。当前 4G LTE－A 网络大部分部署在传统的蜂窝频带内，即从 600 MHz 到 3.5 GHz。随着技术的演进，5G 将利用 100 GHz 以下的任何频谱资源，包括现存的蜂窝频带、6 GHz 以下新频带以及毫米波频带。从技术特征、标准演进和产业发展角度分析，3GPP定义并行的两条路线，5G 存在新空口和 4G 演进空口两条技术路线。

新空口路线主要面向新场景和新频段进行全新的空口设计，不考虑与 4G 框架的兼容，通过新的技术方案设计和引入创新技术来满足 4G 演进路线无法满足的业务需求及挑战，特别是各种物联网场景及高频段需求。

4G 演进路线通过在现有 4G 框架的基础上引入增强型新技术，在保证兼容性的同时实现现有系统性能的进一步提升，在一定程度上满足 5G 场景与业务需求。

此外，无线局域网(WLAN)已成为移动通信的重要补充，主要在热点地区提供数据分流。IEEE 802.11ax 又称为高效率无线标准(High-Efficiency Wireless，HEW)，是一项制定中的无线局域网标准。标准草案由 IEEE 标准协会的 TGax 工作组制定，2014 年 5 月成立，至 2017 年 11 月已完成 D2.0，正式标准于 2019 年发布。下一代 WLAN 将与 5G 深度融合，共同为用户提供服务。

5.1.3　5G 网络架构

5G 技术创新主要来源于无线技术和网络技术两方面。在无线技术领域，大规模天线阵列、超密集组网、新型多址和全频谱接入等技术已成为业界关注的焦点；在网络技术领域，基于软件定义网络(SDN)和网络功能虚拟化(NFV)的新型网络架构已取得广泛共识。5G 网络将是基于 SDN、NFV 及云计算技术的更加灵活、智能、高效和开放的网络系统。5G 网络架构包括接入云、控制云和转发云三个域。接入云支持多种无线制式的接入，融合集中式和分布式两种无线接入网架构，适应各种类型的回传链路，实现更灵活的组网部署和更高效的无线资源管理。5G 的网络控制功能和数据转发功能将解耦，形成集中统一的控制云和灵活高效的转发云。控制云实现局部和全局的会话控制、移动性管理与服务质量保证，并构建面向业务的网络能力开放接口，从而满足业务的差异化需求并提升业务的部署效率。转发云基于通用的硬件平台，在控制云高效的网络控制和资源调度下，实现海量业务数据流的高可靠、低时延、均负载的高效传输。

5G 的网络架构如图 5 - 5 所示。

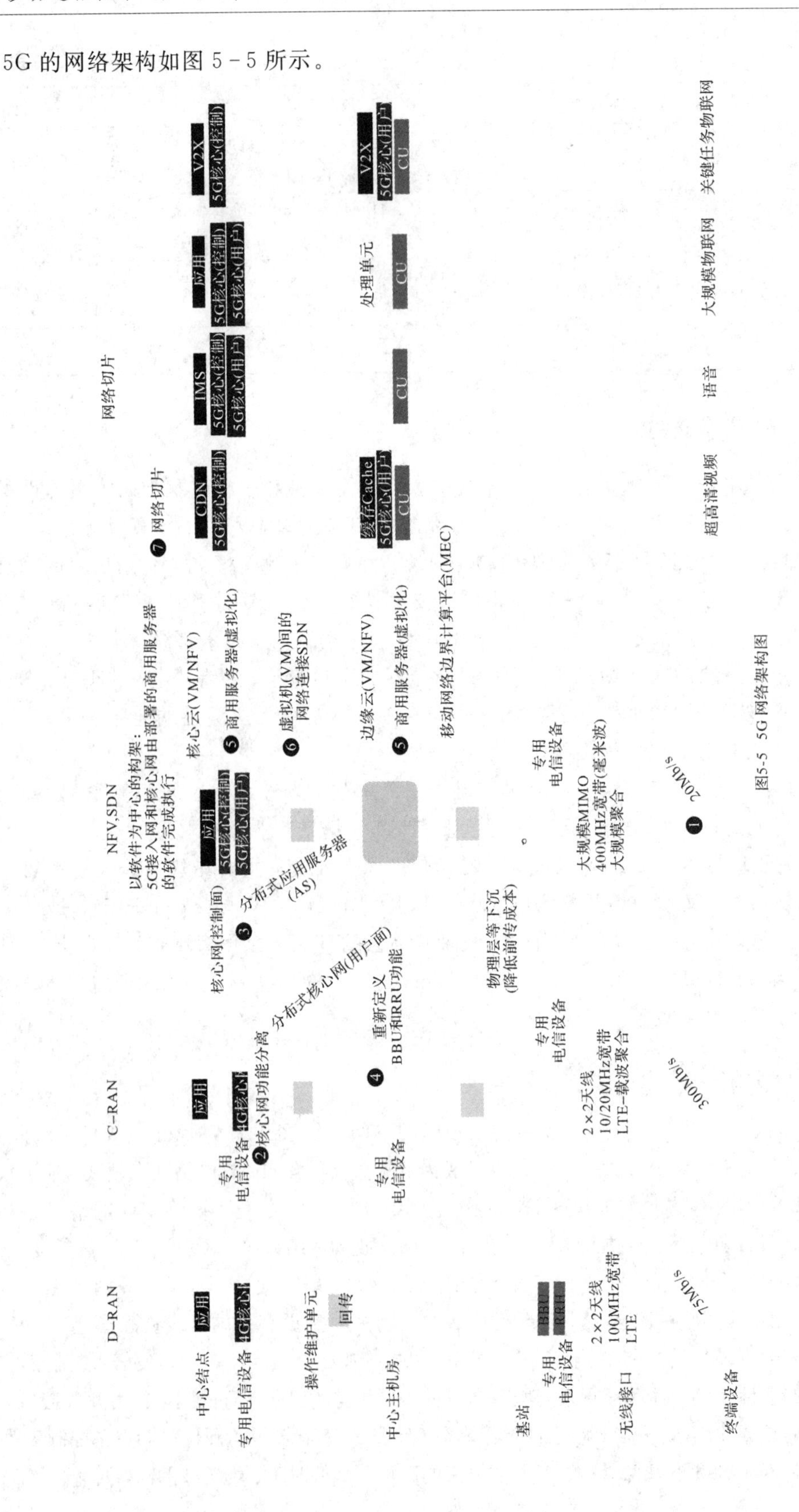

图5-5 5G网络架构图

从 5G 网络架构图中可以看出以下几个特点：

(1) 5G 网络空口至少支持 20Gb/s 速率，用户 10 秒钟就能够下载一部 UHD(超高清，分辨率 4 倍于全高清，9 倍于高清)电影。

(2) 核心网功能分离。核心网用户面部分功能下沉至 CO(中心主机房，相当于 4G 网络的 eNodeB)，从原来的集中式的核心网演变成分布式核心网，这样，核心网功能在地理位置上更靠近终端，减小了时延。

(3) 分布式应用服务器(AS)。AS 部分功能下沉至 CO(中心主机房，相当于 4G 网络的 eNodeB)，并在 CO 部署 MEC(Mobile Edge Computing，移动网络边界计算平台)。MEC 有点类似于 CDN(内容分发网络)的缓存服务器，但不仅于此，它将应用、处理和存储推向移动边界，使得海量数据可以得到实时、快速的处理，以减少时延，减轻网络负担。

(4) 重新定义 BBU 和 RRU 功能。将 PHY、MAC 或者 RLC 层从 BBU 分离下沉到 RRU，以减小前传容量，降低前传成本。

(5) NFV(Network Function Virtualization，网络功能虚拟化)，就是将网络中的专用电信设备的软硬件功能(比如核心网中的 MME，S/P-GW 和 PCRF，无线接入网中的数字单元 DU 等)转移到虚拟机(Virtual Machine，VM)上，在通用的商用服务器上通过软件来实现网元功能。

(6) SDN，即软件定义网络。5G 网络通过 SDN 连接边缘云和核心云里的 VM(虚拟机)，SDN 控制器执行映射，建立核心云与边缘云之间的连接。网络切片也由 SDN 集中控制。

SDN、NFV 和云技术使网络从底层物理基础设施分开，变成更抽象灵活的以软件为中心的构架，可以通过编程来提供业务连接，如图 5-6 所示。

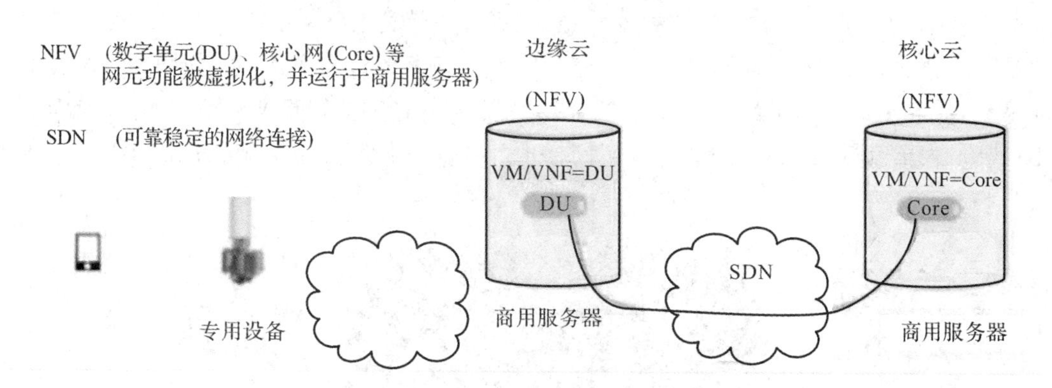

图 5-6　SDN、NFV 和云技术为 5G 提高业务连接

(7) 网络切片。5G 网络将面向不同的应用场景，比如超高清视频、虚拟现实、大规模物联网、车联网等。不同的场景对网络的移动性、安全性、时延、可靠性甚至是计费方式的要求是不一样的，因此，需要将物理网络切割成多个虚拟网络，每个虚拟网络面向不同的应用场景需求。虚拟网络间是逻辑独立的，互不影响。只有实现 NFV/SDN 之后，才能实现网络切片，如图 5-7 所示。

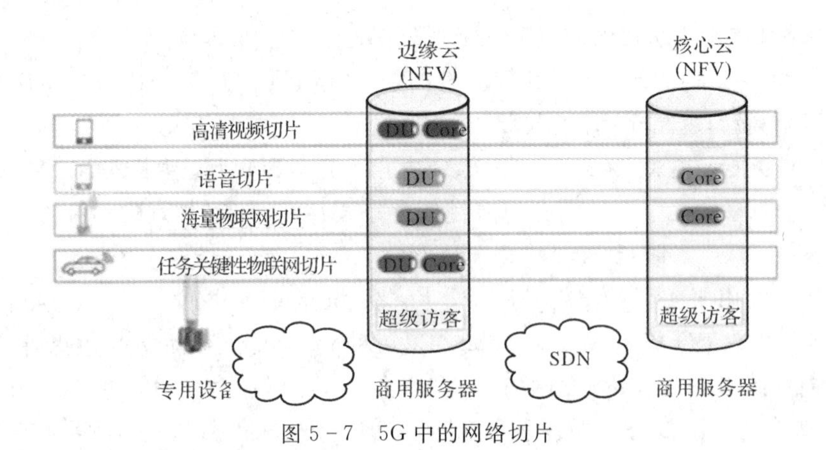

图 5-7　5G 中的网络切片

（8）面向超高清视频一类的大容量移动宽带业务的虚拟网络需引入 CDN 技术，在 CO(中心主机房，相当于 4G 网络的 eNodeB)配置缓存服务器，并将核心网部分用户面功能下沉至 CO。

基于“三朵云”的新型 5G 网络架构是移动网络未来的发展方向，但实际网络发展在满足未来新业务和新场景需求的同时，也要充分考虑现有移动网络的演进途径。5G 网络架构的发展会存在局部变化到全网变革的中间阶段，通信技术与 IT 技术的融合会从核心网向无线接入网逐步延伸，最终形成网络架构的整体演变。

5.2　5G 关键技术

5.2.1　毫米波技术

5G 最显著的特点是高速，按规划速率会高达 10～50 Gb/s，人均月流量大约有 36TB，如此高的速率该靠什么资源来支撑呢？必须要靠更大的带宽。带宽用字母 B 来表示，它就好比是道路宽度，最大速率用 C 来表示，它就好比是道路的最大车流量，如图 5-8 所示。显而易见，4 车道的最大车流量是 2 车道的 2 倍，8 车道的是 2 车道的 4 倍。所以增加车道数是提高最大车流量最直接有效的方法，同样地，提高速率的最直接有效的方法就是增加带宽。

图 5-8　道路宽度与车流量

人们对通信速率要求越来越高，使得信道的带宽就越来越宽，几根电话线的带宽不够，那就增加到几百根，几百根不够就换成同轴电缆，电缆带宽不够就换成光纤，有线通信的带宽就是这样一代代地递增的。而手机通信使用的是无线信道，那它的带宽是如何增加的呢？核心方法就是采用更高的频段，频段越高带宽越大。5G 时代若想更高速，就得使用更大的带宽，而要取得更大的带宽，就得使用更高的频段。4G 之前使用的是特高频段，5G 就得往超高频甚至更高的频段发展了。根据国际电信联盟的专家预测，将来有可能使用 0 GHz～60 GHz 的频段，俄罗斯专家甚至提出了 80 GHz 的方案。30 GHz 以上的频段比超高频还要高，其波长自然要比厘米段更短，那就是毫米波，因此毫米波就顺理成章地成为了 5G 的一项关键技术。

电波传播的特性很有趣，频率越高(即波长越短)的电磁波，就越倾向于直线传播，当高到红外线和可见光以上时，就一点也不打弯了，这是个渐进的过程。波段与波长的关系如图 5－9 所示。

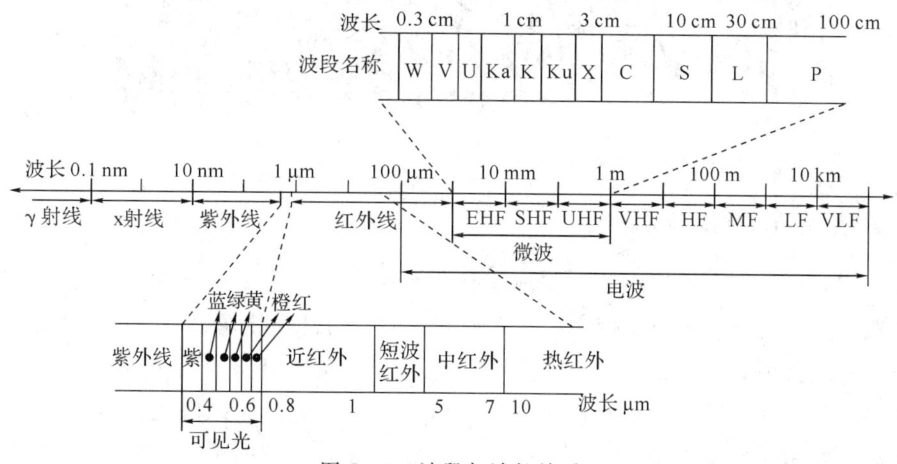

图 5－9　波段与波长关系

毫米波一般不用于移动通信领域，原因就是它的频率都快接近红外线了，信道太“直”，移动起来不容易对准。例如卫星车就很难“动中通”，开动起来车身摇摆，天线就很难对准卫星，通常只能驻车后工作，而且必须精细调整天线的角度，使其电波的辐射方向正对着卫星，否则就无法通信。电磁波有五种传播模式，相对于 5G 时代，4G 手机的频率要低得多，其绕射能力不错，楼房阴影处的信号也没太大问题(因为信号可以绕着到达)。而 5G 的频率会高得多，绕射能力会下降，信号只能直着走，以往信号能到达的隐蔽地点就到不了了，于是就引出了下一项技术——微基站技术。

5.2.2　微基站技术

假设一个场景，小区中心只立着一盏路灯，阴影面积当然会很大，但如果在小区里均匀设置很多路灯，阴影面积则会小得多。所以说，将传统的宏基站变成站点更多、密度更大的微基站(外观如图 5－10 所示)，是解决毫米波直线问题的有效方法。这只是采用微基站的一个缘由，还有一个更强大的缘由。5G 时代的入网设备数量会呈爆炸性的增长，单位面积内的入网设备可能会扩大千倍，若延续以往的宏基站覆盖模式，即使基站的带宽再大也无力支撑。这个缘由很好理解，以前的宏基站覆盖 1000 个上网用户，这些用户均分这个基站的速率资源，而进入 5G 时代后用户的速率要求高多了，一个基站的资源就远远不够分了，只能布设更多的基站。基站微型化则布设密度会加大，为避免基站之间的频谱互扰，基站的辐射功率谱就会降低，同时手机的辐射功率也会降低。这有两个好处，一是功耗小了，待机时间会增加，二是对人体的辐射会降低。微基站数量大幅度增加，传统的铁塔和楼顶架设方式将会扩展，路灯杆、广告灯箱、楼宇内部的天花板等，都会是微基站架设的理想地点。波长缩短到毫米波还会有什么影响呢？还会影响到手机天线的变化，这就是接下来的另一项技术——大规模 MIMO 技术。

图 5-10　微基站外观

5.2.3　大规模 MIMO 技术

根据天线理论，天线长度应与波长成正比，大约在 1/10～1/4 之间，当前手机使用的是甚高频段(即分米波)，天线长度大约在几厘米左右，通常安装在手机壳内的上部。5G 时代的手机在频率提升几十倍后，相应的天线长度也会降低到以前的几十分之一，会变成毫米级的微型天线，手机里就可以布设很多个天线，乃至形成多天线阵列。多天线阵列要求天线之间的距离保持在半个波长以上，手机的面积很小，现在的手机天线是几厘米长，多天线阵列是难以设置的。而随着天线长度的降低，特别是 5G 时代的毫米尺寸天线，就可以布设多天线阵列了，这给高阶 MIMO 技术的实现带来了可能。

大规模 MIMO(Massive MIMO，Large-scale MIMO)：收发两端配置多根天线，特别是在基站侧配置大量天线单元，获得空间自由度，这样既能实现小区内空间复用，也能实现小区间干扰抑制，提高频谱效率和能量效率，如图 5-11 所示。传统 TDD 网络的天线也称为 2D MIMO，LTE 系统中最多 4 根，LTE-A 中 8 根，实际信号在作覆盖时，只能在水平方向移动，垂直方向是不动的，信号类似一个平面发射出去。而在大规模 MIMO 中，基站配置达到 64、128、256 根天线，信号的辐射是个电磁波束，在信号水平维度空间基础上引入垂直维度的空域并进行利用，所以 Massive MIMO 也称为 3D MIMO。传统 MIMO 与 3D-MIMO 的比较如图 5-12 所示。

大规模 MIMO 技术分类如下：

(1) 空间复用：即多个天线，不同的天线在相同的时频资源上传输不同信号，实现速率提升，是提升容量的关键技术之一。

小区级：基站能实现 64T64R(64 根发射天线和 64 根接收天线)支持 16 流并行传输；

用户级：手机能支持 2T4R(2 根发射天线和 4 根接收天线)上行双流、下行四流。

(2) 发送分集：通过多个天线传输相同信号，当一路信号丢失时，其他天线的信号继续传输，为信号的传递提供更多的副本，从而克服信道衰落，增强数据传输的可靠性。在空中传播环境差的情况下可以采用。

(3) 多用户 MIMO：将用户数据分解为多个并行的数据流，在指定的带宽上由多个发射天线同时发射，经过无线信道后，由多个天线同时接收，并根据各个并行数据流的空间特征，利用解调技术，最终恢复原数据流，如图 5－13 所示。

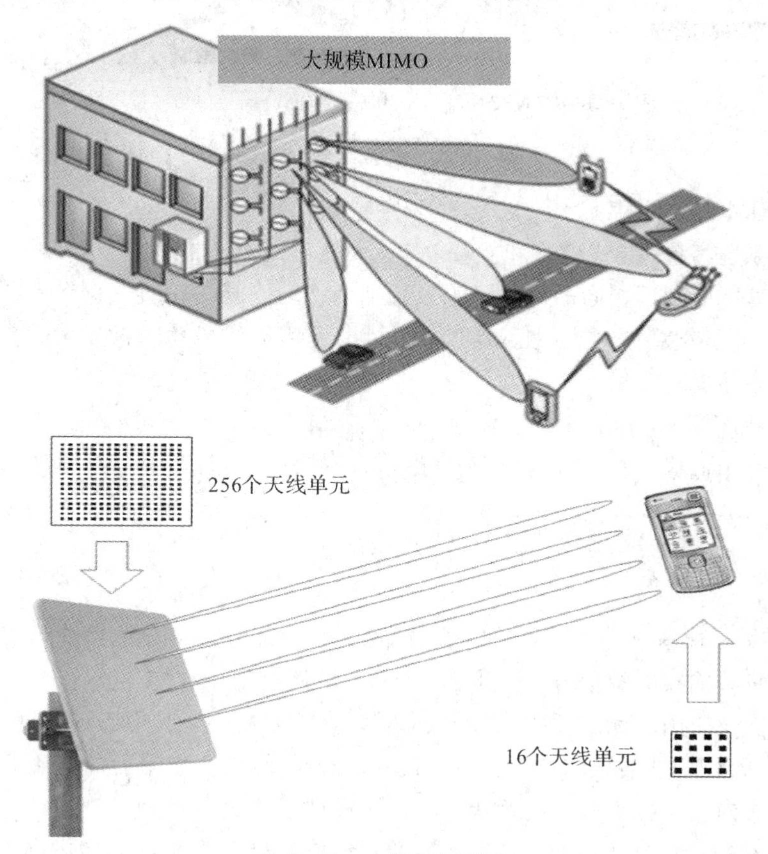

图 5－11　大规模 MIMO

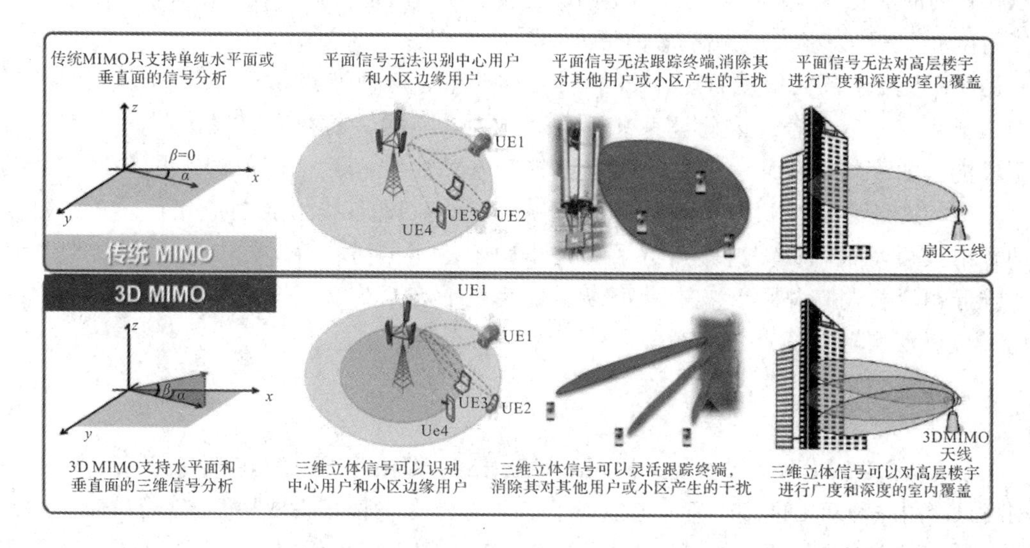

图 5－12　传统 MIMO 与 3D MIMO 比较

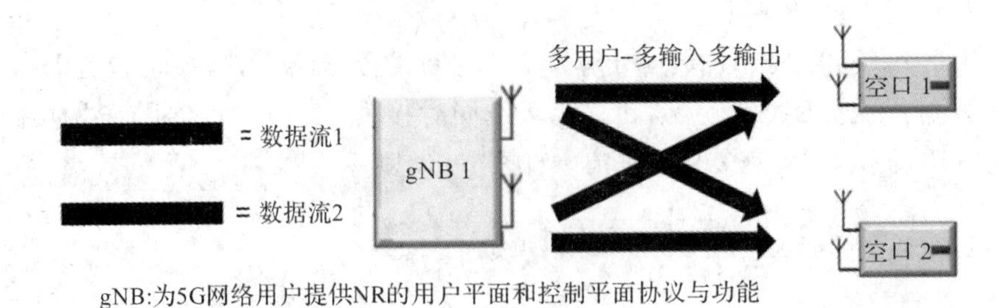

图 5-13　多用户 MIMO

大规模 MIMO 技术优势如下。

(1) 提高系统容量、频谱效率和能量效率。大量基站天线能提供丰富的空间自由度，支持空分多址，基站能利用相同的时频资源为数十个移动终端提供接入服务；利用波束形成技术使发送信号具有良好的指向性，空间干扰小；利用天线增益降低发射功率，提高系统能效，减小电磁污染。

(2) 降低硬件成本，提高系统鲁棒性。大规模 MIMO 总发射功率固定，单根天线的发射功率很小，选用低成本功放即可满足要求；由于基站天线数量大，部分阵元故障不会对通信性能造成严重影响。

5.2.4　波束赋形技术

波束赋形是一种基于天线阵列的信号预处理技术，通过多个波束使能量集中在特定用户上，多个波束传输相同的信号，提升信号质量，增强覆盖。

中国主导的 3G 国际标准 TD-SCDMA 有六大技术特点，其中有一项就是智能天线，在基站上布设天线阵列，通过对射频信号相位的控制，使相互作用后的电磁波的波瓣变得非常狭窄，并指向它所提供服务的手机，而且能根据手机的移动而转变方向。由全向的信号覆盖变为了精准指向性服务，这种新形式的无线电波束不会干扰其他方向的波束，从而可以在相同的空间中提供更多的通信链路。这种充分利用空间的无线电波束技术是一种空间复用技术，它可以极大地提高基站的服务容量。

在 5G 入网设备数量成百上千倍增加的情况下，这种波束赋形技术所带来的容量增加就显得非常有价值，因此波束赋形技术成为 5G 的关键性技术之一。波束赋形技术不仅能大幅度增加容量，还可以大幅度提高基站定位精度。当前的手机基站定位的精度不高，这是源于基站全向辐射的模式。而当波束赋形技术成功应用后，基站对手机的辐射波瓣是很窄的，这就知道了手机相对于基站的方向角，再加上通过接收功率大小推导出手机与基站的距离，就可以实现手机的精准定位了，并因此而扩展出非常多的定位增值服务。

5.2.5　同时同频双工技术

在 2G、3G 和 4G 网络中主要采用两种双工方式，即频分 FDD 和时分双工 TDD，且每个网络只能用一种双工模式，理论上浪费了一半的无线资源。FDD 和 TDD 两种双工方式各有特点，FDD 在高速移动场景、广域连续组网和上下行干扰控制方面具有优势，而 TDD

在非对称数据应用、突发数据传输、频率资源配置及信道互易特性对新技术的支持等方面具有天然的优势。

全双工技术是指同时、同频进行双向通信技术，如图 5－14 所示。

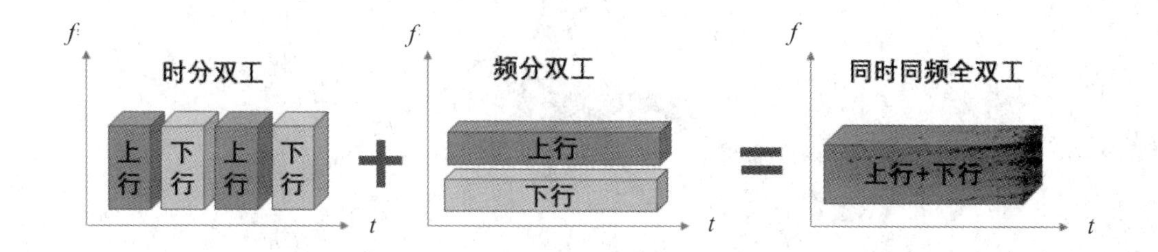

图 5－14　全双工技术

利用该技术，在相同的频谱上，通信的收发双方同时发射和接收信号。全双工技术突破了 FDD 和 TDD 方式的频谱资源使用限制，把 FDD 和 TDD 紧密地结合在一起，通过对业务和环境的感知，智能地调整和使用双工模式，使整个网络在频谱效率、业务适配性、环境适应性等诸多方面产生了 1+1 大于 2 的效果。然而，全双工技术需要具备极高的干扰消除能力，这对干扰消除技术提出了极大的挑战，同时还存在相邻小区同频干扰问题。在多天线及组网场景下，全双工技术的应用难度更大。

灵活半双工可以分为频域方案和时域方案。频域方案是通过调整每个载波的双工方向来实现上下行带宽的动态调整，时域方案是通过改变每个子帧的双工方向来控制上下行资源比例，如图 5－15 所示。

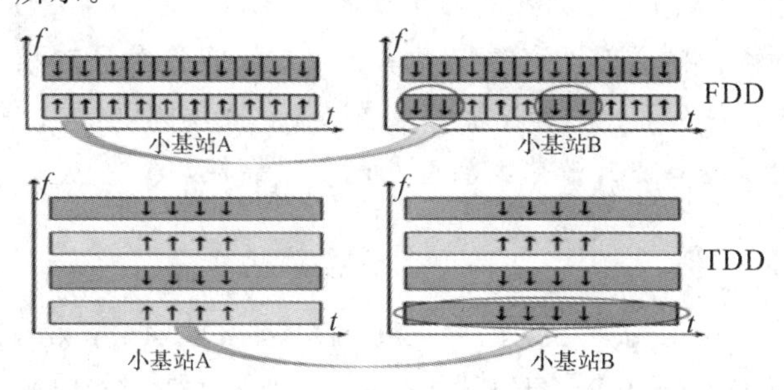

图 5－15　FDD 和 TDD 系统灵活半双工实现方式

5.2.6　端到端通信(D2D)技术

D2D(Device to Device)技术是指在系统的控制下，允许终端之间通过复用小区资源直接进行通信的新型技术。在由 D2D 通信用户组成的分散式网络中，每个用户节点都能发送和接收信号，并具有自动路由(转发消息)的功能。网络的参与者共用它们所拥有的一部分硬件资源，包括信息处理、存储以及网络连接能力等。这些共用资源向网络提供服务和资源，能被其他用户直接访问而不需要经过中间实体。在 D2D 通信网络中，用户节点同时扮演伺服器和客户端的角色，用户能够意识到彼此的存在，自组织地构成一个虚拟或者实际的群体。图 5－16 所示为端到端(D2D)的通信模式。

D2D技术能够增加蜂窝通信系统频谱效率，降低终端功率，在一定程度上解决无线通信系统频谱资源匮乏的问题。

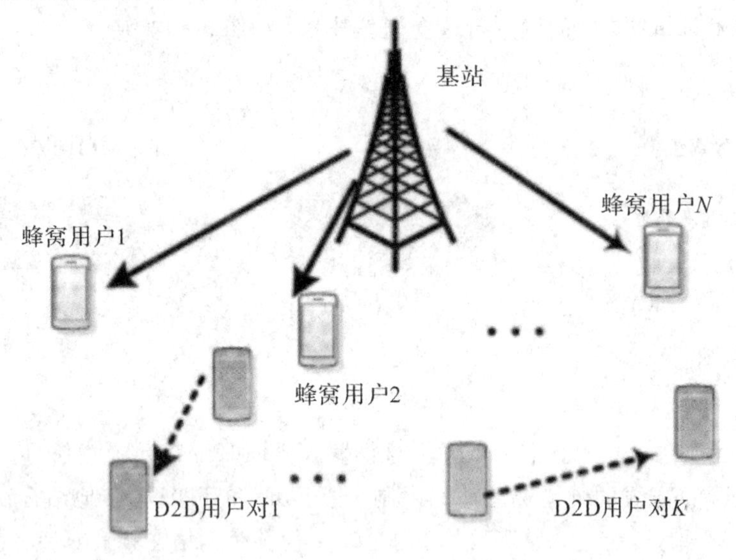

图5-16　端到端通信(D2D)

传统的蜂窝通信系统的组网方式是以基站为中心实现小区覆盖，而基站及中继站无法移动，其网络结构在灵活度上有一定的限制。随着无线多媒体业务的不断增多，传统的以基站为中心的业务提供方式已无法满足海量用户在不同环境下的业务需求。

D2D技术无须借助基站的帮助就能够实现通信终端之间的直接通信，拓展网络连接和接入方式。由于短距离直接通信信道质量高，D2D能够实现较高的数据速率、较低的时延和较低的功耗；通过广泛分布的终端，能够改善覆盖，实现频谱资源的高效利用，支持更灵活的网络架构和连接方法，提升链路灵活性和网络可靠性。

5.2.7　F-OFDM技术

F-OFDM(Filtered-Orthogonal Frequency Division Multiplexing)是一种可变子载波带宽的自适应空口波形调制技术，是基于OFDM的改进方案，能够实现空口物理层切片后向可兼容LTE 4G系统、又满足未来5G发展的需求。

F-OFDM技术的基本思想是：将OFDM载波带宽划分成多个不同参数的子带，并对子带进行滤波，而在子带间尽量留出较少的隔离频带。比如，为了实现低功耗大覆盖的物联网业务，可在选定的子带中采用单载波波形；为了实现较低的空口时延，可以采用更小的传输时隙长度；为了对抗多径信道，可以采用更小的子载波间隔和更长的循环前缀。F-OFDM调制系统与传统的OFDM系统最大的不同是在发送端和接收端增加了滤波器。

从图5-17中我们可以看到F-OFDM能为不同业务提供不同的子载波带宽和CP配置，以满足不同业务的时频资源需求。

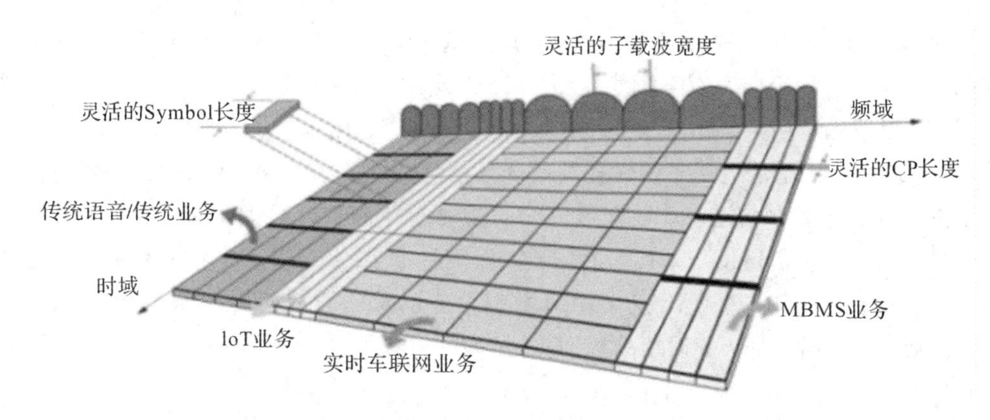

图 5-17　F-OFDM 提供不同的子载波带宽和 CP 配置

5.2.8　NOMA 技术

5G 大规模连接物联网海量机器通信要求支持单位平方公里内的百万个连接，这需要低成本、低信令开销、低时延、低功耗，传统 OMA(正交多址接入)技术无法满足这些要求。

NOMA(Non-Orthogonal Multiple Access) 即非正交多址接入技术作为 5G NR 空口的核心关键技术，可解决上述问题，满足未来海量大连接 mMTC 应用场景超低成本、超低功耗、海量小包的需求，同时满足 eMBB、uRLLC 应用场景下小数据包随机突发情况时真正的免调度和短时延、低功耗要求。

NOMA 核心理念是在发送端使用叠加编码(Superposition Coding)，而在接收端使用 SIC(Successive Interference Cancellation，串行干扰消除)，因此，在相同的时频资源块上，通过不同的功率级在功率域实现多址接入。NOMA 不同于传统的正交传输，在发送端采用非正交发送，主动引入干扰信息，在接收端通过串行干扰删除技术实现正确解调。与正交传输相比，接收机复杂度有所提升，但可以获得更高的频谱效率。通俗地说，就是采用 NOMA 技术后，不同用户的数据可以在相同的时间和频率上传输，能复用更多的用户，让超大规模连接变成可能。不过，NOMA 仅适用于小字节传输。

在 mMTC 应用场景中，海量的低成本、低功耗通信终端设备，伴随不定时突发的上行小数据包发送；而传统的基于交互式确认模式的正交发送方案在空口信令交互时延和空口信令开销方面效率都比较低。在 eMBB 应用场景中，小区边缘用户偏高的发射功率会引发显著的站间干扰，因小区边缘用户基于传统接入方案的非激活状态终端的信令开销和高功率消耗不可避免，导致整体上小区边缘的频谱效率相对较低；NOMA 通过基于竞争的空口资源共享和基于比特级的数据扩展增强频谱效率，从而降低了终端功耗和空口信令开销。在 uRLLC 应用场景中，针对周期性或者事件触发的相对小数据包的流量业务，基于现有交互式确认方案在 RTT 时延和空口信令开销上都是低效的，NOMA 可以降低时延，提升可靠性和空口资源效率。

5.2.9　信道编码

对于 5G 移动通信而言，信道编码与多址接入技术、多输入多输出(MIMO)技术一起构成 5G 空中接口的三大关键技术。

在2016年10月的里斯本会议以及11月的里诺会议上针对eMBB应用场景讨论了信道编码方案，候选编码方案有美国主推的LDPC码、中国主推的Polar码以及法国主推的Turbo码。而编码应用主要集中在两类信道：数据信道、控制信道。数据信道用来传输数据，如视频业务，控制信道用于传输控制信令等信息，如寻呼信令。数据信道编码所需要的码长范围远远大于控制信道，且数据信道编码需要支持高速率数据传输，因此，又有长码和短码之分，而控制信道由于对码长有限制，即不超过100bit，因此，控制信道只有短码。

最终会议确定将LDPC码作为eMBB数据信道的编码方案，Polar码作为eMBB控制信道的编码方案，进入了5G后续的标准化讨论。

1. LDPC(Low Density Parity Check Code)低密奇偶校验码

(1) ueMBB下行/上行峰值吞吐量为20/10(Gb/s)，LDPC编码的吞吐量可以达到20/10(Gb/s)，但LTE Turbo编码只能达到1Gb/s；

(2) uLDPC编码比Turbo编码有约0.5 dB信噪比增益；

(3) uNR LDPC基本不存在错误平层(Errorfloor)；

(4) uNR LDPC码的延迟比LTE低得多，特别是在高码率下。

2. Polar极化码

(1) Polar编码比Turbo编码有约0.5～1 dB信噪比增益；

(2) Polar基本不存在错误平层(Errorfloor)。

5.3 5G应用案例

5.3.1 5G应用特性概述

5G在全社会数字化转型进程中担负着不可替代的重要使命。5G的大带宽、大连接、低时延等网络能力，与其他基础共性能力，如人工智能、物联网、云计算、大数据和边缘计算等，构成新一代信息基础设施，成为推动传统行业数字化转型升级与数字经济社会发展的重要基石。从全球视角来看，目前5G无论是在技术、标准、产业生态还是网络部署等方面都取得了阶段性的成果，5G新的应用场景与市场探索也逐渐显现。

5G网络能力、基础共性能力、行业共性能力是构建5G共性业务的技术使能，5G在个人与垂直行业的应用则是5G共性业务的具体表现。

(1) 三大网络能力：增强型移动宽带(eMBB，简称大带宽)、海量机器类通信(mMTC，简称大连接)及低时延高可靠通信(uRLLC，简称低时延)。

(2) 基础共性能力：包括物联网、云计算、人工智能、大数据和边缘计算五种能力。基础共性能力和5G网络能力相互融合，为5G应用开发与运营提供信息基础设施。

(3) 行业共性能力：在目前已实施的5G典型应用案例基础上提炼出超高清视频、视频监控、VR/AR、无人机和机器人五个行业共性能力。行业共性能力犹如5G应用中的神经末梢，担负着信息收集、展现与执行的重要作用，是5G垂直行业应用中的关键组成部分。

(4) 共性业务：5G的应用涵盖个人与垂直行业应用。个人应用主要涉及文体娱乐行业，垂直行业包括政务与公用事业、工业、农业、医疗、交通运输、金融、旅游、教育、电力 9 大行业。5G 在各行业的应用各有特性，但根据它们的共性可归纳为 4 类 5G 共性业务，即远程设备操控、目标与环境识别、超高清与 XR 播放、信息采集与服务(见表 5-4)。

表 5-4 不同 5G 共性业务所涉及的 5G 能力

共性业务	5G 网络能力			基础共性能力					行业共性能力					
	大带宽	大连接	低时延	人工智能	物联网	云计算	大数据	边缘计算	超高清视频	视频监控	VR	AR	无人机	机器人
远程设备操控	√		√	√		√	√	√						√
目标与环境识别	√		√	√		√	√	√		√		√	√	√
超高清与 XR 播放	√		√	√		√		√	√		√	√		
信息采集与服务		√			√	√	√							

① 远程设备操控：操作人员利用 5G 的大带宽和低时延能力，结合人工智能、边缘计算、云计算和大数据，在人工或机器感知识别远方环境后，对远端的设备进行操作和控制。该类业务可用于危险环境中的设备操作，提升设备操控效率，解决专家资源不足的问题，例如工业中的远程操控，农业中的农机操控，医疗中的远程诊断与远程手术，交通中的远程驾驶，龙门吊操控及无人叉车操控等。

② 目标与环境识别：利用 5G 的大带宽和低时延能力，将传感设备(固定安装或安装于无人机、机器人的摄像头，人员佩戴的 AR 眼镜以及激光雷达等其他传感设备)感知的环境或目标物信息，传送到云计算或边缘计算平台，利用人工智能以及大数据能力，识别环境或目标物。该类业务可用于公共场所(城市、小区、园区、景区、博物馆、影院和校园等)和交通工具内(公交车、城轨、火车等)的智能安防(目标人员识别、车辆识别、危险品识别等)，公共基础设施(桥梁、涵洞、道路、铁路等)和工业设施(工业生产设备、电力设备与线路等)的形变与质量监测，环境(河流、湖泊、森林等)监测，工业制造产品的质量检验，医疗中的诊断与手术识别等。

③ 超高清与 XR 播放：利用 5G 的大带宽和低时延能力，将存储于云计算平台和边缘计算平台的超高清视频、VR/AR 内容，通过超高清显示屏、VR 头盔、AR 眼镜呈现给用户。该类业务可广泛应用于政务大厅、银行、景区、酒店、博物馆、电影院等公共场所，教育、体育、展会演出、云游戏等服务行业。

④ 信息采集与服务：利用 5G 的大连接能力，将传感器感知的环境信息和设备状态信息，交易过程中收集的用户行为信息与工作流程信息，在云计算平台汇聚和共享，通过大数据处理，对环境、设备、交易、行为、流程等进行洞察、决策与优化，并将结果呈现在终端设备上。该类业务广泛应用于政务、工业、农业、交通、金融、旅游、电力等行业，主要进行用户服务、经营决策、流程优化与监控管理等。

5G 网络能力、基础共性能力、行业共性能力三者的结合，称为 5G 能力，其与 5G 共性业务及具体应用的关系如图 5-18 所示。

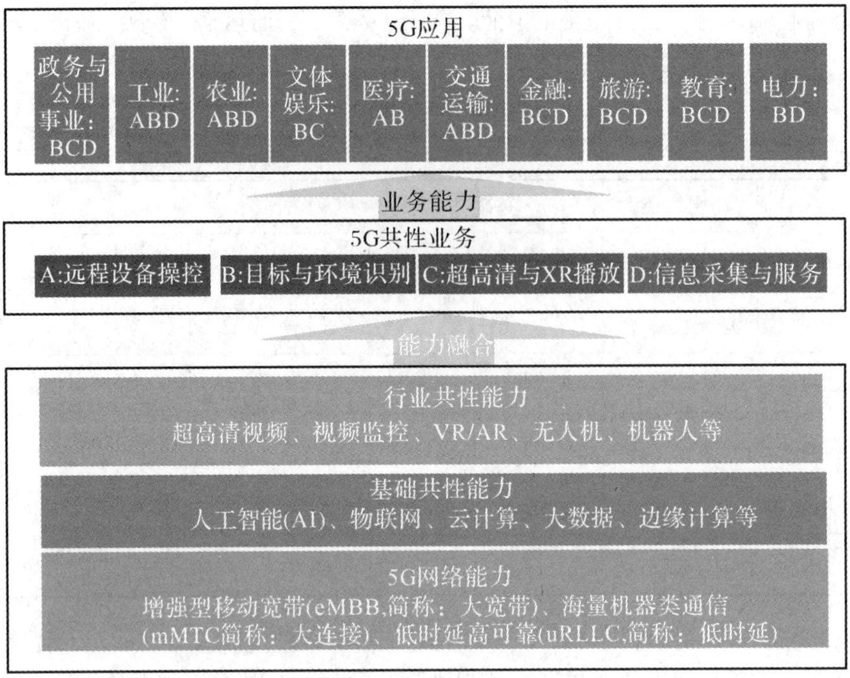

5G应用

政务与公用事业：BCD | 工业：ABD | 农业：ABD | 文体娱乐：BC | 医疗：AB | 交通运输：ABD | 金融：BCD | 旅游：BCD | 教育：BCD | 电力：BD

业务能力

5G共性业务

A:远程设备操控 | B:目标与环境识别 | C:超高清与XR播放 | D:信息采集与服务

能力融合

行业共性能力
超高清视频、视频监控、VR/AR、无人机、机器人等

基础共性能力
人工智能(AI)、物联网、云计算、大数据、边缘计算等

5G网络能力
增强型移动宽带(eMBB,简称：大宽带)、海量机器类通信(mMTC简称：大连接)、低时延高可靠(uRLLC,简称：低时延)

图 5-18　5G 能力、5G 共性业务与 5G 应用的关系

5.3.2　5G 典型应用领域及案例

目前在国内外市场，5G 相关应用已开始在部分行业出现，包括政务与公用事业、工业、农业、文体娱乐、医疗、交通运输、金融、旅游、教育和电力十大行业、35 个细分应用领域（见表 5-5）。5G 应用是 5G 共性业务在不同行业、细分应用领域及应用场景中的具体应用。

表 5-5　5G 重点应用行业及细分应用领域

政务与公用事业	工业	农业	文体娱乐	医疗
智慧政务 智慧安防 智慧城市基础设施 智慧楼宇 智慧环保	智慧制造 远程操控 智慧工业园区	智慧农场 智慧林场 智慧畜牧 智慧渔场	视频制播 智慧文博 智慧院线 云游戏	远程诊断 远程手术 应急救援
交通运输	金融	旅游	教育	电力
车联网与自动驾驶 智慧公交 智慧铁路 智慧机场 智慧港口 智慧物流	智慧网点 虚拟银行	智慧景区 智慧酒店	智慧教学 智慧校园	智慧新能源发电 智慧输变电 智慧配电 智慧用电

1. 政务与公用事业

在工厂车间中绝大部分的基础设施将继续通过有线连接的同时，打造更智能的工厂、增加工人和支持工厂资产移动性可为大带宽和高安全性的无线解决方案创造机会，并可通过 5G 实现。

表 5-6　政务与公用事业与 5G 共性业务

行业	细分应用领域	5G 应用价值与应用场景	远程设备操控	目标与环境识别	超高清与 XR 播放	信息采集与服务
政务与公用事业	智慧政务	提升驻地或远程政务服务能力：政府大厅、移动监察、移动审批等			√	√
	智慧安防	提升安防反应速度与管理水平：城区、社区、园区		√		
	智慧城市基础设施	提升城市基础设施管理水平：道路、桥涵、排水、照明、电力、燃气、给排水、垃圾设施		√		√
	智慧楼宇	提升楼宇管理水平：电力、空调、给排水、燃气、安防、门禁、电梯、停车		√		√
	智慧环保	提升环境管理水平，降低污染：空气、水、土壤、生活垃圾、工业排放		√		√

(1) 智慧政务类。案例：

广州南沙区 5G 电子政务中心

广州市南沙区政务服务数据管理局在南沙区政务中心启动 5G 网络+应用试点，实现群众办事“毫秒办”。目前已提供办事材料高速上传、“微警认证”人脸识别、在线实时排队三项服务。未来将实现 VR 政务服务、AI 引导、远程办事、移动审批、大厅人流监控等服务与管理功能。

(2) 智慧安防类。案例：

博鳌论坛 5G+AR 智慧安防

博鳌论坛 5G+AR 智慧安防解决方案，警察佩戴 5G AR 安防智能警用头盔，利用 5G 网络将视频画面或声音信息实时回传到指挥中心的云平台，再结合人工智能视频分析技术，将识别的车辆信息、人员信息和语音信息通过 5G 网络传回头盔，并与头盔 AR 眼镜中的目标物叠加呈现给警察，为现场执法提供实时的信息支持，使安防保障与区域管控的效率和准确性得到提升。

(3) 智慧城市基础设施类。案例：

成都道路桥梁监管服务中心 5G+AI 智慧道桥

成都智慧道桥监控商用项目，通过巡检车上的 4K 像素摄像头，实时监测高架桥上的路面情况，将实时画面通过5G网络发送至市城管委道桥监管服务中心AI分析平台，智能判别高架桥的主要病害。现已能识别路面沉陷、坑槽、裂缝、破损、网裂、拥包等病害。项目二期可对路面积水进行监控，三期可在道桥因重大交通事故或自然灾害堵塞时使用无人机巡检。

（4）智慧楼宇类。案例：

SOHO中国5G智能楼宇

SOHO全面启动北京地区16座楼宇的5G网络部署与智慧楼宇建设。基于5G网络，实现楼宇综合管理，涵盖照明管理、节能管理、环境监测、智能抄表、安防监控、电梯监控、智能泊车等。

（5）智慧环保类。案例：

千岛湖5G智慧治水

千岛湖是浙江重要的淡水资源。借助5G网络，实现无人机巡更、高清视频实时监控、VR远程精细化控制等监控管理手段，并通过物联网平台、人工智能、大数据等技术进行多维度分析，精确决策，达到对水域科学治理的目的。

2. 工业

当前，5G在工业中的应用主要体现在智慧制造、远程操控、智慧工业园区3个细分应用领域，它们与5G共性业务的关系如表5-7所示。远程设备操控（工业生产设备、物料运送设备等）是5G在工业中的主要应用，另外还采用目标与环境识别（产品检测、工业园区安全管控等）、信息采集与服务（工业生产管理和园区管理等）。

表5-7　工业与5G共性业务

行业	细分应用领域	5G应用价值与应用场景	远程设备操控	目标与环境识别	超高清与XR播放	信息采集与服务
工业	智慧制造	提升工业生产管理水平：环境监控、物料供应、产品检测、生产监控、设备管理	√	√		√
	远程操控	提升远程操控工业设备的安全性与效率：安保巡检、远程采矿、远程施工、运输调度	√			
	智慧工业园区	提升工业园区管理水平：安全管控、制造管控、智慧交通	√	√		√

（1）智慧制造类。案例1：

三一重工5G智能制造

以5G为核心的工业互联网，已贯穿三一重工主业务流程，完成8类共31个细分场景应用。在基站建设方面，仅北京园区就已经完成了12个宏站建设、141个室分部署。在“灯塔工厂”建设方面，18号厂房已实现智慧物流系统、三现视频数据、数字化工位管理、智能工厂CPS等智能应用：基于5G的智慧物流，云化的AGV实现工厂物料搬运的智能化及无人化；基于5G的三现视频数据智能应用，通过AI图像识别，实现安全帽的自动识别等智能管理，提升管理效率；基于5G的数字化工位管理，实现对工位的人机料法环全要素的识别和优化；基于 5G＋工业互联网的虚实结合，打造智能工厂 CPS；基于 5G 的 AR/MR 应用，实现旋挖钻机的模拟驾驶培训等。在产品方面，三一全球首台 5G 挖掘机、三一电动无人搅拌车、三一无人路机等智能化产品井喷式出场，企业数字化水平业界领先。

案例 2：

杭汽轮集团等 5G 三维扫描建模检测系统

杭汽轮集团、浙江中控、新安化工等企业，通过基于激光的三维扫描建模检测系统，精确快速获取物体表面三维数据并生成三维模型，通过 5G 网络实时将测量得到的海量数据传输到云端，由云端服务器快速处理比对，确定实体三维模型是否和原始理论模型保持一致。对部件的检测时间从 2～3 天降低到了 3～5 分钟，在实现产品全量检测的基础上还建立了质量信息数据库，便于后期对质量问题的分析追溯。

案例 3：

新安化工等 5G 智能制造

中控集团、新安化工利用 5G 网络，实现工业数据采集及控制系统。新安化工生产流程严格，拥有液压监测、漏气监测、压力控制、闸门控制等数以千计的数据采集点。在 5G 智能制造的解决方案中，新安化工园的多个数据采集终端通过 PLC 汇聚后接入 5G 网络，实现控制平台实时监测，一旦发现数据异常，立即报警并启动反向控制系统。该项创新业务使工业数据采集终端摆脱传统有线的部署方式，依托高可靠的 5G 网络进行数据传输及控制，降低了企业成本，大幅提升了生产效率。

(2) 远程操控类。案例：

河南洛阳栾川钼矿无人矿山

2019 年世界移动通信大会上，工作人员在现场操作台前启动了远在河南洛阳栾川钼矿的全球第一台 5G 遥控挖掘机，完成了挖掘、回转、装车等复合动作，且操作误差控制在 10 厘米以内。在河南洛阳栾川钼矿，不但有全球第一台 5G 遥控挖掘机，还有 30 辆无人驾驶的纯电动运输车，利用 5G 网络，将矿区无人驾驶车的位置、车辆环境、车辆工作状态等数据回传到边缘计算和云计算平台，进一步通过 5G V2X 通信系统和远程智能调度监控平台，实现车辆远程操控、车路融合定位、精准停靠、自主避障等功能。栾川钼矿是全球第一家采用 5G 技术的无人矿山。

(3) 智慧工业园区类。案例：

威海 5G 产业园区

威海综合保税区新兴发展公司与日海智能科技股份有限公司合作，共同建设威海 5G 产业园区。在园区试点智能机器人巡检，部署智能感知系统，实现进出卡口、人流密集区域的车辆及人员的智能监控与识别跟踪、远距离目标自动发现等功能，并将其广泛应用于园区的公共安全与治理。

3. 农业

当前，5G 在农业中的应用主要体现在智慧农场、智慧林场、智慧畜牧和智慧渔场 4 个细分应用领域，它们与 5G 共性业务的关系如表 5－8 所示。目标与环境识别(农场的农作物监测，林场的森林资源、病虫害、野生动植物、森林防火监测，畜牧的草场监测、牲畜疫情与生长监测，渔场监测及水产品生长情况监测等)和信息采集与服务(农业生产管理、水质监测等)是 5G 在农业中的主要应用，智慧农场也采用远程设备操控(农机设备)。

表 5-8　农业与 5G 共性业务

行业	细分应用领域	5G 应用价值与应用场景	远程设备操控	目标与环境识别	超高清与 XR 播放	信息采集与服务
农业	智慧农场	提升农场生产管理水平：远程农机设备操控、农作物监测、农机设备自动化作业	√	√		√
	智慧林场	提升林场管理水平：森林资源、病虫害、野生动植物、森林防火监测		√		√
	智慧畜牧	提升畜牧生产管理水平：牲畜跟踪、草场监测、牲畜疫情与生长监测		√		√
	智慧渔场	提升渔场生产管理水平：渔场监测、水质监测、水产品生长情况监测、精准鱼食投放		√		√

（1）智慧农场类。案例：

淄博临淄区禾丰 5G 智慧农场

山东理工大学利用 5G 网络、人工智能图像识别、卫星遥感、大数据等技术，驱动各类无人驾驶农机装备，实现自动化作业，包括航空植保无人机、无人驾驶高地隙植保机、旋耕机、玉米播种机、无人喷灌系统等，将其应用于小麦和玉米耕、种、管等环节，实现安全可靠、环保节能的农场作业，打造全国首个示范性生态无人农场。

（2）智慧林场类。案例：

成都大邑西岭雪山 5G 智慧林场

成都大邑县利用 5G 网络、人工智能和无人机，在西岭雪山景区寻找迷路游客。5G 无人机实时回传画面，通过人工智能分析，判别画面中的人与物，应急救援指挥中心根据视频画面迅速锁定迷路游客的位置坐标，指挥属地救援队将被困游客带至安全地带。

（3）智慧畜牧类。案例：

广西扬翔 5G 智慧畜牧

广西扬翔利用 5G 网络、视频监控、图像识别和红外线测温等技术，实现 5G 智慧畜牧应用。广西扬翔是广西贵港养殖业龙头企业，拥有亚洲最大的 13 层楼房养猪场。在广西扬翔的 5G 智慧畜牧解决方案中，可记录每头生猪的身长、体温、进食次数、运动量，分析生猪的健康值；通过生猪的咳嗽、叫声等判断是否患病，提前预警疫情，提高母猪生产能力。

（4）智慧渔场类。案例：

威海爱伦湾 5G 智慧渔场

威海爱伦湾国家级海洋牧场利用 5G 网络，通过在海洋牧场上架设的全景高清摄像装备，实现对牧场的 24 小时全景监控应用，水产养殖管理人员通过手机在办公室或者家中就可以观察水产品生长情况，根据牧场养殖水域水下实际情况观测距离最远可达 10 米。

4. 文体娱乐

当前，5G 在文体娱乐中的应用主要体现在视频制播、智慧文博、智慧院线和云游戏 4 个细分应用领域，它们与 5G 共性业务的关系如表 5-9 所示。目标与环境识别(活动现场、博物馆与院线的安全监控、基于人脸识别的智能检票等)和超高清与 XR 播放是 5G 在文体娱乐中的主要应用。

表 5-9　文体娱乐与 5G 共性业务

行业	细分应用领域	5G 应用价值与应用场景	远程设备操控	目标与环境识别	超高清与 XR 播放	信息采集与服务
文体娱乐	视频制播	基于超高清视频、VR 全景、AR 影像的新兴媒体制播：体育赛事、演出、展会；重大活动的安全监控		√	√	
	智慧文博	提升博物馆的展现能力和管理水平：智能检票、游客导航与统计、智能讲解、展品安全、XR 播放		√	√	
	智慧院线	提升院线内容展现能力和管理水平：智能检票、片源远程发行与存储、XR/超高清播放		√	√	
	云游戏	提供基于云及新型媒体游戏：VR、AR、超高清视频游戏			√	

(1) 视频制播类。案例：

中央广播电视总台 5G 新媒体平台

中央广播电视总台 5G 新媒体平台是我国第一个基于 5G 技术的国家级新媒体平台，它将 5G 与 4K、8K、VR 等技术结合，支持超高清信号的多路直播回传，构建超高清直播节目的多屏、多视角应用场景。2020 年 5 月 27 日以 5G+4K+VR 云游珠峰慢直播方式，与全国人民共同见证了高程测量登山队冲顶时刻，领略珠峰之美。

(2) 智慧文博类。案例：

湖南省打造全球首家 5G 智慧博物馆

湖南省博物馆打造全球首家 5G 智慧博物馆。游览者不仅能享受到全馆 5G 高速网络，还能体验高清 4K 直播、VR 漫游、全息汉服秀等 5G 新应用，感受虚拟场景，体验虚拟文物，近距离和文物互动。

(3) 智慧院线类。案例：

深圳大地电影院 5G 院线应用

深圳大地电影院线通过 5G 网络，在影院内提供直播、数字化快闪、电竞游戏等服务。

(4) 云游戏类。案例：

完美世界游戏、电信集团和号百控股共同开发的《新神魔大陆》云游戏

完美世界游戏和电信集团及号百控股共同开发的《新神魔大陆》是 5G 商用以来中国电

信首款重磅推荐的云游戏，《新神魔大陆》在游戏底层虽然不是完全基于云游戏制作，但是它已经具有了云游戏的一切特征：免下载、跨终端、高自由度、自适应画面等。

5. 医疗

当前，5G在医疗中的应用主要体现在远程诊断、远程手术和应急救援3个细分应用领域，它们与5G共性业务的关系如表5-10所示。远程设备操控（远程机器人超声、远程机器人手术等）、目标与环境识别（手术识别、病情识别等）是5G在医疗中的主要应用。

表5-10　医疗与5G共性业务

行业	细分应用领域	5G应用价值与应用场景	远程设备操控	目标与环境识别	超高清与XR播放	信息采集与服务
医疗	远程诊断	为病人进行远程诊断：远程会诊、远程机器人超声诊断、远程查房	√			
	远程手术	为病人进行远程手术：远程机器人手术、远程手术示教、远程手术指导	√	√		
	应急救援	为病人进行应急救援：远程指导救护车或现场的应急救援与救治、120救护车交通疏导		√		

（1）远程诊断类。案例：

郑州大学第一附属医院5G远程诊断

郑州大学第一附属医院利用5G网络实现远程诊断和5G远程机器人查房等应用。5G远程诊断包括：超声专家在医生端操控B超影像系统和力反馈系统，通过5G网络，远程控制患者端的机械臂及超声探头，实现远程超声检查，专家通过4K摄像头可与患者进行视频交互。5G远程机器人查房是指通过5G网络，远端医生采用操纵杆或者APP控制软件，控制机器人移动到指定病床，然后调整机器人头部的屏幕和摄像机角度，与患者进行高清视频交互。

（2）远程手术类。案例：

解放军总医院5G远程手术

解放军总医院利用5G网络和手术机器人实施远程手术。位于海南的神经外科专家通过5G网络实时传送的高清视频画面远程操控手术器械，成功为身处中国人民解放军总医院（北京）的一位患者完成了脑起搏器植入手术。5G网络大带宽与低时延特性，有效地保障了远程手术的稳定性、可靠性和安全性。

（3）应急救援类。案例：

浙大二院5G救护车远程诊断

浙大二院利用5G网络、远程B超和摄像头等，帮助浙大二院滨江院区的医生获得救护车上的视觉信息，实时监测获取救护车中患者的生命体征数据，如心电图、超声图像、血压、心率、氧饱和度、体温等信息。医护人员通过5G进行人脸识别，迅速连接医疗数据库，确定患者身份，找出病人档案，在患者到达前进行诊断和手术准备。

6. 交通运输

当前，5G在交通运输中的应用主要体现在车联网与自动驾驶、智慧公交、智慧铁路、智慧机场、智慧港口和智慧物流6个细分应用领域，它们与5G共性业务的关系如表5-11所示。目标与环境识别(车辆环境识别，公交、铁路、机场、港口与物流园区的安防监控等)、信息采集与服务(交通运输管理和用户信息服务)是5G在交通运输中的主要应用，另外车联网与自动驾驶、智慧港口和智慧物流还采用远程设备操控(车辆的远程驾驶，港口龙门吊、物流园区无人叉车与分拣机器人的远程操控等)。

表5-11　交通运输与5G共性业务

行业	细分应用领域	5G应用价值与应用场景	远程设备操控	目标与环境识别	超高清与XR播放	信息采集与服务
交通运输	车联网与自动驾驶	提升道路交通管理能力：车载信息、车辆环境感知、V2X网联驾驶、远程驾驶、自动驾驶、智慧交通	√	√		√
	智慧公交	提升公交管理水平：公交车、出租车和城轨的调度，公交车、城轨及其车站的安防监控		√		√
	智慧铁路	提升铁路运输的管理水平：列车与集装箱监控、调度和管理，铁路线路、列车车站和客流监控管理		√		√
	智慧机场	提升机场管理水平：地面交通与空中交通的调度与监控管理，候机大厅、客流和行李的监控管理		√		√
	智慧港口	提升港口管理水平：龙门吊远程操控、船联网数据回传、港口园区交通管理、安全监控和优化规划	√	√		√
	智慧物流	提升物流管理水平：物流园区、仓库安全监控与管理，设备远程操控，货车及驾驶员的调度与管理	√	√		√

（1）车联网与自动驾驶类。案例：

上汽集团 C-V2X 智能出行

上汽集团利用 C-V2X（包含现阶段 4G 和未来 5G）网络，实现近距/超车告警、前车透视、十字路口预警、交通灯预警、行人预警、交叉路口免碰撞提醒、十字路口车速引导、交通灯信息下发、绿波带、“最后一公里”等智能出行应用。

（2）智慧公交类。案例：

宇通 5G 无人驾驶公交线路

宇通在郑州郑东新区智慧岛的开放道路上试运行 5G 无人驾驶公交线路，提升了自动驾驶车辆车载系统与自动驾驶平台的数据交互效率，将响应时间从 4G 的平均 50 毫秒减少到 10 毫秒左右。试乘路段上有一系列的行驶场景，如巡线行驶、自主避障、路口同行、车路协同、自主换道、精准进站等。

（3）智慧铁路类。案例：

广深港高铁 5G 智慧车站

广深港高铁利用 5G 网络建设智慧车站平台，提供智能引导、智能安检及智慧旅途等服务，实现铁路生产安全作业管控、铁路集装箱货物调度管理、智慧车站建设及综合安防监控管理等应用。

（4）智慧机场类。案例：

北京大兴 5G 智慧机场

东方航空在大兴机场以“5G＋人脸识别”为基础，结合 AR、AI 等技术，打造“一脸通行”、行李追踪、AR 眼镜识别等 5G 智慧出行服务。“一脸通行”助力旅客从值机、贵宾室到登机全过程均可刷脸通行，无须出示身份证或者登机牌等证件，为旅客带来“路路通”的体验，缩短人工查验时间和旅客登机时间。

（5）智慧港口类。案例：

舟山港 5G 智慧港口

宁波舟山港通过 5G 网络实现对龙门吊的安全监控和远程处置调度，全方位感知港口运输的每个环节，为港口向无人化、智能化港口发展转型奠定基础。

（6）智慧物流类。案例：

苏宁物流 5G 无人配送车

苏宁物流在南京利用 5G 网络实现无人车配送。基于 5G 网络，后端管理人员可以通过车身上的 360°环视摄像头，看到无人车的实时运行状态。遇到紧急情况如交通障碍，可对无人车做人工接管和远程控制。无人车还可以有效识别红绿灯，与周围车辆、交通环境产生实时交互，制定十字路口通行策略。

7. 金融

当前，5G 在金融中的应用主要体现在智慧网点和虚拟银行两个细分应用领域，它们与 5G 共性业务的关系如表 5-12 所示。目标与环境识别（网点安全监控、用户身份识别等）、信息采集与服务（银行业务管理、储户信息服务等）是 5G 在金融中的主要应用，另外虚拟银行还用到超高清与 XR 播放。

表5-12 金融与5G共性业务

行业	细分应用领域	5G应用价值与应用场景	远程设备操控	目标与环境识别	超高清与XR播放	信息采集与服务
金融	智慧网点	提升银行网点的经营管理水平：用户身份识别、远程咨询与服务、自助服务、安全监控		√		√
	虚拟银行	提升银行经营效率：远程用户身份识别、用户征信查询、基于XR的交易服务、授权智能交易终端管理		√	√	√

(1) 智慧网点类。案例：

浦发银行5G智慧网点

浦发银行i-Counter智能柜台通过5G网络为用户提供金融服务。用户可通过4K像素高清视频连接远程服务，既可以与理财顾问沟通，获得更全面的服务信息与更直观的交互体验，也能享受电子银行签约、用户信息修改、卡激活、解挂失等多样化银行服务；网点还配备由虚拟成像技术和AR眼镜组成的沉浸式体验空间，同时提供一系列基于"刷脸"即可实现的交易，比如刷脸登录、打印、转账、取款等。

(2) 虚拟银行类。案例：

鸟瞰智能5G虚拟银行

鸟瞰智能研发推出Wealth A. I. 系统。Wealth A. I. 是一个面向金融人工智能的操作系统，基于Wealth A. I. 的虚拟银行服务产品，可用于用户的各类智能终端，如手机银行助理，采用5G、VR/AR的智慧交互模式，消除银行与用户的物理距离，缩短服务进程。

8. 旅游

当前，5G在旅游中的应用主要体现在智慧景区、智慧酒店两个细分应用领域，它们与5G共性业务的关系如表5-13所示。目标与环境识别(景区与酒店的安防监控等)、超高清与XR播放(景区、酒店等)和信息采集与服务(景区管理与用户信息服务、酒店管理与用户信息服务等)是5G在旅游中的主要应用。

表5-13 旅游与5G共性业务

行业	细分应用领域	5G应用价值与应用场景	远程设备操控	目标与环境识别	超高清与XR播放	信息采集与服务
旅游	智慧景区	提升旅游景区的经营管理水平：旅游线路规划、XR陪伴式导游、安全监控、客流管理、XR/超高清播放		√	√	√
	智慧酒店	提升酒店的经营管理水平：酒店向导、XR娱乐、云游戏、安防监控、商务		√	√	√

（1）智慧景区类。案例：

乐山景区 5G+无人机编队表演

在 2019 年中秋节之际，乐山举办大型无人机编队表演秀。共计 300 架无人机在乐山大佛景区芭蕉林码头统一起飞，在夜空中依次展现漩涡星云、佛光普照、月满中秋、祖国万岁、数动乐山、5G 元年等精彩图案。本次无人机编队表演秀依靠 5G 技术，为无人机提供了编队控制和同步调度。

（2）智慧酒店类。案例：

深圳华侨城洲际大酒店 5G 智慧酒店

深圳华侨城洲际大酒店启动 5G 智慧酒店建设。未来住户可以直接使用自己的手机通过 CPE 接入 5G 网络，体验 5G 下载、上传的高速率；通过 5G 智能机器人享受信息查询、目的地指引、机器人送餐送行李等服务；在会议室使用 5G 视频会议等商务服务；在房间内获得 5G 云 VR 划船机、云游戏、云电脑、4K 像素电影等 5G 增值娱乐服务。

9. 教育

当前，5G 在教育中的应用主要体现在智慧教学、智慧校园两个细分应用领域，它们与 5G 共性业务的关系如表 5-14 所示。其中，智慧教学采用超高清与 XR 播放，智慧校园采用目标与环境识别(安全监控)、信息采集与服务(教学与设备、宿舍管理、学生信息服务等)。

表 5-14　教育与 5G 共性业务

行业	细分应用领域	5G 应用价值与应用场景	远程设备操控	目标与环境识别	超高清与 XR 播放	信息采集与服务
教育	智慧教学	提升教学质量：XR 互动与体验教学、远程高清教学、虚拟操作培训			√	
	智慧校园	提升校园管理水平：安全监控、教学与设备管理、宿舍管理		√		√

（1）智慧教学类。案例：

北京邮电大学 5G+4K 全息投影远程直播授课

北京邮电大学采用 5G 网络与全息直播技术，实现两校区同上一门课。在远端教室，授课教师的三维全息投影人像清晰呈现，如同站在本教室讲台上为大家实时授课。教室里还配备了 AI 助学机器人，在现场针对课程内容进行提问互动。

（2）智慧校园类。案例：

北京师范大学 5G 智慧校园安防

北京师范大学在昌平校区采用 5G 智慧校园安防相关应用。360°摄像机在巡逻过程中实时采集图片及视频数据，通过 5G 网络传送至监控平台，利用人脸识别分析与授权获取的校园数据库中的师生身份信息进行比对，精确区分人员身份，辨别陌生人及访客。

10. 电力

当前，5G 在电力中的应用主要体现在智慧新能源发电、智慧输变电、智慧配电和智慧用电 4 个细分应用领域，它们与 5G 共性业务的关系如表 5－15 所示。目标与环境识别(新能源发电设备的监控，输变电、配电设备和线路的监控等)、信息采集与服务(发电、输变电、配电和用电管理，用户用电信息服务等)是 5G 在电力中的主要应用。

表 5－15　电力与 5G 共性业务

行业	细分应用领域	5G 应用价值与应用场景	远程设备监控	目标与环境识别	超高清与 XR 播放	信息采集与服务
电力	智慧新能源发电	提升新能源并网发电效率：风力发电与并网监控管理，太阳能发电与并网监控管理，发电设备监控管理		√		√
	智慧输变电	提升对输电线路和变电站的运维管理水平：输电线路监控管理、变电站监控管理		√		√
	智慧配电	提升对配电线路和配电站的运维管理水平：配电设施监测管理、配电故障定位、配电与负荷自动化控制		√		√
	智慧用电	提升用电管理水平：电信息采集、用电监测、用电分析负载管控、线路损耗管理、计费管理				√

(1) 智慧新能源发电类。案例：

国家电力投资集团 5G 智慧光伏电厂

国家电力投资集团利用 5G 网络在江西光伏电站实现无人机巡检、机器人巡检、智能安防、单兵作业 4 个智慧能源应用场景。在无人机巡检、机器人巡检场景中，电站现场无人机、机器人巡检视频图像实时高清回传至南昌集控中心，实现数据传输从有线到无线，设备操控从现场到远程。

(2) 智慧输变电类。案例：

福建莆田供电公司 5G 输电线路巡检

福建莆田供电公司利用 5G 网联无人机赋能输电线路巡检，实现了电力线路巡查中高清视频的即拍即传，扩大了输电线路智能巡检技术的应用范围。

(3) 智慧配电类。案例：

南方电网 5G 配电网自动化

中国南方电网完成 5G 智能电网的外场测试。5G 网络切片使端到端时延平均达到 10 ms 以内，可满足电网的差动保护和配电网自动化、物理和逻辑隔离等需求，支持传输电力的配网自动化、视频监控与公众业务。

本 章 小 结

(1) 5G 概念：根据中国 IMT－2020(5G)推进组发布的 5G 概念白皮书，综合 5G 关键能力与核心技术，5G 概念可由“标志性能力指标”和“一组关键技术”来共同定义。其中，标志性能力指标为 Gb/s 用户体验速率，一组关键技术包括大规模天线阵列、超密集组网、新型多址、全频谱接入和新型网络架构。

(2) ITU 定义了 5G 三大应用场景：增强型移动宽带(eMBB)、海量机器类通信(mMTC)及低时延高可靠通信(uRLLC)。eMBB 场景主要提升以人为中心的娱乐、社交等个人消费业务的数字化生活通信体验，适用于高速率大带宽的移动宽带业务，如 VR、AR、高清视频、媒体点播等，峰值速率高达 10G b/s。mMTC 和 uRLLC 则主要面向物物连接的应用场景，其中 mMTC 主要满足海量物联的数字化社会通信需求，面向以传感和数据采集为目标的应用场景如智慧城市、智慧官网、智慧农业等，每平方米高达 1 百万个链接；uRLLC 则基于其低时延和高可靠的特点，主要面向垂直行业的数字化工业特殊应用需求，如工业自动化、无人驾驶、远程医疗等，时延要求 1 ms。

(3) 5G 的关键技术包括：超密集组网(UDN)、新型网络架构(C－RAN)、大规模 MIMO、同时同频双工技术、端到端通信(D2D)技术、F－OFDM 技术、NOMA 技术及 LDPC和 Polar 信道编码。

(4) 5G 的应用：涵盖个人与垂直行业应用。个人应用主要涉及文体娱乐行业，垂直行业包括政务与公用事业、工业、农业、医疗、交通运输、金融、旅游、教育、电力九大行业。5G 在各行业的应用各有特性，但根据它们的共性可归纳为四类 5G 共性业务，即远程设备操控、目标与环境识别、超高清与 XR 播放、信息采集与服务。

习题与思考题

1. 什么是 5G？与 4G 相比，5G 具备哪些优势？
2. 阐述 5G 的网络架构。
3. 5G 有哪些技术路线？
4. 5G 有哪些关键技术？每项关键技术的原理是什么？
5. 列举 5G 的典型应用案例。

附录 缩略语

AB	Access Burst	接入突发(脉冲序列)
ADPCM	Adaptive Differential Pulse Code Modulation	自适应差值脉冲编码调制
AGCH	Access Grant Channel	允许接入信道
AIP	Application Interface Part	应用接口部分
AMPS	Advanced Mobile Phone Service	先进移动电话服务
AMR	Alarm Monitor Report	告警、监测报告
APC	Automatic Power Control	自动功率控制
ARQ	Automatic Repeat reQuest	自动重发请求
ASK	Amplitude Shift Keying	移幅键控
ATM	Asynchronous Transfer Mode	异步转移模式
AUC	Authentication Center	鉴权中心
BCC	Base-station Color Code	基站色码
BCCH	Broadcast Control Channel	广播控制信道
BCS	Block Check Sequence	块校验序列
BCH	Broadcast Channel	广播信道
BCU	Base Control Unit	基本控制单元
BER	Bit Error Rate	比特误码率
BSC	Base Station Controller	基站控制器
BSIC	Base Station Identification Code	基站识别码
BSS	Base Station Sub-system	基站子系统
BTS	Base Transceiver Station	基站收发信台
CAI	Common Air Interface	通用空中接口
CBSC	Centralized BSC	集中基站控制器
CCH	Control Channel	控制信道
CCCH	Common Control Channel	公共控制信道
CCITT	International Telegraph and Telephone Consultative Committee	国际电报电话咨询委员会
CCP	CDMA Channel Processor	CDMA 信道处理器
CCPCH	Common Control Physical Channel	公共控制物理信道
CCU	Channel Codec Unit	信道编解码单元
CDMA	Code Division Multiple Access	码分多址
CELP	Code Excited Linear Prediction(Coding)	码激励线性预测(编码)

CI	Cell Identity	小区识别码
CDM	Code Division Multiplexing	码分复用
CMS	CDMA Mobile System	CDMA 移动(通信)系统
CN	Core Network	核心网
CONS	Connection Orientated Network Service	面向连接的网络服务
COT	Central Office Terminal	局端机
CPCH	Common Paceket Channel	公共分组信道
CPICH	Common Pilot Channel	公共导频信道
CRC	Cyclic Redundancy Check	循环冗余校验
CS	Coding Scheme	编码方案
CS	Circuit Switch	电路交换
CS - ID	Cell Station Identity	基站识别号
CSMA - CD	Carrier Sense Multiple Access Collision Detection	带冲突检测的载波侦听多路访问
DB	Dummy Burst	空闲突发(脉冲序列)
DCA	Dynamic Channel Allocation	动态信道分配
DCH	Dedicated Channel	专用信道
DCCH	Dedicated Control Channel	专用控制信道
DL	Downlink	下行链路
DOA	Direction of Arrival	到达角
DPCH	Dedicated Physical Channel	专用物理信道
DPCCH	Dedicated Physical Control Channel	专用物理控制信道
DS	Direct(Sequence)Spread(Spectrum)	直(接序列频谱)扩(展)
DSCH	Downlink Shared Channel	下行共享信道
DSI	Digital Speech Interpolation	数字语音插空
DSP	Digital Signal Process	数字信号处理
DTMF	Double Tone Multi-Frequency	双音多频
DTX	Discontinuous Transmission	间断传输
DwPTS	Downlink Pilot Time Slot	下行导频时隙
EDGE	Enhanced Data Rate for GSM Evolution	GSM 演进的增强数据速率
EIR	Equipment Identity Register	设备识别寄存器
ERP	Equipment Radiated Power	等效辐射功率
ETSI	European Telecommunication Standard Institute	欧洲电信标准协会
FACCH	Fast Associated Control Channel	快速随路控制信道
FACH	Forward Access Channel	前向接入信道
FB	Frequency-correction Burst	频率(校正)突发(脉冲序列)
FBI	Feedback Information	反馈信息
FCCH	Frequency Correction Channel	频率校正信道
FCS	Frame Check Sequence	帧校验序列

FDD	Frequency Division Duplex	频分双工
FDM	Frequency Division Multiplexed	频分复用
FDMA	Frequency Division Multiple Access	频分多址
FEC	Forward Error Correction	前向纠错
FER	Frame Error Ratio	误帧率
FH	Frequency Hopping	跳频
FM	Frequency Modulation	调频
FMUX	Flexible MUltipleXer	灵活复用器
FOX	Fiber Optic Extender	光纤扩展(模块)
FPACH	Fast Physical Access Channel	快速物理接入信道
FR	Frame Relay	帧中继
FSK	Frequency Shift Keying	频移键控
FSU	Fixed Subscriber Unit	固定(电话)用户单元
GCI	Global Cell Identity	全球小区识别码
GGSN	Gateway GPRS Supporting Node	网关 GSN
GLI	Group Link Interface	群线路接口
GMSC	Gateway MSC	网关 MSC
GMSK	Gauss-Minimum Shift Keying	高斯最小频移键控
GPRS	General Packet Radio Service	通用分组无线业务
GPS	Global Position System	全球定位系统
GSM	Global System for Mobile Communication	全球移动通信系统
GSN	GPRS Supporting Node	GPRS 支持节点
GTP	GPRS Tunnel Protocol	GPRS 隧道协议
GW	Gateway	网关
HCOMB	Hybrid Combiner	混合合路器
HLR	Home Location Register	归属位置寄存器
HON	Handover Number	切换号码
HSTP	High Signaling Transfer Point	高级信令转接点
IADU	Intergrated Antenna Distribution Unit	天线分配单元
ID	Identification/Identity/Identifier	识别/识别码/标识符
IDC	Instant (Frequency)Departure Circuit	瞬时频偏控制电路
IF	Intermediate Frequency	中频
IMEI	International Mobile Equipment Identity	国际移动设备识别码
IMSI	International Mobile Subscriber Identity	国际移动用户识别码
IMT2000	International Mobile Telecommunication 2000	国际移动电信 2000
IP	Inernet Network Protocol	互联网协议
IPv4	IP vision 4	IP 版本 4
ISDN	Integrated Service Digital Network	综合业务数字网
ISO	Internatioal Organization for Standardization	国际标准化组织

ISP	Internet Service Provider	互联网服务提供商
ISUP	ISDN User Part	ISDN 用户部分
ITU	International Telecommunication Union	国际电联
IWF	Inter Working Function	互联功能
LA	Location Area	位置区
LAC	Location Area Code	位置区代码
LAI	Location Area Identifier	位置区标识
LAN	Local Area Network	局域网
LCI	LPA Controller Interface	线性功率放大控制器接口
LCS	Location Service	定位服务
LCL	Leak Coaxial Line	泄漏同轴电缆
LLC	Logical Link Control	逻辑链路控制
LNA	Low Noise Amplifier	低噪声放大器
LPA	Linear Power Amplifer	线性功率放大器
LPC	Linear Predictive Coding	线性预测编码
LS	Local Switch	本地局
LSTP	Low Signaling Transfer Point	低级信令转接点
MAC	Medium Access Control	媒体接入控制
MAP	Mobile Application Part	移动应用部分
MC	Multi Carrier-wave	多载波
MCC	Mobile Country Code	移动国家代码
MCC	Multi-Channel CDMA Controller	多信道 CDMA 控制器
MCPP	Mobile Call Processing Part	移动呼叫处理部分
MCU	Main Control Unit	主控制单元
ME	Mobile Equipment	移动设备
MM	Mobile Management	移动性管理器
MS	Mobile Station	移动台
MSC	Mobile Service Switching Center	移动业务交换中心
MSISDN	Mobile Subscriber ISDN Number	移动用户 ISDN 号
MSRN	Mobile Subscriber Roaming Number	移动用户漫游号码
MT	Mobile Terminated	移动终端
MTP	Message Transfer Protocol	消息传输协议
MSK	Minimum(Frequency)Shift Keying	最小频移键控
MUD	Multi-User Detection	多用户检测
MX	Mobile Exchange	移动交换机
NB	Normal Burst	普通突发(脉冲序列)
NCC	Network Color Code	网络色码
NDC	National Destination Code	国内目的码
NIU	Network Interface Unit	网络接口单元

N - PDU	Network PDU	网络协议数据单元
NSAPI	Network SAPI	网络 SAPI
NSS	Network Subsystem	网络子系统
OAM	Operation And Maintenance	操作和维护
OMC	Operation Maintenance Center	操作维护中心
OSI	Open Systems Interconnected	开发系统互联
OSS	Operation Subsystem	操作子系统
P - TMSI	Packet Temporary Mobile Subscriber Identity	分组临时移动用户识别码
PACCH	Packet Associated Control Channel	分组随路控制信道
PAD	Packet Assembler/Disassembler	分组装拆器
PAGCH	Packet AGCH	分组 AGCH
PAS	Personal Access System	个人通信接入系统
PBCCH	Packet BCCH	分组 BCCH
PC	Power Control	功率控制
PCCCH	Packet CCCH	分组 CCCH
PCF	Packet Control Function	分组控制功能
PCH	Paging Channel	寻呼信道
PCM	Pulse Code Modulation	脉冲编码调制
PCPCH	Physical Common Packed Channel	物理公用分组信道
PCU	Packet Control Unit	分组控制单元
PD	Path Delay	路径时延
PDCH	Packet Data Channel	分组数据信道
PDCCH	Packet Data Control Channel	分组数据控制信道
PDN	Packet Data Network	分组数据网络
PDP	Packet Data Protocol	分组数据协议
PDSCH	Physical Downlink Shared Channel	物理下行共享信道
PDSN	Packet Data Service Node	分组数据服务节点
PDTCH	Packet Data Traffic Channel	分组数据业务信道
PDU	Packet Data Unit	分组数据单元
PDU	Power Distribution Unit	电源分配单元
PHS	Personal Hand-phone System	个人手机系统
PICH	Paging Indication Channel	寻呼指示信道
PIN	Personal Identification Number	个人识别码
PLL	Phase-Locked Loop	锁相环路
PLMN	Public Lands Mobile Network	分组陆地移动网络
PN	Pseudo-Noise	伪噪声
PNCH	Packet Notification Channel	分组通知信道
PPCH	Packet PCH	分组 PCH
PPP	Point-to-Point Protocol	点到点协议

PRACH	Packet RACH	分组 RACH
POTS	Primal Old Telephone System	普通老式电话系统
PS	Packet Switch	分组交换
PS	Personal Station	个人台(手机)
PSC	Primary Sync Code	主同步码
PSK	Phase Shift Keying	移相键控
PLSC	Personal Location Service Center	定位服务中心
PSPDN	Packet Switched Public Data Network	公众分组交换数据网
PSTN	Public Switching Telephone Network	公众电话交换网
PTCH	Packet TCH	分组 TCH
PTM	Point-to-Multipoint	点到多点
PTM - G	Point-to-Multipoint Group Call	点到多点群呼业务
PTM - M	PTM Multicast	PTM 多播
PTP	Point-to-Point	点到点
PUK	Personal Unlock	个人(SIM 卡)解锁码
QCELP	Qualcomm CELP	Qualcomm 码激励线性预测
QoS	Quality of Service	服务质量
QPSK	Quaternary Phase Shift Keying	四相移相键控
RA	Routing Area	路由区
RAC	Routing Area Code	路由区代码
RACH	Random Access Channel	随机接入信道
RAI	Routing Area Identity	路由区识别码
RAN	Radio Access Network	无线接入网
RAND	Random	随机数
RCP	Radio Control Protocol	无线(链路)控制协议
RF	Radio Frequency	无线频率
RFDS	Radio Frequency Diagnose Subsystem	射频诊断子系统
RLC	Radio Link Control	无线链路控制
RP	Radio Port	基站
RPC	Radio Port Controller	基站控制器
RPE - LTP	Regular Pulse Excited - Long Term Predition	规则脉冲激励长期线性预测
RRC	Radio Resource Controller	基站控制器
RSL	Radio Signaling Link	无线信号链路
RSSI	Received Signal Strength Indicator	接收信号强度
RTD	Round Trip Delay	环回时延
RTNMS	Real-Time Network Management System	实时网络管理系统
SACCH	Slow Associated Control Channel	慢速随路控制信道
SAP	Service Access Point	业务接入点
SAPI	Service Access Point Identity	业务接入点标识

SB	Sync Burst	同步突发(脉冲序列)
SCCP	Signaling Connect Control Part	信令连接控制部分
SCH	Sync Channel	同步信道
SDCCH	Stand-alone Dedicate Control Channel	独立专用控制信道
SDMA	Space Division Multiple Access	空分多址
SGSN	Service GPRS Supproting Node	服务 SGSN
SID	Silence Description	寂静描述
SIF	Station Interface	基站接口
SIM	Subscriber Identity Module	用户识别模块
SIR	Signaling Interface Rate	信噪比
SMGW	Short Message Gateway	短消息网关
SMSC	Short Message Service Center	短消息中心
SMS	Short Message Service	短消息业务
SN	Subscriber Number	用户号码
SNDCP	Subnetwork Dependent Convergence Protocol	子网依赖汇聚协议
SP	Signaling Point	信令点
SRES	Signed Response(authentication)	已签字的(鉴权)响应
SS	Switching Subsystem	交换子系统
SSDT	Site Selection Diversity Transmission	站点选择发射分集
TA	Time Advance	时间提前
TACS	Total Access Communication System	全接入通信系统
TCAP	Transaction Capabilities Application Part	事务处理能力应用部分
TCH	Traffic Channel	业务信道
TCU	Transceiver Control Units	收发控制单元
TCP	Transmission Control Protocol	传输控制协议
TDD	Time Division Duplex	时分双工
TDM	Time Division Multiplexed	时分复用
TDMA	Time Division Multiple Access	时分多址
TD-SCDMA	Time Division-Sync Code Division Multiple Access	时分一同步码分多址接入
TE	Terminal Equipment	终端设备
TFI	Transport Format Indicator	传输格式指示
TFCI	Transport Format Combination Indicator	传输格式组合指示
TH	Time Hopping	跳时
TID	Tunnel Identifier	隧道标识
TM	Tandem	汇接局
TMSC	Tandem MSC	汇接 MSC
TMSI	Temporary Mobile Subscriber Identity	临时移动用户识别码

TLLI	Temporary Logical Link Identifier	临时逻辑链路标识
TPC	Transmit Power Control	发射功率控制
TS	Time-Slot	时隙
TS	Toll Switch	长途局
TSTD	Time Switched Transmit Diversity	时间交替发送分集
TTI	Transmission Time Interval	传送时间间隔
TUP	Telephone User Part	ISDN 电话用户部分
TX	Transmit	发信
UDP	User Datagram Protocol	用户数据报协议
UHF	Ultra High Frequency	超高频
UIM	User Identity Module	用户识别模块
UL	Uplink	上行链路
UMTS	Universal Mobile Telecommunications System	全球移动通信系统
UNI	User and Network Interface	用户和网络的(无线)接口
UpPTS	Uplink Pilot Time Slot	上行导频时隙
USF	Uplink State Flag	上行链路状态标识
UTRAN	UMTS Terrestrial Radio Access Network	UMTS 陆地无线接入网
VHF	Very High Frequency	甚高频
VLR	Visited Location Register	访问位置寄存器
VPN	Virtual Private Network	虚拟专用网
VMSC	Visited MSC	访问 MSC

参考文献

[1] 马洪源. 5G标准及产业进展综述[J]. 电信工程技术与标准化，2018(3)：23-27.

[2] 张兴无. 5G移动通信网络关键技术研究[J]. 通讯世界，2017(12)：35-36.

[3] 赵进龙. 浅析5G大规模MIMO技术[J]. 电子世界，2017(12)：164-166.

[4] 王建军. 5G主要关键技术探讨[J]. 科技创新导报，2017(1)：72-74.

[5] 刘良华. TD-SCDMA基站系统开局与维护[M]. 2版. 北京：科学出版社，2017.

[6] 姚新和. 4G通信系统关键技术[J]. 电子技术与软件工程，2017(12)：47.

[7] 张明和. 深入浅出4G网络[M]. 北京：人民邮电出版社，2016.

[8] 魏红. 移动通信技术[M]. 3版. 北京：人民邮电出版社，2016.

[9] 奥尔森. 4G移动宽带革命[M]. 北京：机械工业出版社，2016.

[10] 朱瑜红. TD-SCDMA网络室内分布优化研究[J]. 数字技术与应用，2015(8)：36-37.

[11] 李斯伟. 移动通信无线网络优化[M]. 北京：清华大学出版社，2014.

[12] 沙学军. 移动通信原理、技术与系统[M]. 北京：电子工业出版社，2013.

[13] 催雁松. 移动通信技术[M]. 西安：西安电子科技大学出版社，2010.

[14] 孙社文. TD-SCDMA系统组建、维护及管理[M]. 北京：人民邮电出版社，2010.

[15] 罗文兴. 移动通信技术[M]. 北京：机械工业出版社，2010.

[16] 谢显中. 基于TDD的第四代移动通信技术[M]. 北京：电子工业出版社，2009.

[17] 李怡滨，等. CDMA2000 1x网络规划与优化[M]. 北京：人民邮电出版社，2009.

[18] 佟学俭，罗涛. OFDM移动通信技术原理与应用[M]. 北京：人民邮电出版社，2008.